智能系统与技术丛书

U0185946

Machine Learning for OpenCV 4

Second Edition

机器学习

使用OpenCV、Python和scikit-learn 进行智能图像处理

（原书第2版）

[印] 阿迪蒂亚·夏尔马（Aditya Sharma）

[印] 维什韦什·拉维·什里马利（Vishwesh Ravi Shrimali） 著

[美] 迈克尔·贝耶勒（Michael Beyeler）

刘冰 译

机械工业出版社

China Machine Press

图书在版编目（CIP）数据

机器学习：使用 OpenCV、Python 和 scikit-learn 进行智能图像处理（原书第 2 版）/（印）阿迪蒂亚·夏尔马（Aditya Sharma），（印）维什韦什·拉维·什里马利（Vishwesh Ravi Shrimali），（美）迈克尔·贝耶勒（Michael Beyeler）著；刘冰译 . —北京：机械工业出版社，2020.11（2021.1 重印）

（智能系统与技术丛书）

书名原文：Machine Learning for OpenCV 4, Second Edition

ISBN 978-7-111-66826-8

I. 机… II. ①阿… ②维… ③迈… ④刘… III. ①机器学习 ②图像处理软件 IV. ① TP181 ② TP391.413

中国版本图书馆 CIP 数据核字（2020）第 206128 号

本书版权登记号：图字 01-2020-1942

机器学习
使用 OpenCV、Python 和 scikit-learn 进行智能图像处理（原书第 2 版）

出版发行：机械工业出版社（北京市西城区百万庄大街 22 号　邮政编码：100037）	
责任编辑：柯敬贤	责任校对：殷　虹
印　　刷：北京捷迅佳彩印刷有限公司	版　　次：2021 年 1 月第 1 版第 2 次印刷
开　　本：186mm×240mm　1/16	印　　张：18.5
书　　号：ISBN 978-7-111-66826-8	定　　价：99.00 元

客服电话：（010）88361066　88379833　68326294　　　　投稿热线：（010）88379604
华章网站：www.hzbook.com　　　　　　　　　　　　　　　读者信箱：hzit@hzbook.com

版权所有·侵权必究
封底无防伪标均为盗版
本书法律顾问：北京大成律师事务所　韩光 / 邹晓东

机器学习是人工智能领域中最能够体现机器智能的一个分支，也是人工智能领域发展最快的一个分支，其主要研究计算机如何模拟人类的学习行为，以获取新的知识和技能，并在对新知识不断学习的过程中逐步提升计算机的学习能力。数据、学习算法和模型是机器学习的三要素，计算机通过输入的数据，利用相关的学习算法，得到稳定的模型结构，产生可靠的预测结果。机器学习过程分为 4 个主要步骤：数据预处理、机器学习或模型训练、模型评估以及新数据预测。根据训练数据是否有标注，机器学习可以分为监督学习和无监督学习两大类。除此之外，机器学习还包括集成学习、深度学习和增强学习等内容。

本书通过具体的编程实践案例，全面系统地讲述了机器学习涉及的核心内容。全书共分为 13 章，包括机器学习概述、基于 OpenCV 的数据处理、监督学习、无监督学习、数据表示和特征工程、基于决策树的医疗诊断、基于支持向量机的行人检测、基于贝叶斯学习的垃圾邮件过滤、基于深度学习的手写数字分类、集成分类方法、模型选择与超参数调优、OpenCV 4.0 中的 OpenVINO 工具包等内容。

为了便于学习，作者在 GitHub 上提供了相关用例的完整源代码，供读者下载使用。通过书中提供的用例代码，读者可以快速熟悉并掌握机器学习领域的相关知识。本书既适合想要从事机器学习及其相关领域研发的初学者，又适合致力于机器学习研究的高层次读者。对于初次接触机器学习及其相关领域的人员，在阅读本书前，建议预先阅读 Python 编程的相关书籍，或者学习有关 Python 编程的在线教程。

本书由重庆邮电大学教师刘冰博士历时 4 个多月翻译完成。为了能够准确地完成本书的翻译，译者查阅了大量有关机器学习、深度学习以及 OpenCV 4.0 等方面的中外文图书资料。但因水平有限，译文中难免存在疏漏，恳请读者批评指正。

感谢机械工业出版社华章公司的编辑，是他们的严格要求，使本书得以高质量出版。

刘冰
liubing@cqupt.edu.cn

前　言 *Preface*

随着世界的不断变化，人们构建的机器越来越智能，对机器学习和计算机视觉专家的需求也在日益增长。顾名思义，机器学习就是机器进行学习的过程，即通过给定一组特定参数并将其作为输入进行预测。另一方面，计算机视觉提供了机器视觉，即计算机视觉使机器能够感知信息。当把这些技术组合在一起时，你就得到了一台可以使用视觉数据进行预测的机器，这使得机器拥有的能力更接近人类。当深度学习被加入时，机器的预测能力甚至可以超过人类。这似乎有些牵强，但是随着人工智能系统逐步取代基于决策的系统，这实际上已经成为现实。你拥有人工智能相机、人工智能监控器、人工智能音响系统、人工智能驱动处理器等。虽然不能保证你在读完本书之后就能够构建出一台人工智能相机，但是我们确实打算为你提供实现这些任务必需的工具。我们将要介绍的工具是功能最强大的 OpenCV 库，它是世界上规模最大的计算机视觉库。尽管 OpenCV 库在机器学习中的使用不是很普遍，但我们还是提供了一些有关如何将其应用于机器学习的例子和概念。在本书中，我们采用动手实践的方法，建议你尝试本书中提供的每一段代码，以构建一个应用程序来展示学到的知识。世界在变化，而本书就是我们帮助年轻人把世界变得更美好的方式之一。

目标读者

我们试图从头开始解释所有的概念，以使本书既适合初学者又适合高层次读者。读者需具备一些 Python 编程方面的基本知识，但这不是强制要求。当你遇到不能理解的 Python 语法时，请一定去网上查找。天助自助者。

主要内容

第 1 章介绍安装本书所需的软件及 Python 模块。

第 2 章带你了解一些基本的 OpenCV 函数。

第 3 章涵盖机器学习中监督学习方法的基础知识，并将通过 OpenCV 以及 Python 中的

scikit-learn 库带你了解一些监督学习方法示例。

第 4 章介绍使用 OpenCV 中的 ORB 进行特征检测和特征识别，还将试着帮大家理解维数灾难等重要概念。

第 5 章介绍决策树及其相关的重要概念，包括树的深度和剪枝等技术。还将介绍利用决策树预测乳腺癌诊断的一个实际应用。

第 6 章介绍支持向量机及如何用 OpenCV 实现它，还将介绍一个使用 OpenCV 进行行人检测的应用。

第 7 章将讨论朴素贝叶斯算法、多项式朴素贝叶斯等技术及其实现。最后构建一个机器学习应用程序，把数据分类成垃圾邮件和非垃圾邮件。

第 8 章首次介绍第二类机器学习算法——无监督学习。还将讨论 k 近邻、k 均值等聚类技术。

第 9 章介绍深度学习技术，我们可以看到如何使用深度神经网络对 MNIST 数据集的图像进行分类。

第 10 章介绍用于分类的随机森林、bagging 方法以及 boosting 方法等。

第 11 章回顾在各种机器学习方法中选择最优参数集的过程，以提升模型的性能。

第 12 章介绍在 OpenCV 4.0 中引入的 OpenVINO 工具包，并以图像分类为例介绍如何使用 OpenCV 中的 OpenVINO 工具包。

第 13 章对本书的重要主题进行总结，并谈谈接下来可以做些什么。

充分利用本书

如果你是 Python 的初学者，建议阅读任意一本优秀的 Python 编程书籍、在线教程或观看视频。你还可以研究一下 DataCamp（http://www.datacamp.com），利用交互式课程学习 Python。

同时建议学习有关 Python 中 Matplotlib 库的一些基本概念。你可以试试这个教程：https://www.datacamp.com/community/tutorials/matplotlib-tutorial-python。

在开始阅读本书之前，你不需要在系统上安装任何内容。我们将在第 1 章中介绍所有的安装步骤。

下载示例代码及彩色图像

本书的示例代码及所有截图和样图，可以从 http://www.packtpub.com 通过个人账号下载，也可以访问华章图书官网 http://www.hzbook.com，通过注册并登录个人账号下载。

本书的代码包也在 GitHub 上托管，网址为：https://github.com/PacktPublishing/Machine-Learning-for-OpenCV-Second-Edition。如果代码有更新，将在现有的 GitHub 库上进行更新。

作者简介 *About the Author*

　　阿迪蒂亚·夏尔马（Aditya Sharma）是罗伯特·博世（Robert Bosch）公司的一名高级工程师，致力于解决真实世界的自动计算机视觉问题。曾获得罗伯特·博世公司2019年人工智能编程马拉松的第一名。在印度理工学院，他于2019年的ICIP和2019年的MICCAI上发表了有关深度学习医学成像的论文。在国际信息技术学院，他的工作主要是文档图像超分辨。

　　他还是一个积极进取的作家，曾为DataCamp和LearnOpenCV撰写过很多有关机器学习和深度学习的文章。他不仅经营着自己的YouTube频道，还在NCVPRIPG会议（2017）以及阿里格尔穆斯林大学（Aligarh Muslim University）的深度学习研讨会上做过演讲。

　　维什韦什·拉维·什里马利（Vishwesh Ravi Shrimali）于2018年毕业于彼拉尼博拉理工学院（BITS Pilani）机械工程专业。此后一直在BigVision LLC从事深度学习和计算机视觉方面的工作，还参与了官方OpenCV课程的创建。他对编程和人工智能有着浓厚的兴趣，并将其应用到机械工程项目中。他还在LearnOpenCV上写了多篇有关OpenCV和深度学习的博客。除了撰写博客和做项目，他喜欢散步和弹奏木吉他。

　　迈克尔·贝耶勒（Michael Beyeler）是华盛顿大学神经工程和数据科学的博士后研究员，致力于仿生视觉的计算模型研究，以为盲人植入人工视网膜（仿生眼睛），改善盲人的感知体验。他的工作属于神经科学、计算机工程、计算机视觉和机器学习的交叉领域。他还是几个开源软件项目的主要贡献者，并在Python、C/C++、CUDA、MATLAB和Android等方面拥有专业的编程经验。迈克尔在加州大学欧文分校获得计算机科学博士学位，在瑞士苏黎世联邦理工学院获得生物医学工程硕士学位和电子工程学士学位。

About the Reviewers 审校者简介

威尔逊·初（Wilson Choo）是一名深度学习工程师，致力于深度学习建模研究。他对创建实现深度学习、计算机视觉和机器学习的应用程序有着浓厚的兴趣。

他过去的工作包括英特尔 OpenVINO 工具包算法的验证和基准测试，以及自定义 Android 操作系统验证。他有把深度学习应用程序集成到各种硬件和操作系统的经验，擅长的编程语言是 Java、Python 和 C++。

罗伯特·B. 费雪（Robert B. Fisher）在爱丁堡大学获得博士学位，并担任过学院的研究主任。目前是国际模式识别协会的工业联络委员会主席。他的研究课题主要涉及高级计算机视觉和 3D 视频分析，已出版 5 部图书以及 300 篇同行评议的科学论文或书籍章节（Google H-index：46）。最近，他一直担任由欧洲经济委员会资助的一个开发园艺机器人项目的协调员。他开发了几个在线计算机视觉资源，点击量超过 100 万次。他还是国际模式识别协会和英国机器视觉协会的会士。

目 录 *Contents*

第二部分　基于 OpenCV 的运算

第一部分 *Part 1*

机器学习与 OpenCV 的基础知识

在本书的第一部分，我们将回顾机器学习和 OpenCV 的基础知识，首先介绍所需库的安装，然后转到基本的 OpenCV 函数、监督学习的基础知识及其应用，最后，使用 OpenCV 进行特征检测和识别。

这部分包括以下章节：

- 第 1 章　机器学习体验
- 第 2 章　用 OpenCV 处理数据
- 第 3 章　监督学习的第一步
- 第 4 章　数据表示和特征工程

机器学习体验

如果你已经决定进入机器学习领域，这太好了！

如今，机器学习无处不在——从保护我们的电子邮件，到自动在图片中标记我们的好友，再到预测我们喜欢的电影。作为人工智能的一种形式，机器学习能够让计算机通过经验进行学习，利用收集到的过去数据对未来进行预测。最重要的是，计算机视觉是当今机器学习最激动人心的应用领域之一，深度学习和卷积神经网络驱动着诸如自动驾驶和谷歌的 DeepMind 等创新系统。

可是，不要担心。为了从机器学习中获益，你的应用程序并不需要像前面示例那样的大规模，也不需要像前面的示例那样改变世界。在本章中，我们将讨论机器学习为何变得如此流行以及机器学习可以解决的各类问题。接着，我们将介绍使用 OpenCV 解决机器学习问题所需的工具。在本书中，我们将假设你已经掌握 OpenCV 和 Python 的基础知识，但是还有更多的学习空间。我们还将介绍如何在你的本地系统上安装 OpenCV，以便你可以自己尝试编写代码。

那么你准备好了吗？本章将重温以下概念：

❑ 什么是机器学习？机器学习有哪些类别？

❑ 重要的 Python 概念。

❑ 开始使用 OpenCV。

❑ 在本地系统上安装 Python 和所需的模块。

❑ 机器学习的应用。

❑ OpenCV 4.0 有哪些新功能？

1.1　技术需求

我们 可 以 在 http://github.com/PacktPublishing/Machine-Learning-for-OpenCV-Second-Edition/tree/master/Chapter01 查看本章的代码。

软件和硬件需求总结如下：

❑ OpenCV 4.1.x 版本（4.1.0 版本或 4.1.1 版本都可以）。

❑ Python 3.6 版本（Python 3.x 的所有版本都可以）。

❑ Anaconda Python 3，用于安装 Python 及其所需模块。

❑ 在本书中，你可以使用任意一款操作系统——macOS、Windows，以及基于 Linux 的操作系统。我们建议你的系统中至少有 4GB 的内存。

❑ 你不需要一个 GPU 来运行本书提供的代码。

1.2　开始机器学习

机器学习已经存在至少 60 年了。早期机器学习系统源于对人工智能的探索，推导出 if…else 语句的手工编码规则来处理数据并做出决策。考虑一个垃圾邮件过滤器，其工作是解析收到的电子邮件，并将无用的邮件移入垃圾邮件文件夹，如图 1-1 所示。

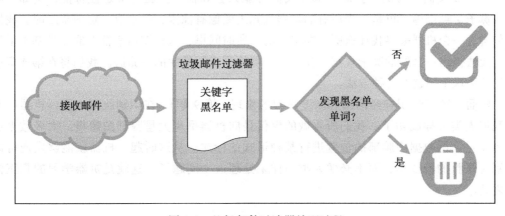

图 1-1　垃圾邮件过滤器处理过程

我们可以列出一个单词黑名单，只要在一封邮件中出现这些黑名单中的单词，就将该邮件标记为垃圾邮件。这是手工编码专家系统的一个简单示例。（我们将在第 7 章中构建一个更加智能的垃圾邮件过滤器。）

如果允许我们将这些专家决策规则组合并嵌套到一棵**决策树**中，那么这些专家决策规则可能会变得更加复杂（第 5 章）。接下来，通过一系列决策步骤，我们就可以做出更明智的决策。你应该注意到，尽管决策树看起来像是一组 if…else 条件，但是它远不止于此，实际上这是一种机器学习算法，我们将在第 5 章中进行探讨。

手工编码这些决策规则有时是可行的，但有两个主要的缺点：

❑ 做出一个决策所需的逻辑仅适用于单个域中的一个特定任务。例如，我们无法使用这个垃圾邮件过滤器在一张图片中标记我们的朋友。即使我们想要改变垃圾邮件过滤器来做一些稍微不同的事情，例如：过滤钓鱼邮件（目的是盗取你的个人数据），我们也必须重新设计所有的决策规则。

❑ 手动设计规则需要对问题有一个深刻的理解。我们必须确切地知道什么类型的电子邮件构成了垃圾邮件，包括所有可能的例外。这并不像看上去那么容易，否则，我们就不会经常反复查看我们的垃圾邮件文件夹，寻找意外过滤掉的重要邮件了。对于其他领域的问题，手工设计规则简直是不可能的。

这就是机器学习的用武之地。有时，我们不能很好地定义任务——除非通过例子——我们希望机器能够自己理解并解决这些任务。在其他时候，重要的关系和相关性可能隐藏在我们人类会忽略的大数据中（见第 8 章）。在处理大数据时，机器学习通常可以用来找出这些隐藏关系（也称为**数据挖掘**）。

人工专家系统失败的一个很好的例子是检测图像中的脸。这么愚蠢，真的吗？如今，每一部智能手机都能够检测图像中的脸。可是，在 20 年前，这个问题基本上还没有解决。原因是，人们对脸部构成要素的认识对机器没有太大的帮助。我们并不用像素来思考问题。如果要我们来检测一张脸，那么我们可能只会寻找一张脸的决定性特征，例如：眼睛、鼻子、嘴巴等。可是，当所有的机器只知道图像有像素，像素有一定的灰度时，我们如何告诉一台机器去寻找什么呢？在很长的一段时间里，这种图像表征上的差异基本上使人们无法提出一套好的决策规则，让一台机器检测出图像中的一张脸。我们将在第 4 章中讨论解决这个问题的各种方法。

然而，随着卷积神经网络和深度学习的出现（第 9 章），在识别脸部方面，机器已经和我们人类一样成功了。我们所要做的仅仅是向机器呈现大量脸部图像集。大多数方法还需要对训练数据中脸部的位置进行某种形式的标注。从这时起，机器就能够发现可以识别一张脸的特征集，而不必像人类一样来处理这个问题了。这就是机器学习的真正强大之处。

1.3　机器学习可以解决的问题

大多数机器学习问题属于以下 3 个主要类别之一：

❑ 在监督学习中，我们有一个数据点的标签。目前，这个标签可以是图像中捕获的一个对象的类、一张脸周围的边框、图像中出现的数字，或其他任何内容。把监督学习想象成老师，它不仅教你学习，而且还告诉你一个问题的正确答案。此时，学生可以尝试设计一个把所有问题及其正确答案都考虑进去的模型或方程，并找到一个问题的答案——该问题有（或没有）正确答案。用于学习模型的数据称为**训练数据**，

用于测试过程 / 模型的数据称为**测试数据**。这些预测有两种类型，例如：识别新图片有正确的动物（称为**分类问题**），或为其他二手车设定准确的销售价格（称为**回归问题**）。如果现在这对你来说看起来有点难的话，不必担心——我们将在本书中进行详细的介绍。

❑ 在无监督学习中，没有与数据点相关的标签（第 8 章）。考虑无监督学习就像在课堂上，老师给你一个复杂的难题，让你自己去求解。此处，最常见的结果就是集群，包含具有相似特征的对象。无监督学习还可以以不同的方式查看更高维的数据（复杂数据），使其看起来更简单。

❑ 强化学习是有关最大化回报的一个问题。因此，如果你每答对一个题老师就给你一块糖，每答错一个题，老师就惩罚你，那么他是通过增加你收到糖果的次数而不是增加惩罚你的次数来强化这些概念。

机器学习问题的 3 个主要类别如图 1-2 所示。

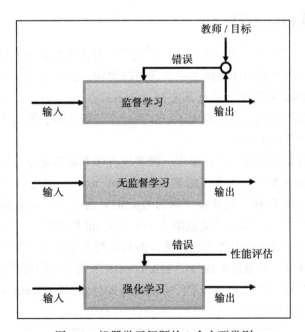

图 1-2　机器学习问题的 3 个主要类别

既然我们已经介绍了机器学习的主要类别，就让我们重温一下 Python 中的一些概念吧，在本书的学习过程中，这些内容非常有用。

1.4　开始使用 Python

Python 已经成为许多数据科学和机器学习应用程序的通用语言，这是因为 Python 为数据加载、数据可视化、统计、图像处理和自然语言处理等过程提供了大量开源库。使用 Python 的一个主要优势是能够应用终端或者诸如 Jupyter Notebook 之类的其他工具直接与代码交互，稍后我们将会对此进行介绍。

如果你通常将 OpenCV 与 C++ 结合使用，为了学习这本书中的内容，强烈建议你改用 Python。做这样的建议并不是因为作者不喜欢 C++！恰恰相反：作者在 C/C++ 编程方面做了不少的工作——特别是通过 NVIDIA 的**统一计算设备架构**（Compute Unified Device Architecture，CUDA）与 GPU 计算相结合。可是，如果你想学习一项新的技能，Python 会是更好的选择，因为通过减少输入你可以做更多的事情。这将有助于减少**认知负荷**。与其被 C++ 微妙的语法搞得心烦意乱，或者把时间浪费在将数据从一种格式转换成另一种格式上，不如选择使用 Python。Python 将帮助你专注于手头的主题：成为机器学习的专家。

1.5　开始使用 OpenCV

我相信你是 OpenCV 的一个忠实用户，可能不需要再向你证明它的强大功能了。

OpenCV 为计算机视觉应用提供了一个通用的架构，已经成为一套完整的经典且先进的计算机视觉和机器学习算法。根据其文档，OpenCV 已经拥有超过 47 000 人的用户社区，下载次数超过 700 万次。这太惊人了！作为一个开源项目，研究人员、企业和政府机构利用和修改现有的代码很容易。

尽管如此，在近期的机器学习热潮中，涌现出许多开源机器学习库，这些库所提供的功能远远超过了 OpenCV。一个突出的例子是 scikit-learn，它提供了许多先进的机器学习算法以及大量在线教程和代码片段。因为 OpenCV 的开发主要是为了提供计算机视觉算法，所以 OpenCV 的机器学习功能仅限于一个名为 ml 的模块。正如我们将在本书中看到的，OpenCV 虽然提供了许多先进的算法，但是有时在功能上却有些欠缺。在这些情况下，我们不会重新开发，而是简单地使用 scikit-learn 来实现我们的功能。

最后且最重要的是，使用 Python 的 Anaconda 发行版安装 OpenCV，本质上是一行程序，我们将在下面几节中看到。

> 注意　如果你是想要构建实时应用程序的一个高级用户，那么 OpenCV 的算法针对这项任务进行了很好的优化，而且 Python 提供了一些必要的加速计算方法（例如，使用 Cython，或诸如 joblib 或 dask 之类的并行处理库）。

1.6　安装

在开始之前，让我们确保已经安装创建一个功能完整的数据科学环境所需的所有工具和库。在从 GitHub 下载了本书的最新代码之后，我们将安装以下软件：

- ❑ Python 的 Anaconda 发行版，基于 Python 3.6 或更高版本。
- ❑ OpenCV 4.1。
- ❑ 一些支持包。

提示　不想安装这些内容的话，你可以访问 https://mybinder.org/v2/gh/PacktPublishing/Machine-Learning-for-OpenCV-Second-Edition/master，由于 **Binder** 项目，你可以在该网站的一个交互式文件中找到本书的所有代码、可执行环境，以及完全免费的开源代码。

1.6.1　获取本书的最新代码

你可以从 GitHub https://github.com/PacktPublishing/Machine-Learning-for-OpenCV-Second-Edition 获取本书的最新代码。你也可以下载一个 .zip 包（初学者）或者使用 Git 的克隆库（中级用户）。

注意　Git 是一个版本控制系统，允许你追踪文件中的更改和与他人协作编写代码。此外，网络平台 GitHub 让人们在一个公共服务器上与你分享他们的代码变得很容易。当作者对代码进行改进时，你可以轻松地更新本地副本、文件错误报告，或者建议代码更改。

如果你选择使用 git，第一步是确保安装了它（https://git-scm.com/downloads）。

然后，打开一个终端（或者命令提示符，因为在 Windows 中要调用命令提示符）：

- ❑ 在 Windows 10 上，右键单击"开始"菜单按钮，然后选择 Command Prompt。
- ❑ 在 macOS X 上，按下 Cmd+Space 打开 spotlight 搜索，然后键入 terminal，再按下 Enter。
- ❑ 在 Ubuntu、Linux/Unix 及其相关系统上按下 Ctrl+Alt+T。在 Red Hat 上，在桌面上按一下鼠标右键，从菜单选择 Open Terminal。

导航到你希望保存下载代码的目录：

```
cd Desktop
```

然后，你可以通过输入下列代码获取最新代码的本地副本：

```
git clone
https://github.com/PacktPublishing/Machine-Learning-for-OpenCV-Second-Edition.git
```

这会将下载的最新代码保存在一个名为 OpenCV-ML 的文件夹中。

一段时间后，代码可能会在线更改。在这种情况下，在 OpenCV-ML 目录中运行下列命令，你可以更新本地副本：

```
git pull origin master
```

1.6.2 了解 Python 的 Anaconda 发行版

Anaconda 是由 Continuum Analytics 开发的用于科学计算的一个免费 Python 发行版。Anaconda 可以在 Windows、Linux 和 macOS X 平台上工作，而且是免费的，甚至可以用于商业用途。然而，Anaconda 最好的地方在于它附带了大量对数据科学、数学和工程学来说必不可少的预安装包。这些预安装包包括以下内容：

- ❑ NumPy：Python 中用于科学计算的一个基本包，提供了多维数组、高级数学函数和伪随机数生成器等功能。
- ❑ SciPy：Python 中用于科学计算的一个函数集合，提供了高级线性代数例程、数学函数优化、信号处理等。
- ❑ scikit-learn：Python 中的一个开源机器学习库，提供了 OpenCV 缺少的有用的辅助函数和基础架构。
- ❑ Matplotlib：Python 中的主要科学绘图库，提供了生成折线图、直方图、散点图等功能。
- ❑ Jupyter Notebook：用于在 Web 浏览器中运行代码的一个交互式环境，其中还包括 markdown 功能，有助于维护良好的注释和详细的项目笔记。

我们所选平台（Windows、macOS X 或者 Linux）的安装程序可以在 Continuum 网站（https://www.anaconda.com/download）找到。本书推荐使用基于 Python 3.6 的发行版，因为 Python 2 不再是活跃的开发平台。

要运行安装程序，请执行下面的一个操作：

- ❑ 在 Windows 上，双击 .exe 文件并按照屏幕上的说明操作。
- ❑ 在 macOS X 上，双击 .pkg 文件并按照屏幕上的说明操作。
- ❑ 在 Linux 上，打开一个终端，并使用 bash 运行 .sh 脚本，如下所示：

```
$ bash Anaconda3-2018.12-Linux-x86_64.sh  # Python 3.6 based
```

此外，Python Anaconda 附带了 conda——一个简单的包管理器，类似于 Linux 上的 apt-get。安装成功之后，我们可以在终端输入下列命令，安装新的包：

```
$ conda install package_name
```

这里，package_name 是我们要安装包的实际名称。

使用下列命令可以更新现有的包：

```
$ conda update package_name
```

我们还可以使用下列命令搜索包：

```
$ anaconda search -t conda package_name
```

这将弹出开发人员使用的一个完整的包列表。例如，搜索一个名为 opencv 的包，我们得到的结果如图 1-3 所示。

```
C:\Users\mbeyeler>anaconda search -t conda opencv
Using Anaconda API: https://api.anaconda.org
Run 'anaconda show <USER/PACKAGE>' to get more details:
Packages:
     Name                        | Version     | Package Types    | Platforms
     -------------------------    | --------    | --------------   | ---------------
     ???/opencv                  | 2.4.7       | conda            | win-64
                                                : http://opencv.org/
     Changxu/opencv3             | 3.1.0_dev   | conda            | linux-64
     Definiter/opencv            | 2.4.12      | conda            | linux-64
     FlyEM/opencv                | 2.4.10.1    | conda            | linux-64, osx-64
                                                : Open source computer vision C++ library
     JaimeIvanCervantes/opencv   | 2.4.9.99    | conda            | linux-64
     RahulJain/opencv            | 2.4.12      | conda            | linux-64, win-64, osx-64
     anaconda-backup/opencv      | 3.1.0       | conda            | linux-64, linux-32, osx-64
     anaconda/opencv             | 3.1.0       | conda            | linux-64, linux-32, osx-64
     andywocky/opencv            | 2.4.9       | conda            | osx-64
     asmeurer/opencv             | 2.4.9       | conda            | osx-64
     bgreen-lit1/opencv          | 2.4.9       | conda            | osx-64
     bwsprague/opencv            | 2.4.9.1     | conda            | osx-64
     cfobel/opencv-helpers       | 0.1.post1   | conda            | win-32
     clg_boar/opencv3            | 3.0.0       | conda            | linux-64, win-64
     clinicalgraphics/opencv     |             | conda            | linux-64, win-32, win-64, linux-32, osx-64
     conda-forge/opencv          | 3.1.0       | conda            | linux-64, win-32, win-64, osx-64
                                                : Computer vision and machine learning software library.
```

图 1-3　搜索名为 opencv 的包，我们得到的搜索结果

这将弹出一长串已经安装了 OpenCV 包的一个用户列表，允许我们找到在平台上安装了我们版本软件的用户。然后，我们可以安装来自 user_name 用户中的一个名为 package_name 的包，安装命令如下：

```
$ conda install -c user_name package_name
```

最后，conda 提供了一个名为 environment 的东西，它允许我们管理在其内安装的 Python 和包的各种版本。这意味着我们可以拥有一个独立的环境，包含运行 OpenCV 4.1 和 Python 3.6 所需的所有包。在 1.6.3 节，我们将创建一个环境，包含运行本书中代码所需的所有包。

1.6.3　在 conda 环境中安装 OpenCV

我们将执行以下步骤来安装 OpenCV：

1）在一个终端，导航到下载以下代码的目录：

```
$ cd Desktop/OpenCV-ML
```

2）然后，运行下列命令，基于 Python 3.6 创建一个 conda 环境，还将安装 environment.yml 文件（可以在 GitHub 库中获取）中列出的所有必要的包：

```
$ conda create env -f environment.yml
```

3）你还可以浏览以下 environment.yml 文件：

```
name: OpenCV-ML
channels:
  - conda-forge
dependencies:
  - python==3.6
```

```
- numpy==1.15.4
- scipy==1.1.0
- scikit-learn==0.20.1
- matplotlib
- jupyter==1.0
- notebook==5.7.4
- pandas==0.23.4
- theano
- keras==2.2.4
- mkl-service==1.1.2
- pip
- pip:
  - opencv-contrib-python==4.1.0.25
```

> **注意** 请注意，环境名将是 OpenCV-ML。这段代码将使用 conda-forge 通道下载所有基于 conda 的依赖项，并使用 pip 安装 OpenCV 4.0（以及 opencv_contrib）。

4）要激活该环境，请根据你的平台输入下列选项之一：

```
$ source activate OpenCV-ML  # on Linux / Mac OS X
$ activate OpenCV-ML         # on Windows
```

5）我们在关闭终端时将会停用该会话——因此在下次打开一个新的终端时，我们将不得不再次运行这最后一条命令。我们还可以手动关闭环境：

```
$ source deactivate  # on Linux / Mac OS X
$ deactivate         # on Windows
```

完成后，让我们验证一下是否成功地安装了所有这些内容。

1.6.4 安装验证

最好再仔细检查一下我们的安装。在我们的终端还处于打开状态时，启动 IPython，这是运行 Python 命令的一个交互式 shell：

```
$ ipython
```

接下来，请确保你（至少）正在运行的是 Python 3.6，而不是 Python 2.7。你可能会在 IPython 的欢迎信息中看到版本号。如果没看到版本号，你可以运行下列命令：

```
In [1]: import sys
...     print(sys.version)
        3.6.0 | packaged by conda-forge | (default, Feb 9 2017, 14:36:55)
[GCC 4.8.2 20140120 (Red Hat 4.8.2-15)]
```

现在，试着导入 OpenCV，如下所示：

```
In [2]: import cv2
```

你应该不会得到错误消息。然后，试着找到类似这样的版本号：

```
In [3]: cv2.__version__
Out[3]: '4.0.0'
```

请确保读取的 OpenCV 版本号为 4.0.0；否则，稍后你将无法使用某些 OpenCV 的功能。

注意 OpenCV 3 实际上称为 cv2。这会让人感到困惑。显然，这是因为 2 并不代表版本号。相反，这是为了强调底层 C API（用前缀 cv 表示）和 C++ API（用前缀 cv2 表示）之间的不同。

　　然后，你可以通过输入 exit 或按下 Ctrl+D 并确认你想退出，从而退出 IPython shell。

　　另外，因为有了 Jupyter Notebook，你可以在 web 浏览器中运行这些代码了。如果你之前从未听说过 Jupyter Notebook 或从未使用过它，请相信我——你会喜欢上它！如果你按照前面介绍的说明安装了 Python Anaconda 栈，那么 Jupyter 已经安装完毕，那就整装待发吧。在一个终端，输入

```
$ jupyter notebook
```

这将自动打开一个浏览器窗口，显示当前目录中的一个文件列表。单击 OpenCV-ML 文件夹，再单击 notebooks 文件夹，瞧！在图 1-4 中你会找到这本书的所有代码，准备好探索吧。

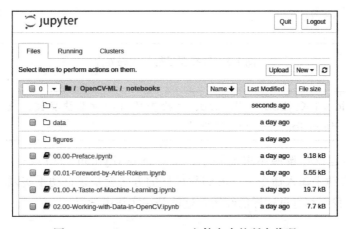

图 1-4　Jupyter notebooks 文件夹中的所有代码

　　notebooks 中的内容是按照章节排列的。在大多数情况下，它们只包含相关的代码，没有附加信息或解释。这些都是为那些通过购买本书支持我们的读者准备的——感谢你们！

　　只单击你选择的一个 notebook，例如 01.00-A-Taste-of-Machine-Learning.ipynb，选择 Kernel | Restart | Run All，你就能够自己运行代码，如图 1-5 所示。

　　有一些方便的快捷键用于导航到 Jupyter Notebooks。可是，你现在只需要了解以下几点：

　　1）单击一个单元格（在图 1-4 中的突出显示区域——将该区域命名为一个单元格），以便对其进行编辑。

　　2）在选中单元格后，按下 Ctrl+Enter，执行单元格内的代码。

　　3）或者，按下 Shift+Enter，执行一个单元格，并选择它下方的单元格。

4）按下 Esc 退出写入模式，然后按下 A，在当前选中的单元格上方插入一个单元格，按下 B，在当前选中的单元格下方插入一个单元格。

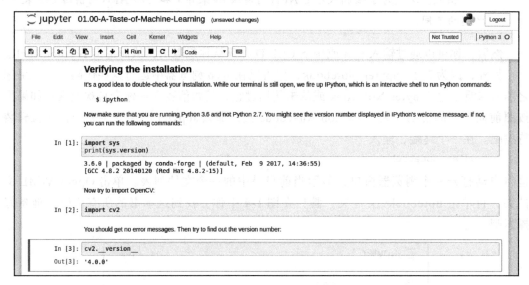

图 1-5　选择要运行的代码界面

> 提示　单击"Help | Keyboard Shortcut"，检查所有的键盘快捷键，或者单击"Help | User Interface Tour"进行快速浏览。

但是，强烈建议你按照本书的要求，最好是在 IPython shell 或一个空白的 Jupyter Notebook 中亲自动手输入命令。学习编程最好的方法就是亲自动手实践。如果你犯了错误就更好了——我们都有过这样的经历。这就是在实践中学习！

1.6.5　OpenCV 的 ml 模块概览

从 OpenCV 3.1 开始，OpenCV 中与机器学习有关的所有函数都被归类到 ml 模块了。很长一段时间以来，C++ API 一直都是这样的。通过在 ml 模块中显示所有的函数，你可以大致了解相关内容：

```
In [4]: dir(cv2.ml)
Out[4]: ['ANN_MLP_ANNEAL',
 'ANN_MLP_BACKPROP',
 'ANN_MLP_GAUSSIAN',
 'ANN_MLP_IDENTITY',
 'ANN_MLP_LEAKYRELU',
 'ANN_MLP_NO_INPUT_SCALE',
 'ANN_MLP_NO_OUTPUT_SCALE',
 ...
 '__spec__']
```

> 提示　如果你安装过 OpenCV 的一个老版本，那么可能还不存在 ml 模块。例如，k 近邻算法（我们将在第 3 章中介绍）在过去称为 cv2.KNearest ( )，但是现在称为 cv2.ml.KNearest_create ( )。本书为了避免混淆，推荐使用 OpenCV 4.0。

这些都很好，但是你现在会想：为什么要学习机器学习呢？机器学习的应用是什么呢？让我们在 1.7 节回答这个问题。

1.7　机器学习的应用

机器学习、人工智能、深度学习和数据科学是改变我们认识事物方式的 4 个术语。理由如下：

从让一台机器学会如何下围棋并击败围棋世界冠军，到通过查看大脑 CT 扫描来检测一个人是否有肿瘤，机器学习在每个领域都留下了自己的印记。本书作者参与的一个项目就是利用机器学习确定热电厂锅炉水冷壁管的剩余生命周期。提出的解决方案是成功的：通过更有效地使用管道，节省了大量的资金。如果你认为机器学习的应用只局限于工程和医疗科学，那么你就错了。研究人员已经应用机器学习概念来处理报纸，并预测新闻对某一特定候选人赢得美国总统大选概率的影响。

深度学习和计算机视觉概念已经应用于对黑白电影着色（请参阅博客——https://www.learnopencv.com/convolutional-neural-network-based-image-colorization-using-opencv/）、制作超慢动作电影、修复损坏的著名艺术品等。

希望这些足以让你认识到机器学习的重要性及其强大的功能。你想要继续探索机器学习这个领域的决定是正确的。可是，如果你不是计算机科学工程师，并且担心自己可能会在一个不喜欢的领域工作，那么请不必有这样的担心。机器学习是一种额外的技能，你总是可以将机器学习应用到你所选择的问题上。

1.8　OpenCV 4.0 的新功能

这是本章的最后一节了。本节内容将尽可能地简短扼要，作为读者你可以放心地略读。在这一节，我们讨论的主题是 OpenCV 4.0。

OpenCV 4.0 是 OpenCV 经过 3 年半的努力和错误修复的结果，最终于 2018 年 11 月发布。本节我们将了解 OpenCV 4.0 中的一些主要变化和新的功能：

❑ 随着 OpenCV 4.0 的发布，OpenCV 正式成为一个 C++11 库。这就意味着在你尝试编译 OpenCV 4.0 时，必须确保系统中存在一个兼容 C++11 的编译器。

❑ 延续上一点，删除了很多 C API。受影响的模块包括视频 IO 模块（videoio）、物体检测模块（objdetect）等。XML、YAML 和 JSON 的文件 IO 也删除了 C API。

❑ OpenCV 4.0 在 DNN 模块（深度学习模块）上也有很多的改进。已经添加了 ONNX 支持。**英特尔 OpenVINO** 也在 OpenCV 新版本中亮相。在后续章节中，我们将对此进行更详尽的探讨。

❑ 修复了 AMD 和 NVIDIA GPU 上的 OpenCL 加速。

❑ 添加了 OpenCV 图形 API，这是一个用于图像处理等操作的高效引擎。

❑ 在 OpenCV 的每个发行版本中，都有很多用以提升性能的改进。还增加了一些新的功能，如二维码检测和解码。

总之，OpenCV 4.0 已经有很多变化，这些变化都有自己的用途。例如，ONNX 支持有助于模型对各种语言和框架的可移植性；OpenCL 减少了计算机视觉应用程序的运行时间；图形 API 有助于提升应用程序的效率；OpenVINO 工具包使用英特尔处理器和一个模型组来提供高效的深度学习模型。在后续章节中，我们将重点关注 OpenVINO 工具包、DLDT，以及计算机视觉应用程序的加速。可是，还要指出 OpenCV 3.4.4 和 OpenCV 4.0.0 都正在快速改进，以修复错误。因此，如果你正在应用程序中使用这两个版本中的任何一个，请准备好修改代码和安装，以合并所做的更改。同样，OpenCV 4.0.1 和 OpenCV 3.4.5 也会在几个月内发布。

1.9 本章小结

在本章中，我们高度抽象地讨论了机器学习：机器学习是什么，为什么机器学习很重要，以及机器学习可以解决什么样的问题。我们知道机器学习问题有 3 种形式：监督学习、无监督学习和强化学习。我们讨论了监督学习的重要性，监督学习领域可以进一步分为两个子领域：分类和回归。分类模型允许我们将对象分为已知的类（如将动物分类为猫和狗），而回归分析可以用于预测目标变量（如二手车销售价格）的连续结果。

我们还学习了如何使用 Python Anaconda 发行版构建一个数据科学环境，如何从 GitHub 获取本书的最新代码，以及如何在 Jupyter Notebook 中运行代码。

有了这些工具，现在我们就可以开始更详尽地讨论机器学习了。在第 2 章，我们将研究机器学习系统的内部工作原理，并学习如何在 NumPy 和 Matplotlib 等常见 Python 工具的帮助下，用 OpenCV 处理数据。

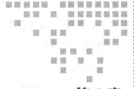

第 2 章 | *Chapter 2*

用 OpenCV 处理数据

既然我们对机器学习的兴趣已经被激发,现在是时候深入研究一下构成一个典型机器学习系统的各个部分了。

你会常常听到有人说:只需把机器学习应用到你的数据上!就好像机器学习能立刻解决你所有的问题。你可以认为现实情况要复杂得多,不过我得承认,现在只需要从互联网上剪切、粘贴几行代码,就可以轻松地构建自己的机器学习系统。可是,要构建一个真正强大而有效的系统,必须牢牢掌握基本概念,并深入了解每种方法的优缺点。因此,如果你认为自己还不是机器学习专家,也不必担心。好事多磨。

在之前,我们将机器学习描述为人工智能的一个子领域。基于历史原因,这可能是正确的,但最常见的情况是,机器学习仅仅是简单地理解数据。因此,将机器学习看成数据科学的一个子领域也许更合适,我们通过建立数学模型来理解数据。

因此,本章都是关于数据的。我们想要学习数据如何与机器学习相适应,以及如何使用我们选择的工具(OpenCV 和 Python)处理数据。

本章将介绍以下主题:
- □ 理解机器学习的工作流程。
- □ 理解训练数据和测试数据。
- □ 学习如何用 OpenCV 和 Python 加载、存储、编辑和可视化数据。

2.1 技术需求

我们可以在 https://github.com/PacktPublishing/Machine-Learning-for-OpenCV-Second-Edition/tree/master/Chapter02 查看本章的代码。

软件和硬件需求总结如下：

❏ OpenCV 4.1.x 版本（4.1.0 版本或 4.1.1 版本都可以）。

❏ Python 3.6 版本（Python 3.x 的所有版本都可以）。

❏ Anaconda Python 3，用于安装 Python 及其所需模块。

❏ 在本书中，你可以使用任意一种操作系统——macOS、Windows，以及基于 Linux 的操作系统。我们建议你的系统中至少有 4GB 的内存。

❏ 你不需要一个 GPU 来运行本书提供的代码。

2.2 理解机器学习的工作流程

如前所述，机器学习就是通过建立数学模型来理解数据。当我们赋予机器学习模型调整其**内部参数**的能力时，学习就进入了这个过程；我们可以调整这些参数，以使模型更好地解释数据。在某种意义上，这可以理解为模型从数据中学习。一旦模型掌握了足够多的知识——不管这意味着什么——我们可以要求模型解释新观测到的数据。

一个典型的分类过程，如图 2-1 所示。

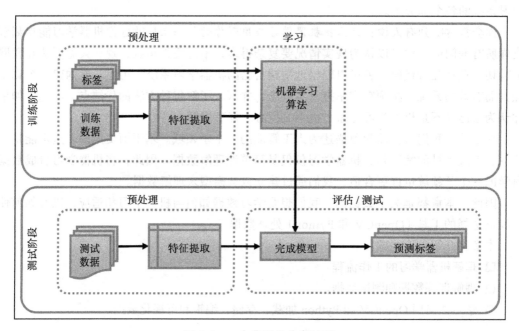

图 2-1　一个典型的分类过程

让我们一步一步分解吧！

首先，需要注意的是，总是把机器学习问题分成（至少）两个不同的阶段：

❏ **训练阶段**：在这个阶段，我们的目标是在一组数据（我们称为**训练数据集**）上训练一个机器学习模型。

❑ **测试阶段**：在这个阶段，我们在一组新的、从未见过的数据上（我们称为**测试数据集**）评估学习到（或最终确定）的机器学习模型。

将数据分解成训练集和测试集的重要性不容小觑。我们总是在一个独立的测试集上评估我们的模型，因为我们感兴趣的是我们的模型**对新数据的泛化能力**。最后，无论是机器学习还是人类学习——这难道不是学习的全部意义吗？回忆一下你在学校的时候，那时你还是个学生：在家庭作业中解决的问题，在期末考试中几乎不会以完全相同的形式出现。这同样也应该适用于机器学习模型；我们对模型记忆一组数据点的能力不太感兴趣（比如一道家庭作业题），但是我们想知道模型如何利用所学的知识来解决新问题（比如在期末考试中出现的试题）并解释新的数据点。

> 注意　通常，高级机器学习问题的工作流程包括一个称为**验证数据集**的第三组数据。目前，这种区分并不重要。通常通过进一步划分训练集形成一个验证集。验证集用于模型选择等高级概念，当我们熟练地构建机器学习系统时，我们将讨论验证集（见第 11 章）。

接下来要注意的是：机器学习实际上是关于**数据**的。数据以原始形式输入前面描述的工作流程图（不管这意味着什么）并在训练阶段和测试阶段使用。数据可以是从图像和电影到文本文档和音频文件的任何形式。因此，在数据的原始形式中，数据可能由像素、字母、单词，甚至更糟糕的纯比特构成。显而易见，使用这种原始形式的数据可能不太方便。我们必须找到对数据进行**预处理**的方法，以便把数据转换成**易于解析或易于使用的形式**。

数据预处理分为两个阶段：

❑ **特征选取**：这个阶段识别数据中的重要属性（或特征）。图像的特征可能位于边缘、角点，或脊的位置。你可能对 OpenCV 提供的一些更高级的特征描述符——例如，**快速鲁棒性特征**（Speeded Up Robust Features，SURF）；或者**方向梯度直方图**（Histogram of Oriented Gradients，HOG）——已经很熟悉了。尽管这些特征可以应用于所有图像，但是对于特定的任务来说，这些特征可能并不是那么重要（或者这些特征工作得并不是那么好）。例如，如果我们的任务是区分清水和脏水，那么最重要的特征可能是水的颜色，使用 SURF 或者 HOG 特征对我们的帮助可能不是很大。

❑ **特征提取**：这个阶段实际上是将原始数据变换到所期望的特征空间的过程。**Harris 运算符**就是一个例子，它允许我们提取一张图像中的角点（即一个选中的特征）。

一个更高级的主题是创造有用信息特征的过程，即**特征工程**。毕竟，在人们可以选择主流特征之前，必须先有人创造出这些特征。通常，对于算法的成功，特征工程比算法本身的选择更重要。我们将在第 4 章中全面地讨论特征工程。

> 💡提示 不要让命名**约定**把你弄糊涂了！有时，很难区分特征选择和特征提取，这是由命名方式导致的。例如，SURF 既表示特征提取又表示特征的实际名称。**尺度不变特征变换**（Scale Invariant Feature Transform，SIFT）也如此，这是一个特征提取器，可以生成 SIFT **特征**。可是，这两种算法都申请了专利，不能够用于商业目的。我们不会共享这两种算法的代码。

最后需要说明的一点是：在监督学习中，每个数据点都必须有一个**标签**。标签识别一个数据点属于某一类事物（如猫或狗），或者具有某个特定的值（如房价）。最终，监督学习系统的目标是预测测试集中所有数据点的标签（如图 2-1 所示）。我们通过使用带标签的数据在训练数据中学习规则，然后在测试集中测试性能来实现这一任务。

因此，要构建一个有效的机器学习系统，我们必须先学习如何加载、存储和操作数据。如何使用 OpenCV 和 Python 来实现这个目标呢？

2.3 使用 OpenCV 和 Python 处理数据

数据世界充满了各种各样的数据类型。有时，这会使用户很难区分用于特定值的数据类型。在此，我们将尽量保持简单性，除保留标准数据类型的标量值之外，将所有内容都当成数组处理。因为图像有宽度和高度，所以以图像将变成二维数组。一维数组可能是强度随时间变化的一个声音片段。

如果你经常使用 OpenCV 的 C++ **应用程序接口**（Application Programming Interface，API）并打算继续这样做的话，那么你可能会发现用 C++ 处理数据会有点麻烦。你不但必须处理 C++ 语言的语法，而且必须处理各种数据类型以及跨平台的兼容性问题。

如果你使用 OpenCV 的 Python API，就会最大程度上简化这个过程，因为你可以自动访问**科学 Python**（Scientific Python，SciPy）社区中提供的大量开源包。一个相关示例是**数值 Python**（Numerical Python，NumPy）包，大多数科学计算工具都是围绕它来构建的。

2.3.1 开始一个新的 IPython 或 Jupyter 会话

在我们开始使用 NumPy 之前，我们需要打开一个 IPython shell 或者启动一个 Jupyter Notebook：

1）如第 1 章所述，打开一个终端，导航到 OpenCV-ML 目录：

```
$ cd Desktop/OpenCV-ML
```

2）激活我们在第 1 章中创建的 conda 环境：

```
$ source activate OpenCV-ML    # Mac OS X / Linux
$ activate OpenCV-ML           # Windows
```

3）启动一个新的 IPython 或者 Jupyter 会话：

```
$ ipython            # for an IPython session
$ jupyter notebook   # for a Jupyter session
```

如果你选择启动一个 IPython 会话，程序应该会向你发送类似于下面这样的欢迎消息：

```
$ ipython
Python 3.6.0 | packaged by conda-forge | (default, Feb 9 2017, 14:36:55)
Type 'copyright', 'credits' or 'license' for more information
IPython 7.2.0 -- An enhanced Interactive Python. Type '?' for help.

In [1]:
```

在以 In [1] 开头的代码行中，你可以输入常规 Python 命令。另外，你还可以在输入变量和函数名称时按下 Tab 键，让 IPython 自动完成 Python 命令。

> 📍提示　有限数量的 Unix 和 macOS 系统 shell 命令也可以工作，例如 ls 和 pwd。你可以给 shell 命令添加前缀 "！"（例如，！ ping www.github.com），然后运行所有的 shell 命令。详细信息请查阅官方 IPython 文献，网址为 https://ipython.org/ipython-doc/3/interactive/tutorial.html。

如果你选择启动一个 Jupyter 会话，在你的 Web 浏览器中应该会打开一个新的窗口，指向 http://localhost:8888。如果你想要创建一个新的 notebook，那么点击右上角的 New，选择 Notebooks（Python 3），如图 2-2 所示。

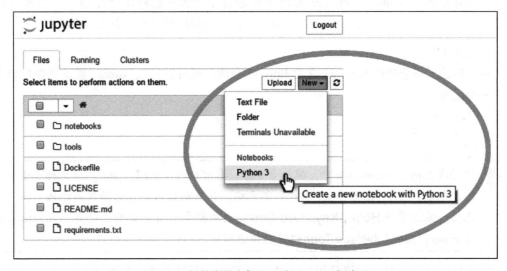

图 2-2　在浏览器中打开一个 Jupyter 新窗口

这会打开一个新的窗口，如图 2-3 所示。

用 In [ ] 标记的单元格（看起来与之前的文本框很像）与 IPython 会话中的命令行类似。现在，可以开始输入你的 Python 代码了！

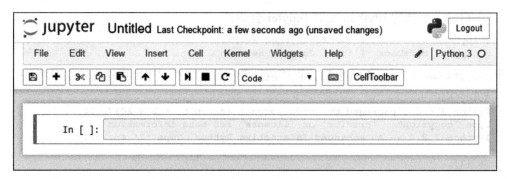

图 2-3　Jupyter 会话窗口

2.3.2　使用 Python 的 NumPy 包处理数据

如果你已经安装了 Anaconda，那么就假设你已经在虚拟环境中安装了 NumPy。如果你使用过 Python 的标准发行版或任何其他发行版，你可以访问 http://www.numpy.org，并按照所提供的安装说明进行操作。

如前所述，如果你还不是 Python 专家，也无关紧要。谁知道呢，也许你刚刚从 OpenCV 的 C++API 转向 Python。一切都正常。我们想让你快速了解一下如何开始使用 NumPy。如果你是高级 Python 用户，那么你可以直接跳过本节内容。

一旦你熟悉了 NumPy，就会发现 Python 世界中的大多数科学计算都是围绕 NumPy 构建的。这包括 OpenCV，因此花在 NumPy 上的学习时间最终对你是有益的。

1. 导入 NumPy

一旦启动了一个新的 IPython 或者 Jupyter 会话，就可以导入 Numpy 模块并按照以下步骤来验证版本：

```
In [1]: import numpy
In [2]: numpy.__version__
Out[2]: '1.15.4'
```

> 💡提示　记得在 Jupyter Notebook 中，键入命令后，你可以按下 Ctrl+Enter，以执行一个单元格。或者，按下 Shift+Enter 以执行单元格，并自动插入或者选择该单元格下面的单元格。依次单击 Help | Keyboard Shortcut 以检查所有的键盘快捷键，或者依次单击 Help | User Interface Tour 以进行快速浏览。

此处讨论的部分包，建议使用 NumPy 1.8 版本或后续版本。按照惯例，你会发现在科学 Python 领域中，大多数人导入 NumPy 都会使用 np 作为别名：

```
In [3]: import numpy as np
In [4]: np.__version__
Out[4]: '1.15.4'
```

本章及本书的其余章节，我们都将遵循同样的惯例。

2. 理解 NumPy 数组

你可能已经知道 Python 是一种**弱类型**的语言。这就意味着，你无论何时创建一个新变量，都不必指定数据类型。例如，下面的内容将自动表示为一个整数：

```
In [5]: a = 5
```

输入下面内容以再次确认：

```
In [6]: type(a)
Out[6]: int
```

> **注意**　因为标准 Python 实现是用 C 编写的，所以每个 Python 对象本质上是一个伪 C 结构。这对于 Python 中的整数也是如此，实际上它是指向复合 C 结构的指针，包含的不仅仅是**原始**整数值。因此，用于表示 Python 整数的默认 C 数据类型将依赖于你的系统架构（即系统是 32 位还是 64 位平台）。

更进一步，我们使用 list() 命令可以创建一个整数列表，这是 Python 中的标准多元素容器。range (x) 函数将创建从 0 到 x–1 的所有整数。要输出变量，你可以使用 print 函数，也可以直接输入变量名字并按 Enter：

```
In [7]: int_list = list(range(10))
...     int_list
Out[7]: [0, 1, 2, 3, 4, 5, 6, 7, 8, 9]
```

类似地，我们通过让 Python 遍历整数列表 int_list 中的所有元素，并对每个元素应用 str() 函数（该函数将一个数转换成一个字符串），来创建一个字符串列表：

```
In [8]: str_list = [str(i) for i in int_list]
...     str_list
Out[8]: ['0', '1', '2', '3', '4', '5', '6', '7', '8', '9']
```

可是，用列表进行数学运算并不是很灵活。例如，我们想要将 int_list 中的每个元素都乘以一个因子 2。执行以下操作可能是一种简单的方法——看看输出结果是怎样的：

```
In [9]: int_list * 2
Out[9]: [0, 1, 2, 3, 4, 5, 6, 7, 8, 9, 0, 1, 2, 3, 4, 5, 6, 7, 8, 9]
```

Python 创建了一个列表，其内容是 int_list 的所有元素生成了两次，这并不是我们想要的！

这就是 NumPy 的用武之地。NumPy 是专为简化 Python 中的数组运算而设计的。我们可以快速将整数列表转换为一个 NumPy 数组：

```
In [10]: import numpy as np
...      int_arr = np.array(int_list)
...      int_arr
Out[10]: array([0, 1, 2, 3, 4, 5, 6, 7, 8, 9])
```

让我们看看试着将数组中的每个元素相乘会怎么样：

```
In [11]: int_arr * 2
Out[11]: array([ 0,  2,  4,  6,  8, 10, 12, 14, 16, 18])
```

这次我们做对了！加法、减法、除法以及很多其他运算也是同样的。

而且，每个 NumPy 数组都具有以下属性：

- ❑ ndim：维数。
- ❑ shape：每一维的大小。
- ❑ size：数组中元素的总数。
- ❑ dtype：数组的数据类型（例如 int、float、string 等）。

让我们来看看整数数组的上述属性：

```
In [12]: print("int_arr ndim: ", int_arr.ndim)
...      print("int_arr shape: ", int_arr.shape)
...      print("int_arr size: ", int_arr.size)
...      print("int_arr dtype: ", int_arr.dtype)
Out[12]: int_arr ndim: 1
         int_arr shape: (10,)
         int_arr size: 10
         int_arr dtype: int64
```

从这些输出中，我们可以看到我们的数组只包含一维，其包含 10 个元素且所有元素都是 64 位的整数。当然，如果你在 32 位机器上执行这段代码，你可能会得到 dtype：int 32。

3. 通过索引访问单个数组元素

如果你之前使用过 Python 的标准列表索引，那么你就不会发现 NumPy 中的索引有很多问题。在一维数组中，通过在方括号中指定所需的索引，可以访问第 i 个值（从 0 开始计算），与 Python 列表一样：

```
In [13]: int_arr
Out[13]: array([0, 1, 2, 3, 4, 5, 6, 7, 8, 9])
In [14]: int_arr[0]
Out[14]: 0
In [15]: int_arr[3]
Out[15]: 3
```

要从数组的末尾建立索引，可以使用负索引号：

```
In [16]: int_arr[-1]
Out[16]: 9
In [17]: int_arr[-2]
Out[17]: 8
```

切割数组还有一些其他很酷的技巧，如下所示：

```
In [18]: int_arr[2:5]   # from index 2 up to index 5 - 1
Out[18]: array([2, 3, 4])
In [19]: int_arr[:5]    # from the beginning up to index 5 - 1
Out[19]: array([0, 1, 2, 3, 4])
In [20]: int_arr[5:]    # from index 5 up to the end of the array
Out[20]: array([5, 6, 7, 8, 9])
In [21]: int_arr[::2]   # every other element
Out[21]: array([0, 2, 4, 6, 8])
In [22]: int_arr[::-1]  # the entire array in reverse order
Out[22]: array([9, 8, 7, 6, 5, 4, 3, 2, 1, 0])
```

建议你自己尝试使用这些数组！

 提示　NumPy 中切割数组的一般形式与标准 Python 列表中的相同。使用 x [start: stop: step] 访问数组 x 中的一个片段。如果没有指定任何一个值，那么默认值为 start=0、stop=size of dimension、step=1。

4. 创建多维数组

数组不必局限于列表。实际上，数组可以有任意维数。在机器学习中，通常我们至少要处理二维数组，列索引表示特定的特征值，行包含实际的特征值。

使用 NumPy 可以轻松地从头开始创建多维数组。假设我们想要创建一个 3 行 5 列的数组，所有的元素都初始化为 0。如果我们不指定数据类型，NumPy 将默认使用 float 类型：

```
In [23]: arr_2d = np.zeros((3, 5))
...      arr_2d
Out[23]: array([[0., 0., 0., 0., 0.],
               [0., 0., 0., 0., 0.],
               [0., 0., 0., 0., 0.]])
```

使用 OpenCV 时你可能就知道：这可以解释为所有像素设置为 0（黑色）的一个 3×5 的灰度图像。例如，如果你想要创建具有 3 个颜色通道（R、G 和 B）2×4 像素的一个小图像，但是所有像素都设置为白色，我们将使用 NumPy 创建一个 3×2×4 的三维数组：

```
In [24]: arr_float_3d = np.ones((3, 2, 4))
...      arr_float_3d
Out[24]: array([[[1., 1., 1., 1.],
                [1., 1., 1., 1.]],

               [[1., 1., 1., 1.],
                [1., 1., 1., 1.]],

               [[1., 1., 1., 1.],
                [1., 1., 1., 1.]]])
```

这里，第一维定义颜色通道（OpenCV 中的蓝色、绿色和红色）。因此，如果这是真实的图像数据，我们可以通过切割数组轻松地获得第一个通道中的颜色信息：

```
In [25]: arr_float_3d[0, :, :]
Out[25]: array([[1., 1., 1., 1.],
               [1., 1., 1., 1.]])
```

在 OpenCV 中，图像要么是值在 0 到 1 之间的 32 位浮点数组，要么是值在 0 到 255 之间的 8 位整数数组。因此，使用 8 位整数，通过指定 NumPy 的 dtype 属性并将数组中的所有 1 乘以 255，我们还可以创建一个 2×4 像素、全为白色的 RGB 图像：

```
In [26]: arr_uint_3d = np.ones((3, 2, 4), dtype=np.uint8) * 255
...      arr_uint_3d
Out[26]: array([[[255, 255, 255, 255],
                [255, 255, 255, 255]],
```

```
         [[255, 255, 255, 255],
          [255, 255, 255, 255]],

         [[255, 255, 255, 255],
          [255, 255, 255, 255]]], dtype=uint8)
```

在后续章节中，我们还将学习更高级的数组操作。

2.3.3　用 Python 加载外部数据集

感谢 SciPy 社区，它提供了很多可以帮助我们获得一些数据的资源。

一个特别有用的资源以 **scikit-learn** 的 sklearn.datasets 包的形式出现。这个包预装了一些小数据集，我们不需要从外部网站下载任何文件。这些数据集包含以下内容：

❑ load_boston：Boston 数据集包含不同城区的房价以及一些有趣的特征，如城镇的人均犯罪率、居住用地比例，以及非零售业务的数量。

❑ load_iris：Iris 数据集包含三种不同类型的鸢尾花（山鸢尾、花斑鸢尾和维吉尼亚鸢尾）以及描述花萼和花瓣的宽度和长度的 4 个特征。

❑ load_diabetes：diabetes 数据集依据患者的年龄、性别、体重指数、平均血压以及 6 次血清测量值等特征，使我们可以将患者分类为糖尿病患者和非糖尿病患者。

❑ load_digits：digits 数据集包含数字 0 ~ 9 的 8 × 8 像素图像。

❑ load_linnerud：Linnerud 数据集包含 3 个生理变量以及 3 个运动变量，测量了 20 名健身俱乐部的中年男性。

此外，scikit_learn 允许我们直接从外部存储库下载数据集，例如：

❑ fetch_olivetti_faces：Olivetti faces 数据集包含 40 个不同主题，每个主题包含 10 个不同的图像。

❑ fetch_20newsgroups：20 newsgroup 数据集包含 20 个主题，大约 18 000 篇新闻组帖子。

更好的是，可以从机器学习数据库（http://openml.org）中直接下载数据集。例如，要下载 Iris 数据集，只需输入以下命令：

```
In [1]: from sklearn import datasets
In [2]: iris = datasets.fetch_openml('iris', version=1)
In [3]: iris_data = iris['data']
In [4]: iris_target = iris['target']
```

Iris 数据集共有 150 个样本、4 个特征——花萼长度、花萼宽度、花瓣长度和花瓣宽度。数据分为三类——山鸢尾、花斑鸢尾和维吉尼亚鸢尾。数据和标签位于两个独立的容器中，我们可以根据下列操作查看：

```
In [5]: iris_data.shape
Out[5]: (150, 4)
In [6]: iris_target.shape
Out[6]: (150,)
```

此处，我们可以看到 iris_data 包含 150 个样本，每个样本包含 4 个特征（这就是 shape 中的数字是 4 的原因）。标签存储在 iris_target 中，其中每个样本只有一个标签。

我们可以进一步查看所有目标的值，但是我们不希望只输出这些目标值。我们感兴趣的是查看所有不同的目标值，使用 NumPy 可轻松实现：

```
In [7]: import numpy as np
In [8]: np.unique(iris_target) # Find all unique elements in array
Out[8]: array(['Iris-setosa', 'Iris-versicolor', 'Iris-virginica'],
dtype=object)
```

> 注意　你应该听说过另一个用于数据分析的 Python 库是 pandas（http://pandas.pydata.org）。pandas 为数据库和电子表格实现了几个功能强大的数据操作。不管这个库多么强大，此时，pandas 对于我们来说有点太高级了。

2.3.4　使用 Matplotlib 可视化数据

如果我们不知道如何查看数据，那么知道如何加载数据的作用是有限的。谢天谢地，幸好还有 Matplotlib！

Matplotlib 是建立在 NumPy 数组上的一个多平台数据可视化库——看吧，我说过 NumPy 还会再次出现的。在 2002 年，约翰·亨特（John Hunter）提出 Matplotlib，最初的构思是设计为 IPython 的一个补丁，以便能够从命令行启用交互式 MATLAB 样式绘图。近几年，更新、更炫酷的工具（例如，R 语言中的 ggplot 和 ggvis）层出不穷，最终取代了 Matplotlib，可是 Matplotlib 仍然是一个经过良好测试的、非常重要的跨平台图形引擎。

1. 导入 Matplotlib

你可能又走运了：如果你按照第 1 章中的建议安装了完整的 Python Anaconda，那么你已经安装了 Matplotlib，可以开始了。否则，你可能要访问 http://matplotlib.org 以获取安装说明。

就像我们用缩写 np 来表示 NumPy 一样，我们也会用一些标准的缩写来表示 Matplotlib 导入：

```
In [1]: import matplotlib as mpl
In [2]: import matplotlib.pyplot as plt
```

plt 是我们最常用的一个接口，在本书中我们将常看到 plt 接口。

2. 生成一个简单的图形

言归正传，让我们创建第一个图形。

假设我们要绘制正弦函数 sin(x) 的一个简单线图。我们希望函数求 x 轴（$0 \leqslant x \leqslant 10$）上的所有值。我们将使用 NumPy 的 linspace 函数在 x 轴上创建一个线性空间，x 值从 0 到 10，共 100 个样本点：

```
In [3]: import numpy as np
In [4]: x = np.linspace(0, 10, 100)
```

我们可以使用 NumPy 的 sin 函数求 sin 函数的所有 x 值，并通过调用 plt 的 plot 函数可视化结果：

```
In [5]: plt.plot(x, np.sin(x))
```

你亲自试过了吗？发生什么了？有什么发现吗？

问题是，这取决于你在何处运行这个脚本，你可能什么都看不到。以下是可以考虑的可能性：

❑ **从 .py 脚本绘图**：如果你正从一个脚本运行 matplotlib，那么你只需要调用 plt，如下所示：

```
plt.show()
```

调用后，图形就会显示出来！

❑ **从 IPython shell 绘图**：这实际上是以交互方式运行 matplotlib 的最便捷的方式之一。要显示绘图，你需要在启动 IPython 之后，调用 %matplotlib 魔术命令：

```
In [1]: %matplotlib
Using matplotlib backend: Qt5Agg
In [2]: import matplotlib.pyplot as plt
```

然后，所有图都会自动显示出来，不必每次都调用 plt.show()。

❑ **从 Jupyter Notebook 绘图**：如果你从基于浏览器的 Jupyter Notebook 上查看这段代码，你需要使用同样的 %matplotlib 魔术命令。可是，你还可以选择将图形直接嵌入 notebook 中，这有两种可能的结果：

◆ %matplotlib notebook 将生成的交互式图嵌入 notebook 中。

◆ %matplotlib inline 将生成的静态图嵌入 notebook 中。

在本书中，我们通常会选择内联选项：

```
In [6]: %matplotlib inline
```

现在，让我们再试一次：

```
In [7]: plt.plot(x, np.sin(x))
Out[7]: [<matplotlib.lines.Line2D at 0x7fc960a80550>]
```

上述命令给出的输出如图 2-4 所示。

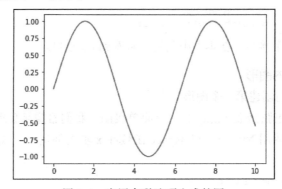

图 2-4　应用内联选项生成的图

稍后，如果你想保存图表，可以直接从 IPython 或 Jupyter Notebook 的选项中保存：

```
In [8]: savefig('figures/02.03-sine.png')
```

只要保证使用所支持的文件后缀即可，例如 .jpg、.png、.tif、.svg、.eps 或者 .pdf。

提示　在导入 matplotlib 之后，运行 plt.style.use(style_name)，你可以更改绘图的样式。在 plt.style.available 中列出了所有可用的样式。例如，试试 plt.style.use('fivethirtyeight')、plt.style.use('ggplot') 或者 plt.style.use('seaborn-dark')。为了增加乐趣，可以运行 plt.xkcd()，再尝试绘制其他内容。

---

3. 可视化外部数据集的数据

作为本章的最后一个测试，让我们可视化一些来自外部数据集的数据，例如 scikit-learn 的 digits 数据集。

具体来说，我们将需要 3 个可视化工具：

❑ 用于实际数据的 scikit-learn

❑ 用于数据处理的 NumPy

❑ Matplotlib

首先，让我们导入所有这些可视化工具：

```
In [1]: import numpy as np
...      from sklearn import datasets
...      import matplotlib.pyplot as plt
...      %matplotlib inline
```

第一步是实际加载数据：

```
In [2]: digits = datasets.load_digits()
```

如果我们没有记错的话，digits 应该有 2 个不同的字段：一个是 data 字段，包含实际的图像数据；另一个是 target 字段，包含图像标签。与其相信我们的记忆，不如让我们研究一下 digits 对象。这通过输入字段名称、添加句点、再按下 Tab 键——digits.<TAB> 来实现。这会显示出 digits 对象还包含了一些其他字段，例如一个名为 images 的字段。images 和 data 这 2 个字段似乎只是形状不同：

```
In [3]: print(digits.data.shape)
... print(digits.images.shape)
Out[3]: (1797, 64)
  (1797, 8, 8)
```

在这两个例子中，第一维都对应于数据集中的图像数。但是 data 将所有像素排列在一个大的向量中，而 images 则保留了每个图像的 8×8 空间排列。

因此，如果我们想绘制单张图像，images 字段可能更合适。首先，使用 NumPy 的数组切割，从数据集中抓取一张图像：

```
In [4]: img = digits.images[0, :, :]
```

这里，我们说想要抓取长为 1797 项的数组中的第一行，以及所有对应的 $8 \times 8 = 64$ 个像素。

然后，我们可以使用 plt 的 imshow 函数绘制图像：

```
In [5]: plt.imshow(img, cmap='gray')
...      plt.savefig('figures/02.04-digit0.png')
Out[5]: <matplotlib.image.AxesImage at 0x7efcd27f30f0>
```

上述命令给出的输出如图 2-5 所示。请注意，图像是模糊的，因为我们将该图像调整到了更大的尺寸。原始图像的大小只有 8 × 8。

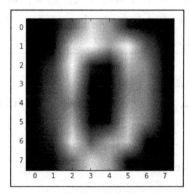

图 2-5 生成单张图像的示例结果

此外，我们还可以使用 cmap 参数指定一个彩图。在默认情况下，Matplotlib 使用 MATLAB 的默认彩图 jet。可是，对于灰度图像，gray 彩图更有意义。

最后，我们可以利用 plt 的 subplot 函数绘制一组数字样本。subplot 函数与在 MATLAB 中一样，我们指定行数、列数以及当前子图的索引（从 1 开始）。我们将使用一个 for 循环遍历数据集中的前 10 个图像，每个图像都有自己的子图：

```
In [6]: plt.figure(figsize=(14,4))
...
...      for image_index in range(10):
...          # images are 0-indexed, but subplots are 1-indexed
...          subplot_index = image_index + 1
...          plt.subplot(2, 5, subplot_index)
...          plt.imshow(digits.images[image_index, :, :], cmap='gray')
```

生成的输出如图 2-6 所示。

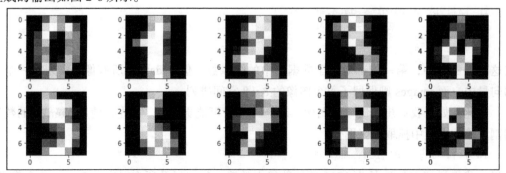

图 2-6 生成包含 10 个数字的一组子图

⊙提示　对于各种数据集，另一个很好的资源是本书作者迈克尔·贝耶勒的母校加州大学欧
　　　文分校的机器学习资源库：http://archive.ics.uci.edu/ml/index.php。

2.3.5　使用 C++ 中的 OpenCV TrainData 容器处理数据

为了完整起见，也为了那些坚持使用 OpenCV 的 C++ API 的人们，让我们快速浏览
OpenCV 的 TrainData 容器，该容器允许我们从 .csv 文件加载数值数据。

除此之外，在 C++ 中，ml 模块包含一个名为 TrainData 的类，该类提供了用 C++ 处
理数据的一个容器。它的功能仅限于读取 .csv 文件中的数值数据（包含逗号分隔的值）。因
此，如果我们希望使用的数据是一个组织良好的 .csv 文件，那么这个类将会为你节省很
多时间。如果你的数据来自其他源文件，恐怕你的最佳选择是使用一个合适的程序（例如
OpenOffice 或者 Microsoft Excel）手动创建一个 .csv 文件。

TrainData 类最重要的方法名为 loadFromCSV，该方法接受以下参数：

❑ const String& filename：输入文件名。

❑ int headerLineCount：开始时跳过的行数。

❑ int responseStartIdx：第一个输出变量的索引。

❑ int responseEndIdx：最后一个输出变量的索引。

❑ const String& varTypeSpec：描述所有输出变量数据类型的一个文本字符串。

❑ char delimiter：用于分隔每行值的字符。

❑ char missch：用于指定缺失测量值的字符。

如果在一个逗号分隔的文件中有一些不错的全浮点数据，那么你可以按照下列方式加载：

```
Ptr<TrainData> tDataContainer = TrainData::loadFromCSV("file.csv",
                                0,  // number of lines to skip
                                0); // index of 1st and only output var
```

该类提供了几个便捷的函数，将数据拆分成训练集和测试集，并访问训练集和测试集中的
各个数据点。例如，如果你的文件包含 100 个样本，那么你可以把前 90 个样本分配给训练
集，剩下的 10 个样本留给测试集。首先，调整训练样本和测试样本可能是个好办法：

```
tDataContainer->shuffleTrainTest();
tDataContainer->setTrainTestSplit(90);
```

接下来，很容易把所有训练样本都存储在一个 OpenCV 矩阵中：

```
cv::Mat trainData = tDataContainer->getTrainSamples();
```

在 https://docs.opencv.org/4.0.0/dc/d32/classcv_1_1ml_1_1TrainData.html 中你可以找到本节
介绍的所有相关函数。

除此之外，因为本书作者担心 TrainData 容器及其用例可能有点过时了。因此，在本书
的其余章节，我们将重点关注 Python。

2.4 本章小结

本章我们讨论了处理机器学习问题的一个典型工作流程：我们如何从原始数据中提取信息特征；我们如何使用数据和标签来训练一个机器学习模型；以及我们如何使用最终确定的模型来预测新的数据标签。我们得知把数据拆分成一个训练集和一个测试集是非常重要的，因为这是了解一个模型对新数据点泛化性能的唯一方法。

在软件方面，我们大幅提升了自身的 Python 技能。我们学习了如何使用 NumPy 数组存储和操作数据，以及如何使用 Matplotlib 进行数据可视化。我们讨论了 scikit-learn 及其很多有用的数据资源。最后，我们还讨论了 OpenCV 自有的 TrainData 容器，该容器为 OpenCV 的 C++ API 用户提供了一些帮助。

有了这些工具，我们现在就准备实现第一个真正的机器学习模型了！在第 3 章，我们将重点关注监督学习及其两个主要问题类别：分类和回归。

第 3 章 *Chapter 3*

监督学习的第一步

这难道不是你一直在等待的时刻吗？

我们已经介绍了所有的基础知识——我们拥有了一个正常工作的 Python 环境、安装了 OpenCV、我们知道了如何用 Python 处理数据。现在，是时候建立我们的第一个机器学习系统了！关注最常见和最成功的机器学习类型之一——**监督学习**，难道不是最佳的开始方式吗？

从第 2 章中我们已经知道，监督学习就是通过使用与训练数据相关的标签来学习训练数据中的规律，这样我们就可以预测一些新的、之前从未见过的测试数据的标签。在本章，我们希望更深入地学习如何将我们的理论知识转换为实践。我们将介绍分类和回归，以及有关分类和回归的各种评估指标。

本章将介绍以下主题：

❑ 探索分类和回归的区别，学习何时使用分类和回归。

❑ 学习 k 近邻（k-NN）分类器及其在 OpenCV 中的实现。

❑ 使用逻辑回归进行分类。

❑ 用 OpenCV 构建一个线性回归模型，了解该线性回归模型与拉索（Lasso）和岭（ridge）回归的区别。

让我们直接开始学习吧！

3.1 技术需求

我们可以在 https://github.com/PacktPublishing/Machine-Learning-for-OpenCV-Second-Edition/tree/master/Chapter03 查看本章的代码。

软件和硬件需求总结如下：

- ❑ OpenCV 4.1.x 版本（4.1.0 版本或 4.1.1 版本都可以）。
- ❑ Python 3.6 版本（Python 3.x 的所有版本都可以）。
- ❑ Anaconda Python 3，用于安装 Python 及其所需模块。
- ❑ 在本书中，你可以使用任意一款操作系统——macOS、Windows 以及基于 Linux 的操作系统。我们建议你的系统中至少有 4GB 的内存。
- ❑ 你不需要一个 GPU 来运行本书提供的代码。

3.2 理解监督学习

我们之前已经确定了监督学习的目标总是预测数据的标签（或目标值）。然而，根据这些标签的性质，监督学习可以有两种不同形式：

- ❑ **分类**：当我们使用数据预测类别时，就将监督学习称为**分类**。分类的一个很好的例子是我们试图预测一张图像包含猫还是狗。这里，数据的标签是类别，一个类别或另一个类别，但从来不是混合类别。例如，一个图片包含一只猫或一只狗，从不会是 50% 的猫和 50% 的狗（这里我们从不考虑卡通角色 CatDog），而我们的工作只是分辨出它是哪一种动物。当只有两种选择时，它就称为**二分类**或**二值分类**。当有两个以上的类别时，如预测鸢尾花的种类（回顾一下我们在第 1 章中使用的鸢尾花数据集），它称为**多分类**。
- ❑ **回归**：当我们使用数据预测真实值时，就将监督学习称为**回归**。回归的一个很好的例子是预测股票价格。回归的目标不是预测股票的类别，而是尽可能准确地预测一个目标值，例如以最小误差预测股票价格。

有许多不同的方法来进行分类和回归，但我们只探讨其中的几种方法。判断我们正在处理的是分类问题还是回归问题，最简单的方法也许是问我们自己下面这个问题：我们到底要预测什么？图 3-1 给出了答案。

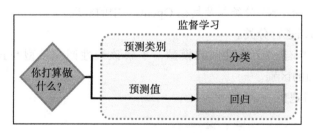

图 3-1　分类问题和回归问题的区别

3.2.1　看看 OpenCV 中的监督学习

如果我们不能将其付诸实践，仅知道监督学习的原理是没有任何用处的。值得庆幸的是，OpenCV 为所有统计学习模型（包括所有的监督学习模型）提供了一个非常简单的接口。

在 OpenCV 中，每个机器学习模型都派生于 cv::ml::StatModel 基类。如果我们想要使用 OpenCV 中的一个机器学习模型，那么我们必须提供 StatModel 允许我们实现的所有功能。这包括训练模型的一种方法（名为 train）以及度量模型性能的一种方法（名为 calcError）。

> 注意　在**面向对象编程**（Object-Oriented Programming，OOP）中，我们主要处理对象或者类。对象是由称为**方法**的函数和称为**成员**或**属性**的变量组成。你可以在 https://docs.python.org/3/tutorial/classes.html 学习更多有关 Python 中的面向对象编程的知识。

因为软件的这种组织方式，用 OpenCV 构建一个机器学习模型始终遵循相同的逻辑，如下：

- ❏ **初始化**：我们通过名称调用模型，创建模型的一个空实例。
- ❏ **设置参数**：如果模型需要一些参数，我们可以通过 setter 方法设置这些参数，每个模型的 setter 方法都可以不同。例如，为了让一个 k-NN 算法工作，我们需要指定它的开放参数 k（我们稍后会学到）。
- ❏ **训练模型**：每个模型都必须提供一个名为 train 的方法，用于将模型与某些数据进行拟合。
- ❏ **预测新标签**：每个模型都必须提供一个名为 predict 的方法，用于预测新数据的标签。
- ❏ **给模型评分**：每个模型都必须提供一个名为 calcError 的方法，用于度量性能。对于每个模型，这种计算可能是不同的。

> 提示　因为 OpenCV 是一个庞大的、社区驱动的项目，所以并不是所有的算法都像用户期望的那样遵循这些规则。例如，k-NN 算法的大部分工作是在 findNearest 方法中完成的，但是 predict 仍然有效。我们将通过不同的例子来说明这些差异。

因为我们会偶尔使用 scikit-learn 来实现 OpenCV 没有提供的一些机器学习算法，所以有必要指出，scikit-learn 中的算法遵循几乎相同的逻辑。最显著的区别是 scikit-learn 在初始化步骤中设置了所有需要的模型参数。此外，scikit-learn 调用训练函数 fit，而不调用 train；调用评分函数 score，而不调用 calcError。

3.2.2　用评分函数度量模型性能

构建机器学习系统最重要的一个部分是找到一种方法来度量模型预测质量。在真实场景中，模型很少能成功地预测所有的内容。从前几章的学习中，我们知道应该使用测试集的数据来评估我们的模型。但是这到底是如何工作的呢?

简短但不是很有用的答案是，这取决于模型。人们已经提出了各种评分函数，它可用于在所有可能的场景中评估训练模型。好消息是，很多评分函数实际上是 scikit-learn 的 metrics 模块的一部分。

让我们快速了解一些最重要的评分函数。

1. 使用准确率、精度和召回率评分分类器

在二值分类任务中只有两个不同的类标签，有许多不同的方法来度量分类性能。一些常见的评估指标如下所示:

- ❑ accuracy_score : 准确率 (accuracy) 计算测试集中预测正确的数据点数，并返回正确预测的数据点的比例。以将图片分类为猫或狗为例，准确率表示正确分类为包含猫或狗的图片比例。该函数是最基本的分类器评分函数。
- ❑ precision_score : 精度 (precision) 描述了一个分类器不把包含狗的图片标记为猫的能力。或者说，在分类器认为测试集所有包含猫的图片中，精度是实际包含一只猫的图片比例。
- ❑ recall_score : 召回率 (recall，或者敏感度) 描述了一个分类器检索包含猫的所有图片的能力。或者说，测试集所有包含猫的图片中，召回率是正确识别为猫的图片比例。

假设我们有一些 ground truth (正确与否取决于我们的数据集) 类标签，不是 0 就是 1。我们使用 NumPy 的随机数生成器随机生成数据点。显然，这意味着只要我们重新运行代码，就会随机生成新数据点。可是，对于本书而言，这并没有多大的帮助，因为我们希望你能够运行代码，并总是得到和书中相同的结果。实现此目的的一个很好的技巧是固定随机数生成器的种子。这会保证你在每次运行脚本时，都以相同的方式初始化生成器:

1)我们使用下列代码可以固定随机数生成器的种子:

```
In [1]: import numpy as np
In [2]: np.random.seed(42)
```

2)然后，选取 (0，2) 范围内的随机整数，我们可以生成 0 或 1 的 5 个随机标签:

```
In [3]: y_true = np.random.randint(0, 2, size=5)
...     y_true
Out[3]: array([0, 1, 0, 0, 0])
```

> 📷注意　在文献中，这两类有时也被称为**正样例** (类标签是 1 的所有数据点) 和**负样例** (其他所有数据点)。

假设我们有一个分类器试图预测之前提到的类标签。为方便讨论，假设分类器不是很聪明，总是预测标签为 1。通过硬编码预测标签，我们可以模拟这种行为:

```
In [4]: y_pred = np.ones(5, dtype=np.int32)
...     y_pred
Out[4]: array([1, 1, 1, 1, 1], dtype=int32)
```

我们预测的准确率是多少?

如前所述,准确率计算测试集中预测正确的数据点数,并返回测试集大小的比例。我们只是正确地预测了第二个数据点(实际标签是 1)。除此之外,实际标签是 0,而我们预测为 1。因此,我们的准确率应该是 1/5 或者 0.2。

准确率指标的一个简单实现可总结为:预测的类标签与实际类标签相符的所有情况。

```
In [5]: test_set_size = len(y_true)
In [6]: predict_correct = np.sum(y_true == y_pred)
In [7]: predict_correct / test_set_size
Out[7]: 0.2
```

scikit-learn 的 metrics 模块提供了一个更智能、更便捷的实现:

```
In [8]: from sklearn import metrics
In [9]: metrics.accuracy_score(y_true, y_pred)
Out[9]: 0.2
```

这并不难,不是吗?但是,要理解精度和召回率,我们需要对 I 型错误和 II 型错误有大致的了解。让我们来回忆一下,通常把类标签为 1 的数据点称为正样例,把类标签为 0(或 –1)的数据点称为负样例。然后,对特定数据点进行分类,可能会产生以下 4 种结果之一,如表 3-1 的混淆矩阵所示。

表 3-1　4 种可能的分类结果

	是真的正样例吗?	是真的负样例吗?
预测为正样例	真阳性	假阳性
预测为负样例	假阴性	真阴性

让我们进行一下分析。如果一个数据点实际是正样例,并且我们也将其预测为正样例,那么我们就预测对了!在这种情况下,将结果称为**真阳性**。如果我们认为数据点是正样例,但是该数据点实际是一个负样例,那么我们错误地预测了一个正样例(因此就有了**假阳性**这个术语)。类似地,如果我们认为数据点是负样例,但是该数据点实际是一个正样例,那么我们就错误地预测了一个负样例(假阴性)。最后,如果我们预测了一个负样例,而且该数据点确实是一个负样例,那么我们就找到了一个真阴性。

> 提示　在统计学假设检验中,假阳性也称为 **I 型错误**,而假阴性也称为 **II 型错误**。

让我们在模拟数据上快速计算一下这 4 个评估指标。我们有一个真阳性,实际标签是 1,并且我们预测为 1:

```
In [10]: truly_a_positive = (y_true == 1)
In [11]: predicted_a_positive = (y_pred == 1)
In [12]: true_positive = np.sum(predicted_a_positive * truly_a_positive )
...      true_positive
Out[12]: 1
```

类似地，一个假阳性是我们预测为 1，但 ground truth 却是 0：

```
In [13]: false_positive = np.sum((y_pred == 1) * (y_true == 0))
   ...        false_positive
Out[13]: 4
```

现在，我相信你已经掌握了窍门。但是我们必须做数学运算才能知道预测的负样例吗？我们的并不是很聪明的分类器从不会预测为 0，因此（y_pred==0）应该不会是真的：

```
In [14]: false_negative = np.sum((y_pred == 0) * (y_true == 1))
   ...        false_negative
Out[14]: 0
In [15]: true_negative = np.sum((y_pred == 0) * (y_true == 0))
   ...        true_negative
Out[15]: 0
```

让我们再来绘制一个混淆矩阵，如表 3-2 所示。

表 3-2　混淆矩阵

	是真的正样例吗？	是真的负样例吗？
预测为正样例	1	4
预测为负样例	0	0

要保证我们做的都是正确的，让我们再计算一下准确率。准确率应该是真阳性数据点数量加上真阴性数据点数量（即所有正确预测的数据点数）除以数据点总数：

```
In [16]: accuracy = (true_positive + true_negative) / test_set_size
   ...        accuracy
Out[16]: 0.2
```

成功了！接着给出精度，为真阳性数据点数除以所有正确预测的数据点数：

```
In [17]: precision = true_positive / (true_positive + false_positive)
   ...        precision
Out[17]: 0.2
```

在我们的例子中，精度并不比准确率好。让我们用 scikit-learn 查看一下我们的数学运算：

```
In [18]: metrics.precision_score(y_true, y_pred)
Out[18]: 0.2
```

最后，召回率是我们正确分类为正样例占所有正样例的比例：

```
In [19]: recall = true_positive / (true_positive + false_negative)
   ...        recall
Out[19]: 1.0
In [20]: metrics.recall_score(y_true, y_pred)
Out[20]: 1.0
```

召回率太棒了！但是，回到我们的模拟数据，很明显，这个优秀的召回率得分仅仅是运气好而已。因为在我们的模拟数据集中只有一个标签为 1，而我们碰巧正确地对其进行了分类，所以我们得到了一个完美的召回率得分。这是否就意味着我们的分类器是完美的呢？未必如此！但是我们却发现了 3 个有用的评估指标，似乎从互补的方面度量了我们分类器性能。

2. 使用均方差、可释方差和 R 平方评分回归

在涉及回归模型时上述评估指标就不再有效了。毕竟，我们现在预测的是连续输出值，而不是区分分类标签。幸运的是，scikit-learn 还提供了一些其他有用的评分函数：

- ❑ mean_squared_error：对于回归问题，最常用的误差评估指标是对训练集中每个数据点的预测值和真实目标值之间的平方误差（所有数据点的平均值）进行度量。
- ❑ explained_variance_score：一个更复杂的评估指标是度量一个模型对测试数据的变化或分配的可解释程度。通常使用相关系数度量可释方差的数量。
- ❑ r2_score：R2 得分（R 平方）与可释方差得分密切相关，但使用一个无偏方差估计。它也被称为**决定系数**（coefficient of determination）。

让我们创建另一个模拟数据集。假设我们的观测数据看起来像是 x 值的一个 sin 函数。我们从生成 0 到 10 之间等间距的 100 个 x 值开始。

```
In [21]: x = np.linspace(0, 10, 100)
```

可是，真实数据总是有噪声的。为了尊重这一事实，我们希望目标值 y_true 也是有噪声的。我们通过在 sin 函数中加入噪声来实现：

```
In [22]: y_true = np.sin(x) + np.random.rand(x.size) - 0.5
```

这里，我们使用 NumPy 的 rand 函数在 [0,1] 范围内加入均匀分布的噪声，然后通过减去 0.5 将噪声集中在 0 周围。因此，我们有效地将每个数据点上下抖动最大 0.5。

假设我们的模型足够聪明，能够计算出 sin(x) 的关系。因此，预测的 y 值如下所示：

```
In [23]: y_pred = np.sin(x)
```

这些数据是什么样子的呢？我们可以使用 matplotlib 对其进行可视化：

```
In [24]: import matplotlib.pyplot as plt
...      plt.style.use('ggplot')
...      %matplotlib inline
In [25]: plt.plot(x, y_pred, linewidth=4, label='model')
...      plt.plot(x, y_true, 'o', label='data')
...      plt.xlabel('x')
...      plt.ylabel('y')
...      plt.legend(loc='lower left')
Out[25]: <matplotlib.legend.Legend at 0x265fbeb9f98>
```

生成的线图如图 3-2 所示。

确定我们的模型预测性能最直接的评估指标是均方误差。对于每个数据点，我们看预测值和实际 y 值之间的差异，然后对其进行平方。再计算所有数据点的平方误差的平均值：

```
In [26]: mse = np.mean((y_true - y_pred) ** 2)
...      mse
Out[26]: 0.08531839480842378
```

为了方便计算，scikit-learn 提供了自有的均方误差实现：

```
In [27]: metrics.mean_squared_error(y_true, y_pred)
Out[27]: 0.08531839480842378
```

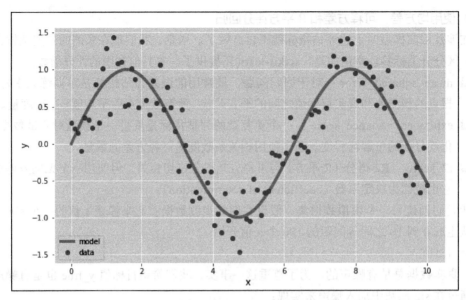

图 3-2　使用 matplotlib 生成的可视化结果

　　另一个常见的评估指标是测量数据的分散或变化：如果每个数据点都等于所有数据点的均值，那么数据中就没有分散或变化，我们就可以用一个数据值来预测所有未来的数据点。这将是世上最无聊的机器学习问题。但我们发现这些数据点通常会遵循一些我们想要揭示的未知的、隐藏的关系。在前面的例子中，这就是导致数据分散的 y=sin(x) 关系。

　　我们可以测量能够解释的数据（或方差）的分散程度。这通过计算预测标签和实际标签之间的方差来实现；这是我们的预测无法解释的所有方差。如果用数据的总方差对这个值进行归一化，我们就得到**未知方差的分数**（fraction of variance unexplained）：

```
In [28]: fvu = np.var(y_true - y_pred) / np.var(y_true)
...      fvu
Out[28]: 0.163970326266295
```

因为这个评估指标是一个分数，其值在 0 到 1 之间。我们可以从 1 中减去这个分数，得到可释方差的分数：

```
In [29]: fve = 1.0 - fvu
...      fve
Out[29]: 0.836029673733705
```

让我们用 scikit-learn 验证我们的数学运算：

```
In [30]: metrics.explained_variance_score(y_true, y_pred)
Out[30]: 0.836029673733705
```

完全正确！最后，我们可以计算出所谓的决定系数或者 R^2。R^2 与可释方差分数密切相关，并将先前计算的均方误差和数据中的实际方差进行比较：

```
In [31]: r2 = 1.0 - mse / np.var(y_true)
```

```
...         r2
Out[31]: 0.8358169419264746
```

通过 scikit-learn 也可以获得同样的值：

```
In [32]: metrics.r2_score(y_true, y_pred)
Out[32]: 0.8358169419264746
```

我们的预测与数据拟合得越好，与简单的平均数相比，R^2 得分的值越接近 1。R^2 得分可以取负值，因为模型预测可以是小于 1 的任意值。一个常量模型总是预测 y 的期望值，独立于输入 x，得到的 R^2 得分为 0：

```
In [33]: metrics.r2_score(y_true, np.mean(y_true) * np.ones_like(y_true))
Out[33]: 0.0
```

3.3　使用分类模型预测类标签

有了这些工具，我们现在就可以开始进行第一个真正的分类示例了。

以兰普威尔小镇为例，那里的人们为他们的两支球队——兰普威尔红队和兰普威尔蓝队——而疯狂。红队已经存在很长时间了，人们很喜欢这支队伍。但是后来，一些外地来的富翁买下了红队的最佳射手，成立了一支新的球队——蓝队。令多数红队球迷不满的是，这位最佳射手将继续带领蓝队夺得冠军。多年后，尽管一些球迷对他早期的职业选择强烈不满，但他还是回到了红队。可是不管怎么说，你会明白为什么红队的球迷和蓝队的球迷一直不能和睦相处。事实上，这两队的球迷是如此分裂，以至于他们从未在同一处居住过。我们甚至听说过这样的故事：当蓝队球迷搬到隔壁时，红队球迷就会故意离开。故事是真实的！

不管怎样，我们是新到镇上的，我们正挨家挨户向人们推销蓝队产品。然而，我们偶尔会遇到心在滴血的红队球迷因为我们推销蓝队的东西而对我们大吼大叫，还把我们赶出他们的草坪。太不友好了！完全避开这些红队球迷，而只拜访蓝队球迷，这样压力会小很多，我们的时间也能更好地被利用。

我们相信可以预测红队球迷的生活区，开始记录我们的活动轨迹。如果我们路过红队球迷的家，则会在手边的城镇地图上画一个红色的三角形；否则会画一个蓝色的正方形。一段时间后，我们对每个人的居住地有了一个很好的了解，如图 3-3 所示。

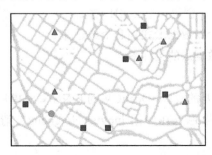

图 3-3　在地图中用不同颜色标记红队和蓝队球迷居住地

可是，在图 3-3 中，我们正在靠近一间标记为绿色圆圈的房子。我们应该敲他们的门吗？我们试图找到一些线索，以确定他们可能是哪个队的球迷（也许在后门廊上挂着队旗，可我们没看到）。我们怎样才能知道敲他们的门是安全的呢？

这个例子恰恰描述了监督学习算法可以解决的问题。我们有一堆观测数据（房子、位置以及颜色），这些数据构成了我们的训练数据。我们可以利用这些数据从经验中学习，当我们要对一个新房子进行颜色预测的任务时，我们就可以做出明智的估计。

正如前面说过的那样，红队球迷对他们的球队充满感情，所以他们永远不会和蓝队球迷住在一起。我们能不能利用这些信息，观察一下周围的房子，再看看新房子里住的是哪个队的球迷？

这正是 k-NN 算法能够实现的。

3.3.1 理解 k-NN 算法

k-NN 算法可以说是机器学习算法中最简单的一个。原因是我们基本上只需要存储训练数据集。然后，要预测一个新的数据点，我们只需要找到训练数据集中最近的数据点：它的最近邻居。

简而言之，k-NN 算法认为一个数据点可能与其邻居属于同一类。想想看，如果我们的邻居是红队球迷，我们可能也是红队球迷；否则，我们早就搬走了。对于蓝队球迷来说也是如此。

当然，有些邻居可能稍微有点复杂。在这种情况下，我们可能不只要考虑我们的最近邻居（k=1），而且还要考虑离我们最近的 k 个最近邻居。让我们继续前面介绍过的例子，如果我们是红队球迷，我们不可能搬到大多数人都认为可能是蓝队球迷的社区。

这就是它的全部。

3.3.2 用 OpenCV 实现 k-NN

使用 OpenCV，通过 cv2.ml.KNearest_Create() 函数我们可以很容易创建一个 k-NN 模型。构建模型包括下列步骤：

1）生成一些训练数据。
2）对于一个给定的数 k，创建一个 k-NN 对象。
3）为我们要分类的一个新数据点找到 k 个最近邻。
4）根据多数票分配新数据点的类标签。
5）绘制结果。

首先，我们导入所有必要的模块：OpenCV 的 k-NN 算法模块、NumPy 的数据处理模块、Matplotlib 的绘图模块。如果你正在使用 Jupyter Notebook，请不要忘记调用 %matplotlib inline 魔术命令：

```
In [1]: import numpy as np
```

```
...      import cv2
...      import matplotlib.pyplot as plt
...      %matplotlib inline
In [2]: plt.style.use('ggplot')
```

1. 生成训练数据

第一步是生成一些训练数据。为此，我们将使用 NumPy 的随机数生成器。正如 3.2 节讨论过的，我们将固定随机数生成器的种子，这样重新运行脚本总是可以生成相同的值：

```
In [3]: np.random.seed(42)
```

好了，现在让我们开始吧。我们的训练数据应该是什么样子的呢？

在前面的例子中，每个数据点都是城镇地图上的一个房子。每个数据点都有两个特征（即数据点在城镇地图上的位置坐标 x 和 y）以及一个类标签（即蓝队球迷居住地是一个蓝色方块，红队球迷居住地是一个红色三角形）。

因此，单个数据点的特征在城镇地图上可以用 x 和 y 坐标的一个二元向量来表示。类似地，如果是一个蓝色方块，那么标签是 0；如果是一个红色三角形，那么标签是 1。这个过程包括数据点生成、数据点绘制以及新数据点的标签预测。让我们来看看如何实现这些步骤：

1）随机选择地图上的位置以及一个随机标签（0 或者 1），我们可以生成单个数据点。假设城镇地图的范围是 $0 \leqslant x \leqslant 100$ 和 $0 \leqslant y \leqslant 100$。那么，我们可以生成一个随机数据点，如下所示：

```
In [4]: single_data_point = np.random.randint(0, 100, 2)
...      single_data_point
Out[4]: array([51, 92])
```

在上述输出中我们可以看到，这将在 0 到 100 之间选择两个随机整数。我们把第一个整数解释为地图上数据点的 x 坐标，第二个整数解释为数据点的 y 坐标。

2）类似地，我们为数据点选择一个标签：

```
In [5]: single_label = np.random.randint(0, 2)
...      single_label
Out[5]: 0
```

这个数据点的类是 0，将其解释为一个蓝色方块。

3）让我们将这个过程封装到一个函数中，该函数以生成的数据点数（即 num_samples）和每个数据点的特征数（即 num_features）作为输入：

```
In [6]: def generate_data(num_samples, num_features=2):
...          """Randomly generates a number of data points"""
```

因为在我们的例子中，特征数是 2，所以可以使用这个数作为默认的参数值。这样，如果我们在调用函数时，没有显式地指定 num_features，那么会将一个为 2 的值自动分配该函数。我相信你现在已经明白了。

我们要创建的数据矩阵应该有 num_samples 行 num_features 列，而且矩阵中的每个元素都应该是从（0, 100）范围内随机选取的一个整数：

```
...          data_size = (num_samples, num_features)
...          train_data = np.random.randint(0, 100, size=data_size)
```

类似地，我们要创建一个向量，包含（0, 2）范围内的一个随机整数标签，对于所有样本：

```
...          labels_size = (num_samples, 1)
...          labels = np.random.randint(0, 2, size=labels_size)
```

不要忘记让函数返回生成的数据：

```
...          return train_data.astype(np.float32), labels
```

提示　在涉及数据类型时，OpenCV 可能有点挑剔，因此一定要将数据点转换成 np.float32 ！

4）让我们对该函数进行测试并生成任意数量的数据点，假设为 11 个数据点，其坐标是随机选择的：

```
In [7]: train_data, labels = generate_data(11)
...  train_data
Out[7]: array([[ 71., 60.],
 [ 20., 82.],
 [ 86., 74.],
 [ 74., 87.],
 [ 99., 23.],
 [ 2., 21.],
 [ 52., 1.],
 [ 87., 29.],
 [ 37., 1.],
 [ 63., 59.],
 [ 20., 32.]], dtype=float32)
```

5）正如我们在上述输出中看到的那样，train_data 变量是一个 11×2 的数组，每一行对应一个数据点。通过在数组中建立索引来查看第一个数据点及其对应的标签：

```
In [8]: train_data[0], labels[0]
Out[8]: (array([ 71., 60.], dtype=float32), array([1]))
```

6）这就告诉我们第一个数据点是一个红色三角形（因为它的类是 1），在城镇地图上的位置是（x, y）=（71, 60）。如果需要，我们可以使用 Matplotlib 绘制城镇地图上的这个数据点：

```
In [9]: plt.plot(train_data[0, 0], train_data[0, 1], color='r',
marker='^', markersize=10)
...      plt.xlabel('x coordinate')
...      plt.ylabel('y coordinate')
Out[9]: [<matplotlib.lines.Line2D at 0x137814226a0>]
```

我们得到的结果如图 3-4 所示。

7）但是，如果我们想一次看到整个训练集呢？让我们为此编写一个函数。应该把所有蓝色方块数据点的列表（all_blue）以及所有红色三角形数据点的列表（all_red）作为函数的输入：

```
In [10]: def plot_data(all_blue, all_red):
```

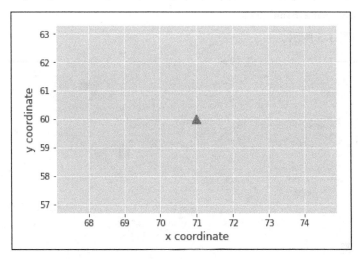

图 3-4　生成第一个数据点及其标签

8）我们的函数应该把所有的蓝色数据点绘制成蓝色方块（使用颜色"b"和标记"s"），这可以使用 matplotlib 的 scatter 函数来实现。为了使其可以工作，我们必须以一个 $N \times 2$ 的数组形式传递蓝色数据点，其中 N 是样本数。然后，all_blue [:, 0] 包含数据点的所有 x 坐标，all_blue[:, 1] 包含数据点的所有 y 坐标：

```
...         plt.figure(figsize=(10, 6))
...         plt.scatter(all_blue[:, 0], all_blue[:, 1], c='b',
            marker='s', s=180)
```

9）类似地，所有的红色数据点也可以这样实现：

```
...         plt.scatter(all_red[:, 0], all_red[:, 1], c='r',
            marker='^', s=180)
```

10）最后，我们用标签标注图：

```
...         plt.xlabel('x coordinate (feature 1)')
...         plt.ylabel('y coordinate (feature 2)')
```

11）让我们在数据集上试试看！首先，我们必须将所有的数据点拆分成红色数据集和蓝色数据集。使用下列命令，我们可以快速选择前面创建的 label 数组中所有等于 0 的元素（ravel 平展数组）：

```
In [11]: labels.ravel() == 0
Out[11]: array([False, False, False, True, False, True, True, True,
True, True, False])
```

12）所有蓝色数据点是之前创建的 train_data 数组的所有行，对应的标签是 0：

```
In [12]: blue = train_data[labels.ravel() == 0]
```

13）对于所有的红色数据点也可以这样实现：

```
In [13]: red = train_data[labels.ravel() == 1]
```

14）最后，让我们绘制所有的数据点：

```
In [14]: plot_data(blue, red)
```

创建的图如图 3-5 所示。

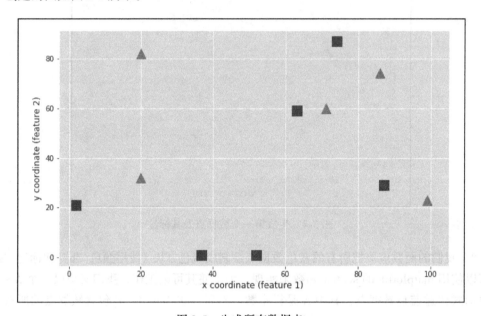

图 3-5　生成所有数据点

现在是时候训练分类器了。

2. 训练分类器

与机器学习的所有其他函数一样，k-NN 分类器是 OpenCV 3.1 ml 模块的一部分。使用下列命令，我们可以创建一个新的分类器：

```
In [15]: knn = cv2.ml.KNearest_create()
```

🎯提示　在 OpenCV 的老版本中，这个函数被称为 cv2.KNearest( )。

然后，我们将训练数据传递给 train 方法：

```
In [16]: knn.train(train_data, cv2.ml.ROW_SAMPLE, labels)
Out[16]: True
```

此处，我们必须让 knn 知道我们的数据是一个 $N \times 2$ 的数组（即每一行是一个数据点）。成功后，函数返回 True。

3. 预测一个新数据点的标签

knn 提供的另一个非常有用的方法是 findNearest。该方法可以基于其最近邻居预测一个新数据点的标签。

generate_data 函数生成一个新的数据点实际上是很容易的！我们可以把一个新数据点看成大小为 1 的数据集：

```
In [17]: newcomer, _ = generate_data(1)
...      newcomer
Out[17]: array([[91., 59.]], dtype=float32)
```

我们的函数还会返回一个随机标签，可是我们对此并不感兴趣。我们想用已训练的分类器来预测！我们可以让 Python 忽略一个带有下划线（_）的输出值。

让我们再来看看我们的城镇地图。我们将像前面那样绘制训练集，而且还将新数据点添加为一个绿色圆圈（因为我们还不知道这个数据点应该是蓝色方块还是红色三角形）：

```
In [18]: plot_data(blue, red)
...      plt.plot(newcomer[0, 0], newcomer[0, 1], 'go', markersize=14);
```

提示　你可以向 plt.plot 函数调用添加一个分号来抑制其输出，与 Matlab 中的一样。

上述代码将生成图 3-6（一环）。

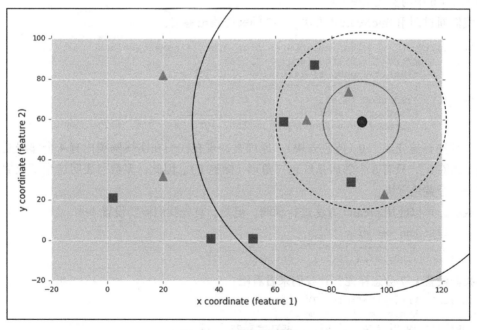

图 3-6　生成的结果图

如果你必须根据该数据点的邻居来猜测的话，你会为新数据点分配什么标签？蓝色方块，还是红色三角形？

这要看情况，不是吗？如果我们查看离该点最近的房屋（大概在 $(x, y) = (85, 75)$，在图 3-6 中的虚线圆圈内），我们可能也会给新数据点分配一个三角形。这也正好是我们的分类器所预测的 $k=1$：

```
In [19]: ret, results, neighbor, dist = knn.findNearest(newcomer, 1)
...      print("Predicted label:\t", results)
...      print("Neighbor's label:\t", neighbor)
...      print("Distance to neighbor:\t", dist)
Out[19]: Predicted label:        [[ 1.]]
         Neighbor's label:       [[ 1.]]
         Distance to neighbor:   [[ 250.]]
```

这里，knn 报告最近邻居是 250 个任意单位距离，这个邻居标签是 1（我们说过它对应于红色三角形），因此，新数据点也应该标记为 1。如果我们看看 k=2 的最近邻居和 k=3 的最近邻居，情况也是一样的。但我们要注意不要令 k 为偶数，这是为什么呢？在图 3-6 中（虚线圆圈）可以看到原因，在虚线圆圈内的 6 个最近邻居中，有 3 个蓝色方块，3 个红色三角形——打平了！

> 🎴注意 在平局情况下，OpenCV 的 k-NN 实现将更喜欢与数据点的总体距离更近的邻居。

最后，如果我们扩大搜索窗口，根据 k=7 的最近邻居对新数据点进行分类，结果会怎样呢（图 3-6 中的实线圆圈）？

我们通过调用 findNearest 方法、k=7 的邻居找出答案：

```
In [20]: ret, results, neighbors, dist = knn.findNearest(newcomer, 7)
...      print("Predicted label:\t", results)
...      print("Neighbors' labels:\t", neighbors)
...      print("Distance to neighbors:\t", dist)
Out[20]: Predicted label:        [[ 0.]]
         Neighbors' label:       [[ 1. 1. 0. 0. 0. 1. 0.]]
         Distance to neighbors:  [[ 250. 401. 784. 916. 1073. 1360. 4885.]]
```

此时，预测标签变成了 0（蓝色方块）。原因是，现在我们在实线圆圈内有 4 个邻居是蓝色方块（标签 0），只有 3 个邻居是红色三角形（标签 1）。因此，多数票表明这个新数据点也应该是一个蓝色方块。

或者，可以使用 predict 方法进行预测。但是，首先我们需要设置 k：

```
In [22]: knn.setDefaultK(1)
...      knn.predict(newcomer)
Out[22]: (1.0, array([[1.]], dtype=float32))
```

如果我们设置 k=7 会怎样呢？让我们来看看吧：

```
In [23]: knn.setDefaultK(7)
...      knn.predict(newcomer)
Out[23]: (0.0, array([[0.]], dtype=float32))
```

正如你所看到的，k-NN 的结果随 k 值的变化而变化。但是，通常我们事先并不知道 k 取什么值最合适。对于这个问题，最简单的解决方案是尝试一系列 k 值，看看哪个值表现最佳。在本书的后续章节中，我们将学习更复杂的解决方案。

3.4 使用回归模型预测连续的结果

现在，让我们把注意力转向回归问题。我相信你现在已经熟记了，回归是对连续结果的预测，而不是对离散的类标签的预测。

3.4.1 理解线性回归

最简单的回归模型称之为线性回归。线性回归隐含的思想是用特征的一个线性组合来描述一个目标变量（例如，波士顿房价——我们在第 1 章中学习过的各种数据集）。

为了简单起见，让我们只关注两个特征。假设我们想用两个特征预测（今天的股票价格和昨天的股票价格）明天的股票价格。我们将今天的股票价格作为第一个特征 f_1，昨天的股票价格作为第二个特征 f_2。然后，线性回归的目标是学习两个权重系数：w_1 和 w_2，这样我们就可以预测明天的股票价格，如下所示：

$$\hat{y} = w_1 f_1 + w_2 f_2 \tag{3.1}$$

这里，$\hat{y}$ 是明天的真实股票价格 y 的预测。

> 注意 只有一个特征变量的特例称为**简单线性回归**（simple linear regression）。

根据更多过去的股票价格样本，我们可以很容易扩展特征。如果我们有 M 个特征值，而不是两个特征值的话，我们可以把方程（3.1）扩展到 M 个乘积的和，这样每个特征都有一个权重系数。我们可以把方程结果写成这样：

$$\hat{y} = w_1 f_1 + w_2 f_2 + \cdots + w_M f_M = \sum_{j=1}^{M} w_j f_j \tag{3.2}$$

我们先从几何角度看一下方程（3.2）。在只有一个特征 f_1 的情况下，方程（3.2）中的 $\hat{y}$ 将变成 $\hat{y} = w_1 f_1$，这实际上是一条直线。在有两个特征的情况下，$\hat{y} = w_1 f_1 + w_2 f_2$ 可以描述特征空间中的一个平面，如图 3-7 所示。

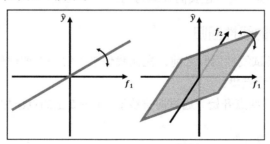

图 3-7 两个特征构成特征空间中的一个平面

> 注意 在 N 维空间中，这就是一个超平面。如果一个空间是 N 维的，那么它的超平面有 $N-1$ 维。

如图 3-7 所示，所有这些直线和平面都相交于原点。但是如果我们想要估计的真实的 y 值没有经过原点会怎么样？

要从原点抵消 $\hat{y}$，习惯上是添加另一个不依赖于任何特征值的权重系数，因此它就充当一个偏置项。在一维情况下，将该项当作 $\hat{y}$ 截距。在实践中，这通常是通过设置 $f_0 = 1$ 实现的，这样可以将 w_0 作为偏置项：

$$\hat{y} = \underbrace{w_0}_{\text{Bias}} + \sum_{j=1}^{M} w_j f_j$$

$$\Rightarrow \hat{y} = w_0 \cdot 1 + \sum_{j=1}^{M} w_j f_j = \sum_{j=0}^{M} w_j f_j \qquad (3.3)$$

这里，我们可以保持 $f_0 = 1$。

最后，线性回归的目标是学习一组权重系数，这些权重系数使得预测尽可能准确地逼近真实值。与我们在分类器中显式地获取一个模型的准确率不同，回归中的评分函数通常采用所谓代价函数（或者损失函数）的形式。

如在 3.2 节中所述，我们有许多评分函数可以用于度量回归模型的性能。最常用的代价函数可能就是均方误差了，它通过比较预测值 $\hat{y}_i$ 与目标输出值 y_i，然后取平均，计算每个数据点 i 的一个误差 $(y_i - \hat{y}_i)^2$：

$$\text{MSE} = \frac{1}{N} \sum_{i=1}^{N} (y_i - \hat{y})^2 \qquad (3.4)$$

这里，N 是数据点数。

因此，回归问题成为一个优化问题——我们的任务是找到使代价函数最小的权重设置。

📷注意　这通常是通过一个迭代算法（逐个数据点应用迭代算法）来实现的，因此可以逐步降低代价函数。我们会在第 9 章中更深入地讨论这类算法。

理论已经讲得足够多了——让我们来编码吧！

3.4.2　OpenCV 中的线性回归

在对实际数据集尝试线性回归之前，先让我们来了解一下如何使用 cv2.fitLine 函数用一条直线拟合二维或三维点集：

1）让我们从生成一些点开始。通过向直线 $y = 5x + 5$ 上的点添加噪声来生成这些点：

```
In [1]: import cv2
...     import numpy as np
...     import matplotlib.pyplot as plt
...     from sklearn import linear_model
...     from sklearn.model_selection import train_test_split
...     plt.style.use('ggplot')
...     %matplotlib inline
In [2]: x = np.linspace(0,10,100)
...     y_hat = x*5+5
```

```
...      np.random.seed(42)
...      y = x*5 + 20*(np.random.rand(x.size) - 0.5)+5
```

2）使用下列代码，我们还可以可视化这些点：

```
In [3]: plt.figure(figsize=(10, 6))
...      plt.plot(x, y_hat, linewidth=4)
...      plt.plot(x,y,'x')
...      plt.xlabel('x')
...      plt.ylabel('y')
```

结果如图 3-8 所示，直线是真实的函数。

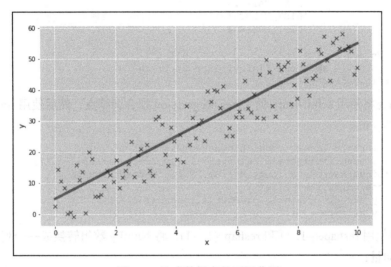

图 3-8　生成数据点的可视化图

3）接下来，我们将这数据些点拆分成训练集和测试集。这里，我们根据 70∶30 的比例拆分数据，70% 的数据点用于训练，30% 的数据点用于测试：

```
In [4]: x_train, x_test, y_train, y_test =
train_test_split(x,y,test_size=0.3,random_state=42)
```

4）现在，让我们借助 cv2.fitLine 用一条线拟合这个二维点集。该函数取下列参数：

❑ points：这是一条直线必须拟合的点集。

❑ distType：这是 M- 估计所使用的距离。

❑ param：这是数值参数（C），用于某些类型的距离。我们将其保持为 0，这样就可以选择一个最优值。

❑ reps：这是原点到直线的距离准确率。0.01 是 reps 的一个不错的默认值。

❑ aeps：这是角度的准确率。0.01 是 aeps 的一个不错的默认值。

注
意 更多信息参见 documentation。

5）让我们来看看使用不同的距离类型选项会得到什么样的结果？

```
In [5]: distTypeOptions = [cv2.DIST_L2,\
...                 cv2.DIST_L1,\
...                 cv2.DIST_L12,\
...                 cv2.DIST_FAIR,\
...                 cv2.DIST_WELSCH,\
...                 cv2.DIST_HUBER]

In [6]: distTypeLabels = ['DIST_L2',\
...                 'DIST_L1',\
...                 'DIST_L12',\
...                 'DIST_FAIR',\
...                 'DIST_WELSCH',\
...                 'DIST_HUBER']

In [7]: colors = ['g','c','m','y','k','b']
In [8]: points = np.array([(xi,yi) for xi,yi in
zip(x_train,y_train)])
```

6）我们还将使用 scikit-learn 的 LinearRegression 拟合训练点，然后使用 predict 函数来预测这些点的 y 值：

```
In [9]: linreg = linear_model.LinearRegression()
In [10]: linreg.fit(x_train.reshape(-1,1),y_train.reshape(-1,1))
Out[10]:LinearRegression(copy_X=True, fit_intercept=True,
n_jobs=None,normalize=False)
In [11]: y_sklearn = linreg.predict(x.reshape(-1,1))
In [12]: y_sklearn = list(y_sklearn.reshape(1,-1)[0])
```

7）我们使用 reshape(-1, 1) 和 reshape(1, -1)，将 NumPy 数组转换成一个列向量，然后回到一个行向量：

```
In [13]: plt.figure(figsize=(10, 6))
...     plt.plot(x, y_hat,linewidth=2,label='Ideal')
...     plt.plot(x,y,'x',label='Data')
...     for i in range(len(colors)):
...         distType = distTypeOptions[i]
...         distTypeLabel = distTypeLabels[i]
...         c = colors[i]
...         [vxl, vyl, xl, yl] = cv2.fitLine(np.array(points,
dtype=np.int32), distType, 0, 0.01, 0.01)
...         y_cv = [vyl[0]/vxl[0] * (xi - xl[0]) + yl[0] for xi in
x]
...         plt.plot(x,y_cv,c=c,linewidth=2,label=distTypeLabel)

...     plt.plot(x,list(y_sklearn),c='0.5',\
linewidth=2,label='Scikit-Learn API')
...     plt.xlabel('x')
...     plt.ylabel('y')
...     plt.legend(loc='upper left')
```

上面这段冗长的代码实现的唯一目标是创建一个图，它可以用来比较使用不同距离测量得到的结果。

得到的结果如图 3-9 所示。

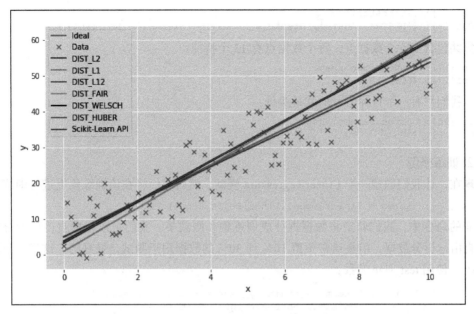

图 3-9　使用不同距离度量得到的比较结果

我们可以清楚地看到，scikit-learn 的 LinearRegression 模型比 OpenCV 的 fitLine 函数执行结果更好。现在，让我们使用 scikit-learn 的 API 来预测波士顿的房价。

3.4.3　使用线性回归预测波士顿房价

为了更好地理解线性回归，我们想构建一个简单模型，可应用于一个最著名的机器学习数据集：**波士顿房价数据集**（Boston housing prices dataset）。这里的目标是利用犯罪率、房产税率、到就业中心的距离和高速公路可达性等信息预测 20 世纪 70 年代波士顿一些社区的房价。

1. 加载数据集

我们再次感谢 scikit-learn，让我们能够轻松访问数据集。就像我们之前做的那样，首先导入所有必要的模块：

```
In [14]: from sklearn import datasets
...         from sklearn import metrics
```

然后，加载数据集只需一行程序：

```
In [15]: boston = datasets.load_boston()
```

正如在前面的命令中讨论过的那样，boston 对象的结构与 iris 对象相同。在 'DESCR' 中我们可以获取关于数据集的更多信息，在 'data' 中找到所有的数据，在 'feature_names' 中找到所有的特征名称，在 'filename' 中找到波士顿 CSV 数据集的物理位置，并在 'target' 中找到所有的目标值：

```
In [16]: dir(boston)
Out[16]: ['DESCR', 'data', 'feature_names', 'filename', 'target']
```

数据集共包含 506 个数据点，每个数据点有 13 个特征：

```
In [17]: boston.data.shape
Out[17]: (506, 13)
```

当然，我们只有一个目标值，那就是房价：

```
In [18]: boston.target.shape
Out[18]: (506,)
```

2. 训练模型

现在，让我们创建一个 LinearRegression 模型，然后我们将在该训练集上进行训练：

```
In [19]: linreg = linear_model.LinearRegression()
```

在上面的命令中，我们希望将数据拆分成训练集和测试集。我们可以根据自己认为合适的方式自由地拆分数据，但是通常预留 10% 到 30% 的数据用于测试是最好的。这里，我们选择 10%，使用 test_size 参数：

```
In [20]: X_train, X_test, y_train, y_test = train_test_split(
...             boston.data, boston.target, test_size=0.1,
...             random_state=42
...         )
```

在 scikit-learn 中，train 函数命名为 fit，但是在其他方面，它的行为与在 OpenCV 中是完全一样的：

```
In [21]: linreg.fit(X_train, y_train)
Out[21]: LinearRegression(copy_X=True, fit_intercept=True, n_jobs=1,
                        normalize=False)
```

通过比较真实房价 y_train 和我们的预测 linreg.predict(X_train)，我们可以看看预测的均方误差：

```
In [22]: metrics.mean_squared_error(y_train, linreg.predict(X_train))
Out[22]: 22.7375901544866
```

linreg 对象的 score 方法返回决定系数（R 平方）：

```
In [23]: linreg.score(X_train, y_train)
Out[23]: 0.7375152736886281
```

3. 测试模型

为了测试模型的泛化性能，我们计算测试数据的均方误差：

```
In [24]: y_pred = linreg.predict(X_test)
In [25]: metrics.mean_squared_error(y_test, y_pred)
Out[25]: 14.995852876582541
```

我们注意到，测试集的均方误差略低于训练集的均方误差。这很不错，因为我们主要关心的是测试误差。但是，从这些数据中，我们真的很难理解这个模型到底有多好。也许绘制数据图会更好：

```
In [26]: plt.figure(figsize=(10, 6))
```

```
...        plt.plot(y_test, linewidth=3, label='ground truth')
...        plt.plot(y_pred, linewidth=3, label='predicted')
...        plt.legend(loc='best')
...        plt.xlabel('test data points')
...        plt.ylabel('target value')
Out[26]: <matplotlib.text.Text at 0x7ff46783c7b8>
```

生成的图如图 3-10 所示。

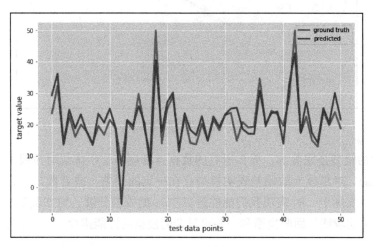

图 3-10　生成的测试数据的预测结果

这更有意义！这里，我们看到所有测试样本的 ground truth 房价用红色表示（图中浅色曲线），predicted 房价用蓝色表示（图中深色曲线）。如果你问我的话，我觉得挺接近的。可是，值得注意的是，对于非常高或者非常低的房价，比如数据点 12、18、42 的峰值，该模型往往偏离得较远。我们通过计算 R 平方来形式化数据的方差：

```
In [27]: plt.figure(figsize=(10, 6))
...        plt.plot(y_test, y_pred, 'o')
...        plt.plot([-10, 60], [-10, 60], 'k--')
...        plt.axis([-10, 60, -10, 60])
...        plt.xlabel('ground truth')
...        plt.ylabel('predicted')
```

x 轴是 ground truth 价格 y_test，y 轴是 predicted 价格 y_pred。我们还绘制了一条对角线作为参考（用黑色虚线 'k--'），这我们很快就能看到。可是我们还希望在文本框中显示 R^2 得分和均方误差：

```
...        scorestr = r'R$^2$ = %.3f' % linreg.score(X_test, y_test)
...        errstr = 'MSE = %.3f' % metrics.mean_squared_error(y_test, y_pred)
...        plt.text(-5, 50, scorestr, fontsize=12)
...        plt.text(-5, 45, errstr, fontsize=12)
Out[27]: <matplotlib.text.Text at 0x7ff4642d0400>
```

这将生成图 3-11，这是绘制模型拟合的一种专业方式。

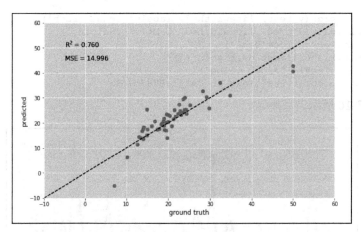

图 3-11　模型拟合结果

如果我们的模型是完美的，那么所有的数据点都应该位于虚线对角线上，因为 y_pred
总是等于 y_true。对角线上的偏差表明模型存在一定的误差，或者数据中存在一些模型无
法解释的偏差。实际上，R^2 表明我们能够解释 76% 的数据分散，均方误差是 14.996。这些
是我们可以用来比较线性回归模型和一些更复杂的模型的性能指标。

3.4.4　Lasso 回归和岭回归的应用

机器学习中一个常见的问题是，一个算法在训练集上可能工作得很好，但是在应用到
未知数据时，就会产生很多错误。你可以明白这是有问题的，通常因为我们最感兴趣的是
模型对新数据的泛化能力。一些算法（如决策树）比其他算法更容易受到这种现象的影响，
但是即使是线性回归也可能会受到影响。

> 🔖 **注意**　这种现象也被称为**过拟合**（overfitting），在第 5 章和第 11 章中，我们将对过拟合进
> 行详细的讨论。

降低过拟合的一种常见技术是**正则化**（regularization），该技术涉及向代价函数中添加
另一个与所有特征值无关的约束。常用的两个正则化项如下所述：

- ❑ **L1 正则项**：这将向评分函数中添加一项，该项与所有绝对权值的和成正比。或者
  说，这是基于权值向量的 L1 范数（也称为**直角距离**、**蛇距**，或者**曼哈顿距离**）。因
  为曼哈顿街道的网格布局，L1 范数类似于一个度量纽约出租车司机从 A 点到 B 点
  的距离。由此得到的算法使这个距离最小化，也称为 Lasso 回归。
- ❑ **L2 正则项**：这将向评分函数中添加一项，该项与所有权重平方值的和成正比。或者
  说，这是基于权值向量的 L2 范数（也称之为**欧氏距离**，Euclidean distance）。因为
  L2 范数涉及一个平方运算，因此它对权重向量中的强异常值的惩罚要比 L1 范数严
  很多。由此得到的算法也称为**岭回归**。

这个过程与前面的过程完全相同，只是我们替换了初始化命令，并加载了 Lasso 或者 RidgeRegression 对象。具体来说，我们需要替换以下命令：

```
In [19]: linreg = linear_model.LinearRegression()
```

对于 Lasso 回归算法，我们可以将上面这行代码修改为：

```
In [19]: lassoreg = linear_model.Lasso()
```

对于 ridge 回归算法，我们可以将上面这行代码修改为：

```
In [19]: ridgereg = linear_model.Ridge()
```

建议你用波士顿数据集代替传统的线性回归测试这两种算法。泛化误差（In [25]）是如何变化的呢？预测图（In [27]）是如何变化的呢？你认为性能上有改进吗？

3.5 使用逻辑回归分类鸢尾花的种类

在机器学习领域，另一个著名的数据集称为鸢尾花数据集（Iris dataset）。鸢尾花数据集包含 3 个不同种类（山鸢尾，Setosa；花斑鸢尾，Versicolor；维吉尼亚鸢尾，Viriginica）中 150 朵鸢尾花的测量值。这些测量值包含花瓣的长度和宽度、花萼的长度和宽度，所有的测量值均以厘米为单位。

我们的目标是建立可以学习这些鸢尾花测量值（这些花的种类是已知的）的一个机器学习模型，这样我们就可以预测一朵新鸢尾花的种类。

3.5.1 理解逻辑回归

在我们开始本节之前，让我们发出警告——尽管名为逻辑回归，但实际上是一个分类模型，尤其是在我们只有两个类时。逻辑回归的名称来源于将输入的任意实值 x 转换成值在 0 到 1 之间的一个预测输出值 $\hat{y}$ 的逻辑函数（或者 Sigmoid 函数），如图 3-12 所示。$\hat{y}$ 四舍五入到最近的整数，有效地将输入分类为 0 或者 1。

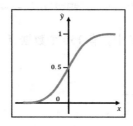

图 3-12　输入的实值 x 和预测值 $\hat{y}$ 之间的函数关系

当然，我们的问题通常有多个输入或者特征值 x。例如，鸢尾花数据集一共提供 4 个特征。为了简单起见，我们将重点关注前两个特征：花萼长度——我们将其称为特征 f_1，花萼的宽度——我们将其称为特征 f_2。使用在线性回归中学习的技巧，我们可以把输入 x 表示成

两个特征 f_1 和 f_2 的一个线性组合：

$$x = w_1 f_1 + w_2 f_2 \tag{3.5}$$

但是，与线性回归相比，我们还没有完成。从 3.4 节我们知道乘积的和将生成一个实值输出——但是，我们感兴趣的是分类值：0 或者 1。这就是逻辑函数的作用——充当一个压缩函数 σ，将可能的输出值范围压缩到 [0, 1] 的范围内：

$$\hat{y} = \sigma(x) \tag{3.6}$$

提示 因为输出总是在 0 和 1 之间，所以可以将输出解释为一个概率。如果我们只有一个输入变量 x，输出值 $\hat{y}$ 可被解释为 x 属于类 1 的概率。

现在，让我们把这些知识应用到鸢尾花数据集！

3.5.2 加载训练数据

在 scikit-learn 中包含了鸢尾花数据集。首先，我们加载所有必要的模块，就像我们在前面的例子中所做的那样：

```
In [1]: import numpy as np
...     import cv2
...     from sklearn import datasets
...     from sklearn import model_selection
...     from sklearn import metrics
...     import matplotlib.pyplot as plt
...     %matplotlib inline
In [2]: plt.style.use('ggplot')
```

然后，加载数据集只需一行程序：

```
In [3]: iris = datasets.load_iris()
```

这个函数返回一个名为 iris 的字典，其包含一系列不同的字段：

```
In [4]: dir(iris)
Out[4]: ['DESCR', 'data', 'feature_names', 'filename', 'target',
'target_names']
```

这里，所有的数据点都包含在 'data' 中。有 150 个数据点，每个数据点有 4 个特征值：

```
In [5]: iris.data.shape
Out[5]: (150, 4)
```

这 4 个特征对应于花萼和花瓣的尺寸：

```
In [6]: iris.feature_names
Out[6]: ['sepal length (cm)',
        'sepal width (cm)',
        'petal length (cm)',
        'petal width (cm)']
```

对于每个数据点，我们都在 target 中存储了一个类标签：

```
In [7]: iris.target.shape
Out[7]: (150,)
```

我们还可以查看类标签，发现一共有 3 个类：

```
In [8]: np.unique(iris.target)
Out[8]: array([0, 1, 2])
```

3.5.3　使其成为一个二值分类问题

为了简单起见，现在我们将重点放在一个二值分类问题上，在这个问题上我们只有 2 个类。最简单的方法是丢弃所有属于某一类的数据点，例如类标签 2，选择不属于类 2 的所有行：

```
In [9]: idx = iris.target != 2
...     data = iris.data[idx].astype(np.float32)
...     target = iris.target[idx].astype(np.float32)
```

接下来，让我们检查数据。

3.5.4　数据检查

在开始建立一个模型之前，最好先查看一下数据。在之前的城镇地图例子中我们就已经这样做了，所以让我们在这里重做一遍。使用 Matplotlib，我们创建了一个**散点图**，其中每个数据点的颜色与类标签对应：

```
In [10]: plt.scatter(data[:, 0], data[:, 1], c=target,
                      cmap=plt.cm.Paired, s=100)
...      plt.xlabel(iris.feature_names[0])
...      plt.ylabel(iris.feature_names[1])
Out[10]: <matplotlib.text.Text at 0x23bb5e03eb8>
```

为了使绘图更简单，我们只使用前两个特征（iris.feature_names[0] 是花萼的长度，iris.feature_names[1] 是花萼的宽度）。在图 3-13 中，我们可以看到类很好地分开了。

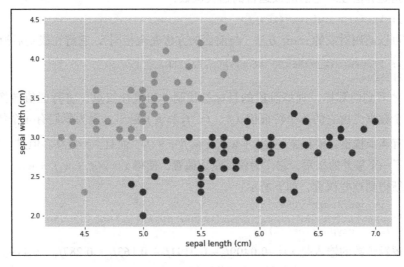

图 3-13　Iris 数据集前两个特征的散点图

3.5.5　将数据拆分成训练集和测试集

在第 2 章中，我们学习了训练数据和测试数据相互独立是很重要的。在 scikit-learn 的众多帮助函数中，使用其中一个辅助函数，我们可以很容易地拆分数据：

```
In [11]: X_train, X_test, y_train, y_test =
model_selection.train_test_split(
...             data, target, test_size=0.1, random_state=42
...           )
```

这里，我们希望将数据分为 90% 的训练数据、10% 的测试数据，我们使用 test_size=0.1 来指定这两个数据。通过查看返回参数，我们注意到，最终我们得到 90 个训练数据点，10 个测试数据点：

```
In [12]: X_train.shape, y_train.shape
Out[12]: ((90, 4), (90,))
In [13]: X_test.shape, y_test.shape
Out[13]: ((10, 4), (10,))
```

3.5.6　训练分类器

创建一个逻辑回归分类器的步骤与创建一个 k-NN 的步骤基本相同：

```
In [14]: lr = cv2.ml.LogisticRegression_create()
```

接下来，我们必须指定所需的训练方法。这里，我们可以选择 cv2.ml.LogisticRegression_BATCH 或者 cv2.ml.LogisticRegression_MINI_BATH。现在，我们需要知道的是，我们希望在每个数据点之后都更新模型，这可以通过下列代码来实现：

```
In [15]: lr.setTrainMethod(cv2.ml.LogisticRegression_MINI_BATCH)
...          lr.setMiniBatchSize(1)
```

我们还希望指定算法在终止前应该运行的迭代次数：

```
In [16]: lr.setIterations(100)
```

然后，我们可以调用对象的 train 方法（与前面的方法完全相同），它将在成功后返回 True：

```
In [17]: lr.train(X_train, cv2.ml.ROW_SAMPLE, y_train)
Out[17]: True
```

正如我们刚才看到的那样，训练阶段的目标是找到一组最佳权重，将特征值转换为一个输出标签。单个数据点由它的 4 个特征值（f_0、f_1、f_2 和 f_3）给出。因为我们有 4 个特征，所以我们还应该有 4 个权重，使得 $x = w_0f_0 + w_1f_1 + w_2f_2 + w_3f_3$，而且 $\hat{y} = \sigma(x)$。但是，如前所述，该算法增加了一个额外的权重，它作为偏移量或偏置，使得 $x = w_0f_0 + w_1f_1 + w_2f_2 + w_3f_3 + w_4$。我们可以重新得到这些权重，如下所示：

```
In [18]: lr.get_learnt_thetas()
Out[18]: array([[-0.04090132, -0.01910266, -0.16340332, 0.28743777,
0.11909772]], dtype=float32)
```

这就意味着逻辑函数的输入是 $x = -0.0409f_0 - 0.0191f_1 - 0.163f_2 + 0.287f_3 + 0.119$。然后，在我们输入一个新的属于类 1 的数据点（$f_0$、$f_1$、$f_2$ 和 f_3）时，输出 $\hat{y} = \sigma(x)$ 应该接近于 1。可

是实际效果如何呢?

3.5.7　测试分类器

让我们来计算一下训练集的准确率得分:

```
In [19]: ret, y_pred = lr.predict(X_train)
In [20]: metrics.accuracy_score(y_train, y_pred)
Out[20]: 1.0
```

完美得分! 可是,这仅仅意味着该模型能够完美地记住训练数据集。这并不意味着该模型能够对一个未知的、新的数据点进行分类。为此,我们需要检查测试数据集:

```
In [21]: ret, y_pred = lr.predict(X_test)
...         metrics.accuracy_score(y_test, y_pred)
Out[21]: 1.0
```

很幸运,我们得到了另一个完美的得分! 现在,我们可以确定我们建立的模型真的很棒。

3.6　本章小结

在本章中,我们介绍了很多内容,不是吗?

简而言之,我们学习了各种监督学习算法、如何将这些算法应用到真实的数据集中,以及如何用 OpenCV 实现所有这些内容。我们介绍了 k-NN 和逻辑回归等分类算法,并讨论了如何用这些分类算法来预测 2 个或多个离散类别标签。我们介绍了各种线性回归变体(Lasso 回归和岭回归),并讨论了如何用这些线性回归来预测连续变量。最后,我们学习了Iris 和 Boston 数据集,这是机器学习史上的两个经典数据集。

在后续章节中,我们将更深入地探讨这些主题,并探索一些更有趣的例子来说明这些概念在哪些方面是有用的。

但是,首先我们需要探讨一下机器学习中的另一个重要主题:特征工程。通常,数据不会以格式良好的数据集形式出现,我们的任务是以一种有意义的方式来表示数据。因此,在第 4 章中,我们将讨论数据表示和特征工程。

Chapter 4 | 第 4 章

数据表示和特征工程

在第 3 章中，我们建立了第一个监督学习模型，并将其应用于一些像 Iris 和 Boston 这样的经典数据集。但是，在现实世界中，作为预封装数据库一部分的数据很少以简洁的 <n_samples x n_features> **特征矩阵**的形式出现。我们的任务是找到一种有意义的方式表示数据。寻找表示数据最优方法的过程称为**特征工程**（feature engineering），这是数据科学家和机器学习实践者试图解决实际问题的主要任务之一。

我知道你更愿意跳到最后去建立人们见过的最深神经网络。但是，请相信我，特征工程这个内容很重要！用正确的方式表示我们的数据比我们选择精确的参数对监督模型性能的影响更大。我们也可以开始创造自己的特征了。因此，在这一章，我们将回顾一些常见的特征工程任务。我们将要介绍预处理、缩放技术以及降维。我们还将学习表示类别变量、文本特征以及图像。

本章将介绍以下主题：

- ❑ 一学就会的常见预处理技术。
- ❑ 中心缩放及多维缩放。
- ❑ 类别变量的表示。
- ❑ 使用 PCA 之类的技术对数据降维。
- ❑ 文本特征的表示。
- ❑ 学习图像编码的最佳方法。

让我们从头开始介绍吧！

4.1　技术需求

我们可以在 https://github.com/PacktPublishing/Machine-Learning-for-OpenCV-Second-Edition/tree/master/Chapter04 查看本章的代码。

软件和硬件需求总结如下：

❑ OpenCV 4.1.x 版本（4.1.0 版本或 4.1.1 版本都可以）。

❑ Python 3.6 版本（Python 3.x 的所有版本都可以）。

❑ Anaconda Python 3，用于安装 Python 及其所需模块。

❑ 在本书中，你可以使用任意一款操作系统——macOS、Windows 以及基于 Linux 的操作系统。我们建议你的系统中至少有 4GB 的内存。

❑ 你不需要一个 GPU 来运行本书提供的代码。

4.2　理解特征工程

不管你是否相信，一个机器学习系统的学习效果都主要取决于训练数据的质量。尽管每种学习算法都有其优点和缺点，但是性能的差异往往取决于数据准备或者数据表示的方式。因此，可以把特征工程理解为数据表示的一种工具。机器学习算法试图从样本数据中学习问题的解决方案，而特征工程会问：用于学习问题的解决方案的样本数据的最佳表示是什么？

是否还记得，在前面我们讨论过一个完整的机器学习管道。在那里我们提及过特征提取，但是还有没有真正讨论其究竟是什么。让我们来看看特征提取是如何融入机器学习管道的，见图 4-1。

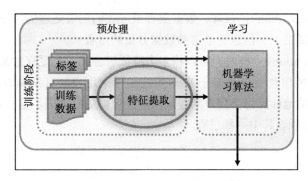

图 4-1　特征提取与机器学习过程

简单提示一下，我们已经讨论过，特征工程可以分为两个阶段：

❑ **特征选择**（Feature selection）：这是识别数据中重要属性（或者特征）的过程。一张图像的特征可能是边缘、角点或脊的位置。在这一章，我们将研究 OpenCV 提供的一些更高级的特征描述符，例如二值鲁棒独立基本特征（Binary Robust Independent Elementary Feature，BRIEF）以及**面向 FAST 和可旋转的 BRIEF**（Oriented FAST and Rotated BRIEF，ORB）。

❑ **特征提取**（Feature extraction）：这实际上是将原始数据变换到期望特征空间以满足机器学习算法的过程，如图 4-1 所示。例如 Harris 操作符，它允许我们提取一张图像中的角点（即一个选择的特征）。

剩下要做的就是逐步介绍这些过程，并讨论一些最常见的数据预处理技术。

4.3 数据预处理

我们正在处理的数据训练得越好，最终可能得到的结果也就越好。这个过程的第一步称为**数据预处理**（data preprocessing），（至少）有 3 种不同的形式：

❑ **数据格式化**：数据的格式可能不适合我们使用，例如，可能以专有文件格式提供数据，而我们最喜欢使用的机器学习算法却不理解这种格式。

❑ **数据清洗**：数据可能包含无效记录或者缺失记录，它们需要清除或者删除。

❑ **数据采集**：对于我们特定目的来说，数据可能太大了，这就迫使我们对数据进行智能采集。

数据预处理后，我们就可以开始实际的特征工程了：变换预处理数据以适应我们特定的机器学习算法。这一步通常涉及 3 个可能过程中的一个或者多个：

❑ **缩放**（scaling）：通常，某些机器学习算法要求数据在一个通用的范围内，如零均值和单位方差。缩放就是将所有特征（可能有不同的物理单元）放入一个通用取值范围的过程。

❑ **分解**（decomposition）：通常，数据集有很多我们无法处理的特征。特征分解是将数据压缩成数量更少、信息更丰富的数据分量的过程。

❑ **聚合**（aggregation）：有时，可以将多个特征组合成一个更有意义的特征。例如，一个数据库可能包含登录到基于 Web 系统的每个用户的日期和时间。根据不同的任务，通过简单地计算每个用户的登录次数，可以更好地表示这些数据。

让我们更深入地看看其中一些过程。

4.3.1 特征标准化

标准化（standardizing）是指将数据按比例缩放到零均值和单位方差的过程。这是许多机器学习算法的共同需求，如果单个特征不能满足这一需求，那么这些算法的性能可能会很糟糕。我们可以手动标准化我们的数据，每个数据点减去所有数据的均值（μ）再除以数据的方差（σ）；即对于每个特征 x，我们可以计算 $(x-\mu)/\sigma$。

另外，scikit-learn 在其 preprocessing 模块中提供了这个过程的一个简单实现。

让我们考虑一个 3×3 的数据矩阵 X，它表示 3 个数据点（行），其中每个数据点有 3 个任意选择的特征值（列）：

```
In [1]: from sklearn import preprocessing
...     import numpy as np
...     X = np.array([[ 1., -2., 2.],
...                   [ 3.,  0., 0.],
...                   [ 0.,  1., -1.]])
```

然后，利用 scale 函数可以实现对数据矩阵 X 的标准化：

```
In [2]: X_scaled = preprocessing.scale(X)
...     X_scaled
Out[2]: array([[-0.26726124, -1.33630621, 1.33630621],
               [ 1.33630621, 0.26726124, -0.26726124],
               [-1.06904497, 1.06904497, -1.06904497]])
```

我们通过再次检查均值和方差来验证缩放的数据矩阵 X_scaled 确实是标准化的。标准化特征矩阵每一行的均值应该是（接近）0：

```
In [3]: X_scaled.mean(axis=0)
Out[3]: array([ 7.40148683e-17, 0.00000000e+00, 0.00000000e+00])
```

请注意，上面代码中的 axis=0 表示行。图 4-2 有助于更好地理解这一点。

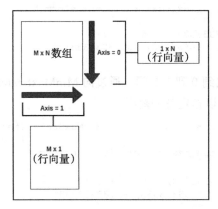

图 4-2　标准化特征矩阵示例

同样，标准化特征矩阵的每一行的方差应该是 1（与使用 std 检查标准差为 1 相同）：

```
In [4]: X_scaled.std(axis=0)
Out[4]: array([ 1., 1., 1.])
```

4.3.2　特征归一化

与标准化类似，归一化（normalization）是将单个样本缩放到一个单位范数的过程。相信你知道范数表示一个向量的长度，可以用不同的方式定义范数。在第 3 章中我们讨论了其中的两个范数：L1 范数（或者曼哈顿距离）和 L2 范数（或者欧氏距离）。

在 scikit-learn 中，我们的数据矩阵 X 可以使用 normalize 函数进行归一化，L1 范数由

norm 关键字指定：

```
In [5]: X_normalized_l1 = preprocessing.normalize(X, norm='l1')
...         X_normalized_l1
Out[5]: array([[ 0.2, -0.4, 0.4],
               [ 1. , 0. , 0. ],
               [ 0. , 0.5, -0.5]])
```

类似地，可以通过指定 norm='l2' 来计算 L2 范数：

```
In [6]: X_normalized_l2 = preprocessing.normalize(X, norm='l2')
...         X_normalized_l2
Out[6]: array([[ 0.33333333, -0.66666667, 0.66666667],
               [ 1. , 0. , 0. ],
               [ 0. , 0.70710678, -0.70710678]])
```

4.3.3　将特征缩放到一个范围

将特征缩放到零均值和单位方差的另一种方法是使特征位于给定的最小值和最大值之间。通常，这些值是 0 和 1，这样就可以将每个特征的最大绝对值缩放到单位大小。在 scikit-learn 中，这可以使用 MinMaxScaler 来实现：

```
In [7]: min_max_scaler = preprocessing.MinMaxScaler()
...         X_min_max = min_max_scaler.fit_transform(X)
...         X_min_max
Out[7]: array([[ 0.33333333, 0. , 1. ],
               [ 1. , 0.66666667, 0.33333333],
               [ 0. , 1. , 0. ]])
```

默认情况下，数据将被缩放到 0 到 1 之间。通过向 MinMaxScaler 构造函数传递一个关键字参数 feature_range，我们可以指定各种范围：

```
In [8]: min_max_scaler = preprocessing.MinMaxScaler(feature_range
...                                                   (-10,10))
...         X_min_max2 = min_max_scaler.fit_transform(X)
...         X_min_max2
Out[8]: array([[ -3.33333333, -10. , 10. ],
               [ 10. , 3.33333333, -3.33333333],
               [-10. , 10. , -10. ]])
```

4.3.4　特征二值化

最后，我们可能会发现自己不太关心数据的准确特征值，只想知道某个特征值是否存在。通过对特征值进行阈值化，可以实现数据的二值化。让我们快速回顾一下特征矩阵 X：

```
In [9]: X
Out[9]: array([[ 1., -2., 2.],
               [ 3., 0., 0.],
               [ 0., 1., -1.]])
```

假设这些数字表示我们银行账户中的数千美元。如果一个人的账户超过 0.5 万美元，我们就认为他是个富人，用 1 来表示。否则，就用 0 表示。这类似于用 threshold=0.5 对数据进行阈值处理：

```
In [10]: binarizer = preprocessing.Binarizer(threshold=0.5)
...      X_binarized = binarizer.transform(X)
...      X_binarized
Out[10]: array([[ 1., 0., 1.],
                [ 1., 0., 0.],
                [ 0., 1., 0.]])
```

结果是一个完全由 1 和 0 组成的矩阵。

4.3.5　缺失数据的处理

特征工程中另一个常见需求是缺失数据的处理。例如，我们可能有这样一个数据集：

```
In [11]: from numpy import nan
...      X = np.array([[ nan, 0,   3 ],
...                    [ 2,   9,  -8 ],
...                    [ 1,   nan, 1 ],
...                    [ 5,   2,   4 ],
...                    [ 7,   6,  -3 ]])
```

大多数机器学习算法不能处理 Not a Number（NAN）值（Python 中的 nan）。因此首先我们必须用一些恰当的填充值替换所有 nan 值。这就是缺失值的**估算**。

scikit-learn 提供了 3 种不同的策略来估算缺失值：

❑ mean：用矩阵一个指定轴上的平均值（默认 axis=0）替换所有的 nan 值。

❑ median：用矩阵一个指定轴上的中值（默认 axis=0）替换所有的 nan 值。

❑ most_frequent：用矩阵一个指定轴上的最频繁值（默认 axis=0）替换所有的 nan 值。

例如，可以用下列方法调用 mean 估算：

```
In [12]: from sklearn.impute import SimpleImputer
...      imp = SimpleImputer(strategy='mean')
...      X2 = imp.fit_transform(X)
...      X2
Out[12]: array([[ 3.75, 0. , 3. ],
                [ 2. , 9. , -8. ],
                [ 1. , 4.25, 1. ],
                [ 5. , 2. , 4. ],
                [ 7. , 6. , -3. ]])
```

用填充值替换这两个 nan 值，该填充值等于沿相应列计算的平均值。通过计算第 1 列（没有计算第 1 个元素 X[0,0]）的平均值，并将这个值与矩阵中的第 1 个元素（X2[0,0]）进行比较，我们可以复查数学计算的正确性：

```
In [13]: np.mean(X[1:, 0]), X2[0, 0]
Out[13]: (3.75, 3.75)
```

类似地，median 策略依赖于相同的代码：

```
In [14]: imp = SimpleImputer(strategy='median')
...      X3 = imp.fit_transform(X)
...      X3
Out[14]: array([[ 3.5, 0. , 3. ],
                [ 2. , 9. , -8. ],
                [ 1. , 4. , 1. ],
```

```
      [ 5. ,  2. ,  4. ],
      [ 7. ,  6. , -3. ]])
```

让我们再来复查一下这个数学运算。这次，我们不再计算第 1 列的平均值，而是计算中值（不包括 X[0,0]），我们将结果与 X3[0,0] 进行比较。我们发现这两个值是相同的，这使我们相信，估算与预期一致：

```
In [15]: np.median(X[1:, 0]), X3[0, 0]
Out[15]: (3.5, 3.5)
```

4.4　理解降维

通常，数据集有很多我们无法处理的特征。例如，假设我们的任务是预测一个国家的贫困率。我们可能会先将一个国家的名字与其贫困率匹配，但是这并不能帮助我们预测一个新国家的贫困率。因此，我们开始思考贫困的可能原因。但是可能导致贫困的原因有多少呢？因素可能包括：一个国家的经济、缺乏教育、高离婚率、人口过剩等。如果每一个原因都是用来帮助预测贫困率的特征，那么我们最终可能会得到无数的特征。如果你是一个数学家，你可能会把这些特征想象成高维空间中的坐标轴，那么每个国家的贫困率是这个高维空间中的一个点。

如果你不是一个数学家，那么从小处开始可能对你会有帮助。假设，我们先只看两个特征：一个国家的**国内生产总值**（Gross Domestic Product，GDP）和人口数。在一个二维空间中，我们将 GDP 表示为 x 轴，将人口数表示为 y 轴。然后，我们看看第 1 个国家。它的人均 GDP 值很小。我们在 x–y 平面上画一个点来表示这个国家。我们添加第 2 个国家、第 3 个国家以及第 4 个国家。第 4 个国家刚好有一个较高的 GDP 和一个较大的人口数。因此，我们的 4 个数据点在 x–y 平面上的可能分布如图 4-3 所示。

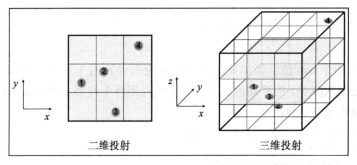

二维投射　　　　　　　三维投射

图 4-3　数据点在二维平面和三维空间的分布

可是，如果我们开始向我们的分析中加入第 3 个特征，比如离婚率，会发生什么呢？这会在我们的图中添加第 3 个轴（z 轴）。瞬间，我们发现数据在 x–y–z 立方体中的分布不是很好，因为立方体的大部分仍是空白的。在二维空间中，我们似乎已经覆盖了大部分 x–y

平面，而在三维空间中，我们需要更多的数据点来填补数据点 1 到 3 及右上角孤立数据点 4 之间的空隙。

> **注意** 这个问题也被称为**维数灾难**（the curse of dimensionality）：填充可用空间所需的数据点数随着维数（或绘图轴）呈指数级增长。如果送入一个分类器的数据点没有跨越整个特征空间（如图 4-3 中的立方体所示），那么当出现一个新数据点，且这个新数据点与之前遇到的所有数据点距离都很远时，分类器就不知道该做什么了。

维数灾难是指出现一定数量的特征（或者维度）后，分类器的性能将开始下降。让我们试着理解这个内容。特征越多，本质上意味着可以解释数据集中更多的变化。但是，如果考虑的特征超过了所需的特征，分类器甚至会考虑所有的异常值或者会过拟合数据集。因此，分类器的性能开始下降，而不是上升，如图 4-4 所示。

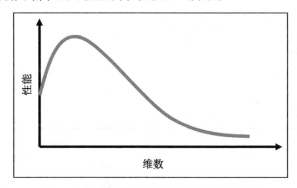

图 4-4 特征维数和分类器性能之间的关系

可是，我们如何为我们的数据集寻找一个看似最优的维数呢？

这就是降维发挥作用的地方了。有一组技术允许我们在不丢失太多信息的情况下，找到高维数据的一种紧凑表示。

4.4.1 用 OpenCV 实现主成分分析

最常见的一种降维技术是主成分分析（Principal Component Analysis，PCA）。

与之前展示的二维和三维示例类似，我们可以把一张图像想象成高维空间中的一个点。如果我们叠加所有的列，将高为 m、宽为 n 的一个二维灰度图像展开，我们得到一个长度为 $m \times n \times 1$ 的一个（特征）向量。这个向量中第 i 个元素的值是这张图像中第 i 个像素的灰度值。现在，假设我们想用这些精确的维度来表示每个可能的二维灰度图像。它会提供多少个图像？

因为灰度像素通常取 0 和 255 之间的值，所以总共有 256 的 $m \times n$ 次幂个图像。这个数可能太大了！因此，很自然地，我们会问自己是否可以有一个更小、更紧凑的表示方法（使用小于 $m\,n$ 个特征）来同样好地描述所有这些图像。毕竟，我们刚刚看到灰度值并不是最具信息量的内容度量方法。因此，除了简单地查看所有的灰度值，也许还有更好的方法来表示所有可能的图像。

这就是 PCA 的用武之地。考虑一个数据集，我们刚好从中提取两个特征。这些特征可以是在 x 和 y 两个位置上的像素灰度值，但是也可能比这个更复杂。如果我们沿着这两个特征轴绘制数据集，数据可能位于某个多元高斯分布内：

```
In [1]: import numpy as np
...     mean = [20, 20]
...     cov = [[12, 8], [8, 18]]
...     np.random.seed(42)
...     x, y = np.random.multivariate_normal(mean, cov, 1000).T
```

这里，T 表示转置。我们使用 matplotlib 可以绘制这些数据：

```
In [2]: import matplotlib.pyplot as plt
...     plt.style.use('ggplot')
...     %matplotlib inline
In [3]: plt.figure(figsize=(40, 40))
...     plt.plot(x, y, 'o', zorder=1)
...     plt.axis([0, 40, 0, 40])
...     plt.xlabel('feature 1')
...     plt.ylabel('feature 2')
Out[3]: <matplotlib.text.Text at 0x125e0c9af60>
```

生成的图如图 4-5 所示。

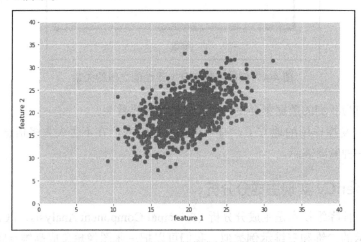

图 4-5 具有 2 个特征的数据集中的数据点的分布

PCA 所做的是旋转所有的数据点，直到数据点与解释大部分数据分布的两个轴对齐。让我们来看看它的含义是什么。

在 OpenCV 中，执行 PCA 与调用 cv2.PCACompute 一样简单。但是，首先我们必须将特征向量 x 和 y 叠加成一个特征矩阵 X：

```
In [4]: X = np.vstack((x, y)).T
```

然后，我们可以在特征矩阵 X 上计算 PCA。我们还为掩模参数指定一个空数组 np.array（[]），它让 OpenCV 使用特征矩阵中的所有数据点：

```
In [5]: import cv2
...     mu, eig = cv2.PCACompute(X, np.array([]))
...     eig
Out[5]: array([[ 0.57128392, 0.82075251],
               [ 0.82075251, -0.57128392]])
```

函数返回两个值：在投影之前减去均值（mean）和协方差矩阵的特征向量（eig）。这些特征向量指向 PCA 认为信息最丰富的方向。如果我们使用 maplotlib 在我们数据的顶部绘制这些特征向量，那么就会发现这些特征向量与数据的分布是一致的：

```
In [6]: plt.figure(figsize=(10, 6))
...     plt.plot(x, y, 'o', zorder=1)
...     plt.quiver(mean[0], mean[1], eig[:, 0], eig[:, 1], zorder=3,
scale=0.2, units='xy')
```

我们还向特征向量添加了一些文本标签：

```
...     plt.text(mean[0] + 5 * eig[0, 0], mean[1] + 5 * eig[0, 1],
        'u1', zorder=5, fontsize=16, bbox=dict(facecolor='white',
        alpha=0.6))
...     plt.text(mean[0] + 7 * eig[1, 0], mean[1] + 4 * eig[1, 1],
        'u2', zorder=5, fontsize=16, bbox=dict(facecolor='white',
        alpha=0.6))
...     plt.axis([0, 40, 0, 40])
...     plt.xlabel('feature 1')
...     plt.ylabel('feature 2')
Out[6]: <matplotlib.text.Text at 0x1f3499f5860>
```

生成的图如图 4-6 所示。

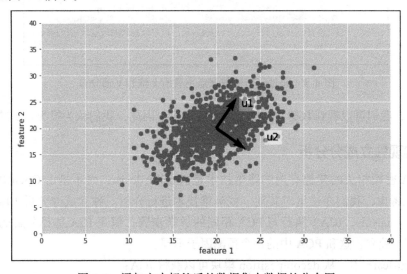

图 4-6　添加文本标签后的数据集中数据的分布图

有趣的是，第 1 个特征向量（在图 4-6 中标记为 u1）指向数据分布最大的方向。将其称为**数据的第 1 个主成分**。第 2 个主成分是 u2，表示可以观测到的数据中第 2 个主要变化的轴。

因此，PCA 告诉我们的是，我们预先确定的 x 轴和 y 轴对于描述我们选择的数据并不是那么有意义。因为所选数据的分布角度大约是 45 度，所以选择 u1 和 u2 作为坐标轴比选择 x 和 y 更有意义。

为了证明这一点，我们可以使用 cv2.PCAProject 旋转数据：

```
In [7]: X2 = cv2.PCAProject(X, mu, eig)
```

为实现这一目标，应该旋转数据，使最大分布的两个轴与 x 轴和 y 轴对齐。我们可以通过绘制新数据矩阵 X2 来证明这一事实：

```
In [8]: plt.plot(X2[:, 0], X2[:, 1], 'o')
...     plt.xlabel('first principal component')
...     plt.ylabel('second principal component')
...     plt.axis([-20, 20, -10, 10])
```

生成的图如图 4-7 所示。

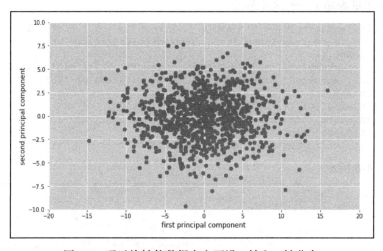

图 4-7　通过旋转使数据点主要沿 x 轴和 y 轴分布

在图 4-7 中，我们可以看到数据在 x 轴上分布的最多。因此，我们认为投影是成功的。

4.4.2　实现独立成分分析

与 PCA 密切相关的其他有用的降维技术是由 scikit-learn，而不是由 OpenCV 提供的。出于完整性考虑，我们在这里对其他一些降维技术进行介绍。独立成分分析（Independent Component Analysis，ICA）执行与 PCA 相同的数学步骤，但是 ICA 选择分解的各个分量尽可能地相互独立，这和 PCA 中的每个预测因子不同。

在 scikit-learn 中，从 decomposition 模块可以获得 ICA：

```
In [9]:  from sklearn import decomposition
In [10]: ica = decomposition.FastICA(tol=0.005)
```

> 注意　为什么我们使用 tol=0.005 呢？因为我们希望 FastICA 收敛到某个特定的值。有两种实现方法——增加迭代次数（默认值是 200）或者降低公差（默认值是 0.000 1）。我们试着增加迭代次数，但不幸的是，这并没有起作用，因此我们使用另一个选项。你可以推断出不能收敛的原因吗？

如前所述，数据变换发生在 fit_transform 函数中：

```
In [11]: X2 = ica.fit_transform(X)
```

在我们的例子中，绘制旋转后的数据得到的结果与前面使用 PCA 实现的结果类似，可以用下面的代码块生成的图来验证。

```
In [12]: plt.figure(figsize=(10, 6))
...      plt.plot(X2[:, 0], X2[:, 1], 'o')
...      plt.xlabel('first independent component')
...      plt.ylabel('second independent component')
...      plt.axis([-0.2, 0.2, -0.2, 0.2])
Out[12]: [-0.2, 0.2, -0.2, 0.2]
```

如图 4-8 所示。

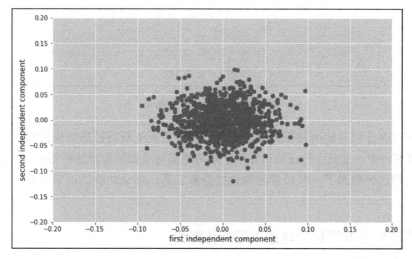

图 4-8　ICA 实现的结果

4.4.3　实现非负矩阵分解

另一种有用的降维技术名为**非负矩阵分解**（non-Negative Matrix Factorization，NMF）。NMF 再次实现了与 PCA 和 ICA 相同的基本数学运算，但是 NMF 有一个附加的约束，即 **NMF 只对非负数据进行运算**。或者说，如果我们想要使用 NMF，那么在我们的特征矩阵中就不能有负值；分解生成的分量也全都是非负值。

在 scikit-learn 中，NMF 的工作方式与 ICA 完全相同：

```
In [13]: nmf = decomposition.NMF()
In [14]: X2 = nmf.fit_transform(X)
In [15]: plt.plot(X2[:, 0], X2[:, 1], 'o')
   ...       plt.xlabel('first non-negative component')
   ...       plt.ylabel('second non-negative component')
   ...       plt.axis([-5, 20, -5, 10])
Out[15]: [-5, 20, -5, 10]
```

可是由此产生的分解看上去与 PCA 和 ICA 有明显的不同，这是 NMF 所特有的，如图 4-9 所示。

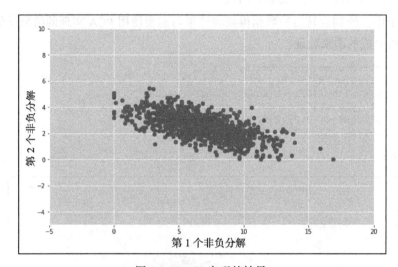

图 4-9　NMF 实现的结果

我们还没有介绍只使用特征的一个子集，而不是派生新特征来降维的思想，但是我们建议你去研究一下。而且，你还可以在网上学习更多有关如何发现这些特征的方法。

既然我们已经熟悉了一些最常见的数据分解工具，那么让我们再来看看一些常见的数据类型。

4.4.4　使用 t- 分布随机邻域嵌入可视化降维

t- 分布随机邻域嵌入（t-Distributed Stochastic Neighbor Embedding，t-SNE）是一种降维技术，最适合高维数据的可视化。

在本节，我们将看到一个示例，展示如何使用 t-SNE 可视化高维数据集。在这个例子中，让我们使用数字数据集，它包括从 0 到 9 的手写数字图像。这是一个公开可用的数据集，通常将其称之为 MNIST 数据集。我们将看到如何使用 t-SNE 在这个数据集上可视化降维：

1）首先，让我们加载数据集：

```
In [1]: import numpy as np
In [2]: from sklearn.datasets import load_digits
```

```
In [3]: digits = load_digits()
In [4]: X, y = digits.data/255.0, digits.target
In [5]: print(X.shape, y.shape)
Out[5]: (1797, 64) (1797,)
```

2）你应该先应用诸如 PCA 的降维技术将高维数降低到较低维数，然后再使用 t-SNE 之类的技术可视化数据。但是，在这个例子中，让我们使用所有的维数，并直接使用 t-SNE：

```
In [6]: from sklearn.manifold import TSNE
In [7]: tsne = TSNE(n_components=2, verbose=1, perplexity=40,
n_iter=300)
In [8]: tsne_results =
tsne.fit_transform(df.loc[:,features].values)
Out[8]: [t-SNE] Computing 121 nearest neighbors...
... [t-SNE] Indexed 1797 samples in 0.009s...
... [t-SNE] Computed neighbors for 1797 samples in 0.395s...
... [t-SNE] Computed conditional probabilities for sample 1000 /
1797
... [t-SNE] Computed conditional probabilities for sample 1797 /
1797
... [t-SNE] Mean sigma: 0.048776
... [t-SNE] KL divergence after 250 iterations with early
exaggeration: 61.094833
... [t-SNE] KL divergence after 300 iterations: 0.926492
```

3）最后，在一个散点图的帮助下，让我们将用 t-SNE 提取出的二维空间进行可视化：

```
In [9]: import matplotlib.pyplot as plt
In [10]: plt.scatter(tsne_results[:,0],tsne_results[:,1],c=y/10.0)
...       plt.xlabel('x-tsne')
...       plt.ylabel('y-tsne')
...       plt.title('t-SNE')
In [11]: plt.show()
```

我们得到的输出结果如图 4-10 所示。

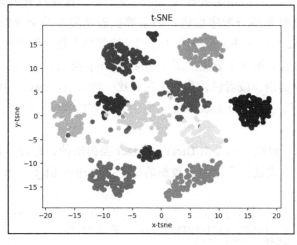

图 4-10　使用 t-SNE 可视化 MNIST 数据集的结果

现在，让我们在 4.5 节中讨论一下如何表示类别变量。

4.5 类别变量的表示

在构建一个机器学习系统时，最常遇到的一种数据类型是**类别特征**（categorical feature，也称为**离散特征**，discrete feature），例如，一种水果的颜色或者一个公司的名称。类别特征的挑战是它们不以连续方式发生变化，这就使得很难用数字表示它们。

例如，一根香蕉可以是绿色的，也可以是黄色的，但不会既是绿色的又是黄色的；一个产品要么属于服装部门，要么属于图书部门，很少同时属于两个部门；等等。

你会如何表示这些特征呢？

例如，假设我们正在试着对由机器学习和人工智能的一个祖先名单组成的一个数据集进行编码：

```
In [1]: data = [
...             {'name': 'Alan Turing', 'born': 1912, 'died': 1954},
...             {'name': 'Herbert A. Simon', 'born': 1916, 'died': 2001},
...             {'name': 'Jacek Karpinski', 'born': 1927, 'died': 2010},
...             {'name': 'J.C.R. Licklider', 'born': 1915, 'died': 1990},
...             {'name': 'Marvin Minsky', 'born': 1927, 'died': 2016}
...             ]
```

born 和 died 特征已经是数值格式了，name 特征的编码有些复杂。用下列方式编码这些特征，我们可能会很感兴趣：

```
In [2]: {'Alan Turing': 1,
...      'Herbert A. Simon': 2,
...      'Jacek Karpinsky': 3,
...      'J.C.R. Licklider': 4,
...      'Marvin Minsky': 5};
```

虽然这看起来是个好办法，但是从机器学习的角度来看，这并没有多大意义。为什么会没有意义呢？通过给这些类别分配序数值，大多数机器学习算法会继续认为 Alan Turing < Herbert A. Simon < Jacek Karpsinky，因为 1<2<3。这显然不是我们想说的。

我们真正想说的包括第 1 个数据点属于 Alan Turing 类别，不属于 Herbert A.Simon 类别和 Jacek Karpsinky 类别。或者说，我们正在寻找一种二进制编码。用机器学习的术语来说，这被称为**独热编码**（one-hot encoding），它由大多数机器学习包直接提供，所见即所得（当然，OpenCV 除外）。

在 scikit-learn 中，独热编码是由 DictVectorizer 类提供的，它可以在 feature_extraction 模块中找到。其工作方式是只需将包含数据的一个字典送入 fit_transform 函数，该函数自动确定编码哪些特征：

```
In [3]: from sklearn.feature_extraction import DictVectorizer
...     vec = DictVectorizer(sparse=False, dtype=int)
...     vec.fit_transform(data)
Out[3]: array([[1912, 1954, 1, 0, 0, 0, 0],
```

```
          [1916, 2001, 0, 1, 0, 0, 0],
          [1927, 2010, 0, 0, 0, 1, 0],
          [1915, 1990, 0, 0, 1, 0, 0],
          [1927, 2016, 0, 0, 0, 0, 1]], dtype=int32)
```

这里发生了什么？两个年份项仍然是完整的，可是其余行全都用1和0代替了。我们可以调用 get_feature_names 查看特征的排列顺序：

```
In [4]: vec.get_feature_names()
Out[4]: ['born',
        'died',
        'name=Alan Turing',
        'name=Herbert A. Simon',
        'name=J.C.R. Licklider',
        'name=Jacek Karpinski',
        'name=Marvin Minsky']
```

数据矩阵的第1行代表 Alan Turing，编码为 born=1912、died=1954、Alan Turing=1、Herbert A. Simon=0、J.C.R Licklider=0、Jacek Karpinsik=0 以及 Marvin Minsky=0。

但是这种方法有个问题。如果我们的特征类别有许多可能的值，例如，每个可能的姓和名，那么独热编码将产生一个非常大的数据矩阵。可是，如果我们逐行研究这个数据矩阵，就会发现每一行刚好有一个1，其他所有元素全都是0。或者说，矩阵是**稀疏的**。scikit-learn 提供了稀疏矩阵的一种紧凑表示，我们可以在第一次调用 DictVectorizer 时，通过指定 sparse=True 来触发：

```
In [5]: vec = DictVectorizer(sparse=True, dtype=int)
...        vec.fit_transform(data)
Out[5]: <5x7 sparse matrix of type '<class 'numpy.int64'>'
              with 15 stored elements in Compressed Sparse Row format>
```

> 提示　像决策树之类的某些机器学习算法本来就能够处理类别特征。在这些情况下，没有必要使用独热编码。

在第9章讨论神经网络时，我们还会回到这项技术。

4.6　文本特征的表示

类似于类别特征，scikit-learn 提供了一种简单的方法来编码另一种常见的特征类型——文本特征。在处理文本特征时，将单个单词或短语编码为数值通常很方便。

让我们考虑包含少量文本短语语料库的一个数据集：

```
In [1]: sample = [
...        'feature engineering',
...        'feature selection',
...        'feature extraction'
...        ]
```

对这样的数据进行编码的一种最简单方法是单词计数；对于每个短语，我们只计算这个短语内每个单词出现的次数。在 scikit-learn 中，这使用 CountVectorizer 很容易实现，功能与 DictVectorizer 类似：

```
In [2]: from sklearn.feature_extraction.text import CountVectorizer
...     vec = CountVectorizer()
...     X = vec.fit_transform(sample)
...     X
Out[2]: <3x4 sparse matrix of type '<class 'numpy.int64'>'
              with 6 stored elements in Compressed Sparse Row format>
```

在默认情况下，这将以稀疏矩阵形式来存储我们的特征矩阵 X。如果我们想要手动查看该矩阵，需要将其转换成一个常规数组：

```
In [3]: X.toarray()
Out[3]: array([[1, 0, 1, 0],
               [0, 0, 1, 1],
               [0, 1, 1, 0]], dtype=int64)
```

为了理解这些数字的含义，我们必须看看特征名称：

```
In [4]: vec.get_feature_names()
Out[4]: ['engineering', 'extraction', 'feature', 'selection']
```

现在，我们很清楚 X 中的整数表示什么了。如果我们查看 X 顶行中所描述的短语，会看到 engineering 这个单词出现了一次，feature 这个单词出现了一次。另一方面，顶行中不包含单词 extraction 或者 selection。这是否合乎常理呢？快速浏览一下我们的原始数据 sample，就会发现该短语实际上是 feature engineering。

只看 X 数组（不作弊！），你能猜出 sample 中最后一个短语是什么吗？

这个方法可能存在的一个缺点是，我们可能过于关注频繁出现的单词了。解决该问题的方法是**词频 – 逆文本频率**（Term Frequency-Inverse Document Frequency，TF-IDF）。TF-IDF 所做的事情比它的名字更容易理解，TF-IDF 基本上是通过度量单词在整个数据集中出现的频率来衡量单词数量。

TF-IDF 的语法与之前的命令非常相似：

```
In [5]: from sklearn.feature_extraction.text import TfidfVectorizer
...     vec = TfidfVectorizer()
...     X = vec.fit_transform(sample)
...     X.toarray()
Out[5]: array([[ 0.861037 , 0. , 0.50854232, 0. ],
               [ 0. , 0. , 0.50854232, 0.861037 ],
               [ 0. , 0.861037 , 0.50854232, 0. ]])
```

我们注意到，现在的数量比之前少了很多，第 3 列受到的影响最大。这是有道理的，因为第 3 列对应的是 3 个短语中出现频率最高的单词 feature：

```
In [6]: vec.get_feature_names()
Out[6]: ['engineering', 'extraction', 'feature', 'selection']
```

🎯提示　如果你对 TF-IDF 背后的数学原理有兴趣，可以从这篇论文开始进行研究：http://citeseerx.ist.psu.edu/viewdoc/download?doi=10.1.1.121.1424rep=rep1type=pdf。有关

> 该内容在 scikit-learn 中的具体实现的更多信息，请参阅 http://scikit-learn.org/stable/
> modules/feature_extraction.html#tfidf-term-weighting 的 API 文档。

在第 7 章中，文本特征的表示将变得非常重要。

4.7　图像的表示

对于计算机视觉来说，最常见而且最重要的数据类型之一当然是**图像**了。表示图像最直接的方式可能是使用图像中每个像素的灰度值。通常，灰度值并不能很好地表示它们所描述的数据。例如，如果我们看到灰度值为 128 的一个像素，我们能够分辨出这个像素属于哪个物体吗？可能分辨不出这个像素属于哪个物体。因此，灰度值不是很有效的图像特征。

4.7.1　使用颜色空间

或者，我们可能会发现颜色包含了原始灰度值无法捕获的一些信息。最常见的情况是，图像采用传统的 RGB 颜色空间，图像中的每个像素都根据其表面的**红色**（R）、**绿色**（G）和**蓝色**（B）得到一个亮度值。可是，OpenCV 提供了各种其他颜色空间，比如**色调饱和度值**（Hue Saturation Value，HSV）、**色调饱和度亮度**（Hue Saturation Lightness，HSL）以及实验室颜色空间等。让我们快速浏览一下这些内容。

1. 在 RGB 空间中编码图像

我相信你对 RGB 颜色空间已经很熟悉了，它使用各种色调的红色、绿色和蓝色叠加混合产生各种复合颜色。在日常生活中 RGB 颜色空间很有用，因为它覆盖了大部分人眼可见的颜色空间。这就是为什么彩色电视机或者彩色电脑显示器只需要关心红、绿、蓝三色光的合成。

在 OpenCV 中，RGB 图像支持所见即所得。你需要知道，或者需要提醒你的是，在 OpenCV 中彩色图像实际上是存储为 BGR 图像的；颜色通道的顺序是蓝 – 绿 – 红，而不是红 – 绿 – 蓝。选择这种格式主要还是历史原因。OpenCV 表示之所以选择这种格式，是因为在最初创建 OpenCV 时，BGR 格式在相机制造商和软件供应商中很受欢迎。

我们使用 cv2.imread 可以加载 BGR 格式的一个示例图像：

```
In [1]: import cv2
...     import matplotlib.pyplot as plt
...     %matplotlib inline
In [2]: img_bgr = cv2.imread('data/lena.jpg')
```

如果你曾经尝试过使用 Matplotlib 或者类似的库来显示一个 BGR 图像，那么你可能已经注意到图像上的蓝色色调有点奇怪。这是因为 Matplotlib 需要的是一个 RGB 图像。为此，我们必须使用 cv2.cvtColor 来重新排列颜色通道：

```
In [3]: img_rgb = cv2.cvtColor(img_bgr, cv2.COLOR_BGR2RGB)
```

为了进行比较，我们可以把 img_bgr 和 img_rgb 画在一起：

```
In [4]: plt.figure(figsize=(12, 6))
...     plt.subplot(121)
...     plt.imshow(img_bgr)
...     plt.subplot(122)
...     plt.imshow(img_rgb)
Out[4]: <matplotlib.image.AxesImage at 0x20f6d043198>
```

这段代码生成的两张图像如图 4-11 所示。

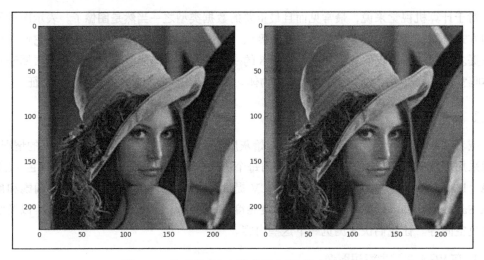

图 4-11　生成的 BGR 格式和 RGB 格式的图像

如你所想，Lena（Lena Soderberg）是《花花公子》杂志的一位知名模特的名字，她的照片是计算机历史上最常用的图片之一。原因是，早在 20 世纪 70 年代，人们厌倦了使用传统的测试图像库，取而代之的是一些时尚的图像，以确保良好的动态输出范围。

2. 在 HSV 和 HLS 空间中编码图像

可是，自从创造了 RGB 颜色空间，人们就已经意识到这实际上是对人类视觉的一种很糟糕的表示。因此，研究人员开发了许多不同的表示方式。其中一种表示是 HSV（**色调 Hue、饱和度 Saturation 和值 Value** 的简写），另一种表示是 HLS（**色调 Hue、亮度 Lightness 和饱和度 Saturation** 的简写）。你可能在颜色选择器和常用的图像编辑软件中见过这些颜色空间。在这些颜色空间中，单色调通道捕获颜色的色调，饱和度通道捕获色度，明度或者值通道捕获明度（lightness）或者亮度（brightness）。

在 OpenCV 中，使用 cv2.cvtColor 可以很容易地将一个 RGB 图像转换成 HSV 颜色空间：

```
In [5]: img_hsv = cv2.cvtColor(img_bgr, cv2.COLOR_BGR2HSV)
```

对于 HLS 颜色空间也是如此。事实上，OpenCV 提供了各种各样额外的颜色空间，它们可以通过 cv2.cvtColor 获得。我们所要做的是用下面的一种颜色空间代替颜色标志：

❏ HLS 使用 cv2.COLOR_BGR2HLS。

❏ LAB（明度、绿 – 红、蓝 – 黄）使用 cv2.COLOR_BGR2LAB。

❏ YUV（整体亮度、蓝色亮度和红色亮度）使用 cv2.COLOR_BGR2YUV。

4.7.2　检测图像中的角点

图像中最直观的一种传统特征可能就是角点了（几条边相交的位置）。OpenCV 提供了至少两种寻找图像中的角点的不同算法：

❏ **Harris 角点检测**：边缘是在各个方向上都具有高密度变化的区域，Harris 和 Stephens 想出了找到这些位置的一种快速方法。在 OpenCV 中，这个算法实现为 cv2.cornerHarris。

❏ **Shi-Tomasi 角点检测**：Shi 和 Tomasi 有他们自己的构建好的追踪特征的想法，通常寻找 N 个最强的角点他们比 Harris 角点检测效果更好。在 OpenCV 中，这个算法实现为 cv2.goodFeaturesToTrack。

Harris 角点检测只适用于灰度图像，因此，首先我们要将 BGR 图像转换为灰度图像：

```
In [6]: img_bgr = cv2.imread('data/rubic-cube.png')
In [7]: img_gray = cv2.cvtColor(img_bgr, cv2.COLOR_BGR2GRAY)
```

然后，该算法需要一个输入图像、用于角点检测的像素邻域大小（blockSize）、用于边缘检测的一个孔径参数（ksize）以及所谓的 Harris 检测器自由参数（k）：

```
In [8]: corners = cv2.cornerHarris(img_gray, 2, 3, 0.04)
```

使用 Matplotlib，我们可以绘制生成的角点图：

```
In [9]: plt.figure(figsize=(12,6))
...     plt.imshow(corners, cmap='gray')
Out[9]: <matplotlib.image.AxesImage at 0x1f3ea003b70>
```

这就产生了一个灰度图像，如图 4-12 所示。

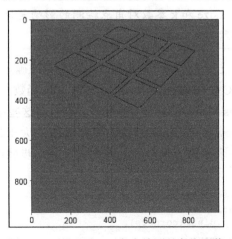

图 4-12　用于 Harris 角点检测的灰度图像

角点图中的每个像素都有由 Harris 角点检测技术返回的一个值。我们只关注那些值大于最大值 10% 的点。这也可以使用 cv2.threshold 函数来实现。你能发现这两种实现之间的区别吗？来看一下：

```
In [10]: corners_to_plot = np.where(corners>0.1*corners.max())
```

现在，我们可以使用 plt.plot 绘制这些角点，如下所示：

```
In [11]: plt.figure(figsize=(12,6))
...      plt.imshow(img_bgr);
...      plt.plot(corners_to_plot[1],corners_to_plot[0],'o',c='w',
markersize=4)
```

图 4-13 显示了我们得到的图像。

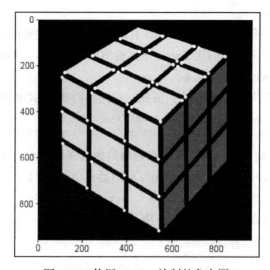

图 4-13　使用 plt.plot 绘制的角点图

> 提示　你认为 blockSize、ksize 和 k 参数对角点检测的影响是什么？你能找出一组参数来检测魔方图像中的所有角点吗？

尽管 Harris 角点检测技术速度快，但是结果并不是很准确。这可以通过用亚像素精度细化检测到的角点。OpenCV 为此提供了 cv2.cornerSubPix 函数。

首先，我们使用 Harris 角点检测技术寻找角点。我们将这些称为 Harris 角点：

1）首先，我们使用 cv2.threshold 函数改变角点图中大于最大值 10% 处的像素值。我们将阈值图像转换为一个 8 位的无符号整数。在下一个步骤中你将看到我们为什么要这样做：

```
In [12]: ret, corners = cv2.threshold(corners,
0.1*corners.max(),255,0)
In [13]: corners = np.uint8(corners)
```

2）在下一步，我们希望使用 cv2.connectedComponentsWithStats 函数计算角点的中心

点。这解决了多个角点彼此之间非常近的情况。这可能是因为存在一些噪声或者不适合的
参数，或者实际上附近可能有多个角点。在任何情况下，我们都不想浪费计算能力来为每
个检测到的近距离的角点计算更精确的角点：

```
In [14]: ret, labels, stats, centroids =
cv2.connectedComponentsWithStats(corners)
```

3）接下来，我们把中心点连同停止标准一起传递给 cv2.cornerSubPix 函数。这个停止
标准定义了何时停止迭代的条件。作为一个简单的例子，当达到最大迭代次数或者最小精
度时，我们可以停止迭代：

```
In [15]: criteria = (cv2.TERM_CRITERIA_EPS +
cv2.TERM_CRITERIA_MAX_ITER, 100, 0.001)
In [16]: corners =
cv2.cornerSubPix(img_gray,np.float32(centroids),(5,5),(-1,-1),crite
ria)
```

4）然后，我们把这些新的角点转换回整数类型：

```
In [17]: corners = np.int0(corners)
...        centroids = np.int0(centroids)
```

5）最后，我们可以画出这些新的点，并比较视觉上的变化：

```
In [18]: corners_to_plot = [corners[:,0],corners[:,1]]
...        centroids_to_plot = [centroids[:,0],centroids[:,1]]
In [19]: plt.figure(figsize=(12,6))
...        plt.imshow(img_bgr);
...        plt.plot(corners_to_plot[0],corners_to_plot[1],
'o',c='w',markersize=8)
...        plt.plot(centroids_to_plot[0],centroids_to_plot[1],
'x',c='r',markersize=5)
```

我们得到如图 4-14 所示的输出。

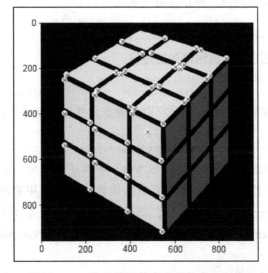

图 4-14 使用 Harris 角点检测技术实现的魔方图像角点检测

看起来位置上没有任何明显的变化，但是让我们通过一些计算再仔细看看。

首先，我们将计算中心点和新中心位置之间的绝对距离之和：

```
In [20]: np.absolute(centroids-corners).sum(axis=0)
Out[20]: array([41, 31])
```

这并没有传达足够的信息。让我们看看这些数字对图像大小意味着什么：

```
In [21]: height, width, channels = img_bgr.shape
In [22]: np.absolute(centroids-corners).sum(axis=0)/(width,height) * 100
Out[22]: array([4.27974948, 3.23590814])
```

这意味着，从总体上说，在 x 方向上宽度的变化为 4.28%，在 y 方向上高度的变化为 3.23%。

4.7.3 使用 star 检测器和 BRIEF 描述符

可是当一个图像的尺度发生变化时，角点检测是不够的。已经有多篇描述用于特征检测和描述符的各种算法的论文被发表。我们将研究**加速鲁棒特征检测器**（Speeded Up Robust Feature，SURF）和**二值鲁棒独立基本特征**（Binary Robust Independent Elementary Features，BRIEF）描述符的一个组合。特征检测器识别图像中的关键点，特征描述符计算所有关键点的实际特征值。

这些算法的细节不在本书的介绍范围内。高级用户可以阅读描述这些算法细节的论文。

对于更多细节，你可以参考下列链接：

❑ SURF：https://www.vision.ee.ethz.ch/~surf/eccv06.pdf。

❑ BRIEF：https://www.cs.ubc.ca/~lowe/525/papers/calonder_eccv10.pdf。

整个过程从读取图像开始，将其转换为灰度图像，使用 star 特征检测器寻找感兴趣的点，最后使用 BRIEF 描述符计算特征值。

1）首先，让我们读取图像，将其转换为灰度：

```
In [23]: img = cv2.imread('data/rubic-cube.png')
In [24]: gray = cv2.cvtColor(img, cv2.COLOR_BGR2GRAY)
```

2）现在，我们将创建特征检测器和描述符：

```
In [25]: star = cv2.xfeatures2d.StarDetector_create()
In [26]: brief = cv2.xfeatures2d.BriefDescriptorExtractor_create()
```

3）接下来，是时候使用 star 检测器获取关键点，并将其传递给 BRIEF 描述符了：

```
In [27]: keyPoints = star.detect(gray, None)
In [28]: keyPoints, descriptors = brief.compute(img, keyPoints)
```

这里有个问题。在编写本书时，OpenCV 4.0 版本还没有发布 cv2.drawKeypoints 函数的解析版。因此，本书作者编写了一个类似的函数，可以被用来绘制关键点。你不必担心函数中涉及的步骤——这只供你参考。如果你已经安装了本书中指定的 OpenCV 版本（OpenCV 4.1.0 或者 OpenCV 4.1.1），你可以直接使用 cv2.drawKeypoints：

```
In [29]: def drawKeypoint (img, keypoint, color):
...          draw_shift_bits = 4
...          draw_multiplier = 1 << draw_shift_bits
```

```
...             center =
(int(round(keypoint.pt[0])),int(round(keypoint.pt[1])))
...             radius = int(round(keypoint.size/2.0))
...             # draw the circles around keypoints with the keypoints
size
...             cv2.circle(img, center, radius, color, 1, cv2.LINE_AA)
...             # draw orientation of the keypoint, if it is
applicable
...             if keypoint.angle != -1:
...                 srcAngleRad = keypoint.angle * np.pi/180.0
...                 orient = (int(round(np.cos(srcAngleRad)*radius)),
\
                    int(round(np.sin(srcAngleRad)*radius)))
...                 cv2.line(img, center, (center[0]+orient[0],\
                            center[1]+orient[1]),\
                    color, 1, cv2.LINE_AA)
...             else:
...                 # draw center with R=1
...                 radius = 1 * draw_multiplier
...                 cv2.circle(img, center, radius,\
                     color, 1, cv2.LINE_AA)
...             return img
In [30]: from random import randint
...      def drawKeypoints(image, keypoints):
...          for keypoint in keypoints:
...              color =
(randint(0,256),randint(0,256),randint(0,256))
...                  image = drawKeypoint(image, keypoint, color)
...              return image
```

4）现在，让我们使用这个函数来绘制检测到的关键点：

```
In [31]: result = drawKeypoints(img, keyPoints)
In [32]: print("Number of keypoints = {}".format(len(keyPoints)))
Out[32]: Number of keypoints = 453
In [33]: plt.figure(figsize=(18,9))
...      plt.imshow(result)
```

我们得到的输出结果如图 4-15 所示。

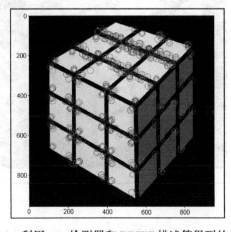

图 4-15　利用 star 检测器和 BRIEF 描述符得到的关键点

非常棒，对吧？

虽然和 BRIEF 一样简单、快速，但是它不适合图像的旋转。你可以试着旋转一下图像（更多信息参见 https://www.pyimagesearch.com/2017/01/02/rotate-images-correctly-with-opencv-and-python/），然后运行 BRIEF。让我们了解一下 ORB 是如何帮助我们解决这个问题的。

4.7.4 使用面向 FAST 和可旋转的 BRIEF

就个人而言，作者是 ORB 的超级粉丝。它是免费的，是 SIFT 和 SURF（两个都申请了专利保护）的一种很好的替换。实际上，ORB 比 SURF 工作得更好。有趣的是，Gary Bradski 是论文"ORB：An Efficient Alternative to SIFT and SURF"的作者之一。你知道为什么这很有趣吗？用 Google 搜索 Gary Bradski 和 OpenCV，你会得到答案。

整个过程或多或少保持不变，因此让我们快速浏览一下代码：

```
In [34]: img = cv2.imread('data/rubic-cube.png')
...      gray = cv2.cvtColor(img, cv2.COLOR_BGR2GRAY)
In [35]: orb = cv2.ORB_create()
In [36]: keyPoints = orb.detect(gray,None)
In [37]: keyPoints, descriptors = orb.compute(gray, keyPoints)
In [38]: print("Number of keypoints = {}".format(len(keyPoints)))
Out[38]: Number of keypoints = 497
In [39]: result = drawKeypoints(img,keyPoints)
In [40]: plt.figure(figsize=(18,9))
...      plt.imshow(result)
```

我们得到如图 4-16 所示的输出结果。

图 4-16　ORB 实现的角点检测结果

我们使用 orb.detectAndCompute 函数可以把检测和描述步骤合并成一个步骤，如下所示：

```
In [41]: img = cv2.imread('data/rubic-cube.png')
...      gray = cv2.cvtColor(img, cv2.COLOR_BGR2GRAY)
In [42]: orb = cv2.ORB_create()
In [43]: keyPoints2, descriptors2 = orb.detectAndCompute(gray, None)
In [44]: print("Number of keypoints = {}".format(len(keyPoints2)))
Out[44]: Number of keypoints = 497
```

我们使用 NumPy 的 allclose 函数可以验证描述符在这两种情况下是否相似：

```
In [45]: np.allclose(descriptors,descriptors2)
Out[45]: True
```

 SIFT 和 SURF 都是更高级的特征提取器，但是都受到专利法的保护。因此，如果想在商业应用中使用 SIFT 和 SURF，那么你就需要获得一个许可。如果你想将它们用于非商业目的，可以编译基于 OpenCV_Contrib 的 OpenCV（https://github.com/opencv/opencv_contrib），并用 OPENCV_EXTRA_MODULES_PATH 变量集重新安装 OpenCV。

4.8 本章小结

在这一章中，我们深入研究了一些常见的特征工程技术，重点介绍了特征选择和特征提取。我们成功地对数据进行了格式化、清洗以及变换，这样普通的机器学习算法才能够理解这些数据。我们学习了维数灾难，并尝试通过在 OpenCV 中实现 PCA 进行降维。最后，我们简要介绍了 OpenCV 为图像数据提供的常见特征提取技术。

有了这些技能，现在，我们就可以处理任何数据了，无论是数值数据、类别数据、文本数据还是图像数据。当遇到缺失数据时，我们确切地知道应该做什么，而且我们知道了如何转换数据，使其符合我们首选的机器学习算法。

在第 5 章，我们将进一步讨论一个具体的用例，即如何利用我们新获得的知识基于决策树进行医疗诊断。

第二部分 *Part 2*

基于 OpenCV 的运算

这一部分的重点是介绍高级机器学习概念，以及如何使用 OpenCV 和 scikit-learn 实现它们。我们将介绍一些机器学习概念，例如决策树、支持向量机和贝叶斯学习，然后再讨论第二类机器学习问题——无监督学习。

这部分包括以下章节：

- 第 5 章　基于决策树进行医疗诊断
- 第 6 章　利用支持向量机进行行人检测
- 第 7 章　利用贝叶斯学习实现一个垃圾邮件过滤器
- 第 8 章　利用无监督学习发现隐藏结构

基于决策树进行医疗诊断

既然我们已经知道如何处理各种形状和形式的数据，无论是数值数据、类别数据、文本数据还是图像数据，现在是时候好好利用我们新获得的知识了。

在这一章中，我们将学习如何建立一个可以进行医疗诊断的机器学习系统。我们不是所有人都是医生，但是可能都曾去看过医生。通常，医生会尽可能多地了解病人的病史和症状，以便做出正确的诊断。我们将借助**决策树**（decision tree）来模拟医生的决策过程。我们还将讨论基尼（Gini）系数、信息增益和方差缩减，以及过拟合和剪枝。

决策树是一种简单但功能强大的监督学习算法，类似于流程图；稍后，我们会详细讨论决策树。除了医学领域，决策树常用于天文学（例如，过滤哈勃太空望远镜图像的噪声，或者对星系团进行分类）、制造和生产（例如，波音公司发现制造过程中的缺陷）、物体识别（例如，识别 3D 物体）等领域。

具体来说，本章将介绍以下主题：

❑ 从数据中构建简单的决策树，并将其用于分类或者回归。
❑ 使用基尼系数、信息增益和方差缩减确定下一步进行的决策。
❑ 决策树的剪枝及其优点。

但是，首先让我们讨论一下决策树到底是什么。

5.1 技术需求

我们可以在 https://github.com/PacktPublishing/Machine-Learning-for-OpenCV-Second-Edition/tree/master/Chapter05 查看本章的代码。

软件和硬件需求总结如下：

❑ OpenCV 4.1.x 版本（4.1.0 版本或 4.1.1 版本都可以）。

❑ Python 3.6 版本（Python 3.x 的所有版本都可以）。

❑ Anaconda Python 3，用于安装 Python 及其所需模块。

❑ 在本书中，你可以使用任意一款操作系统——macOS、Windows 以及基于 Linux 的操作系统。我们建议你的系统中至少有 4GB 的内存。

❑ 你不需要一个 GPU 来运行本书提供的代码。

5.2　理解决策树

决策树是一种简单但功能强大的监督学习问题模型。顾名思义，我们可以把决策树看成是一棵树，信息沿着不同分支流动——从主干开始，一直到单个的叶子，在每个交叉点对选择哪个分支进行决策。

这基本上就是一棵决策树了！图 5-1 是决策树的一个简单例子：

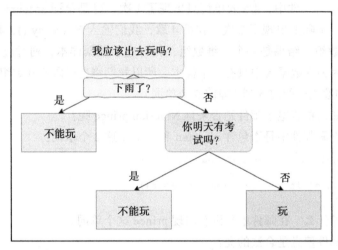

图 5-1　决策树的一个简单例子

决策树是由有关数据的问题或测试（也称为**决策节点 decision node**）及其可能结果组成的一种层次结构。

构建决策树的一个真正难点是，如何从数据中提取合适的特征。让我们使用一个具体的例子来说明这个问题。假设，我们有一个数据集是由单个电子邮件组成的：

```
In [1]: data = [
...         'I am Mohammed Abacha, the son of the late Nigerian Head of '
...         'State who died on the 8th of June 1998. Since i have been '
...         'unsuccessful in locating the relatives for over 2 years now '
...         'I seek your consent to present you as the next of kin so '
...         'that the proceeds of this account valued at US$15.5 Million '
...         'Dollars can be paid to you. If you are capable and willing '
```

```
...         'to assist, contact me at once via email with following '
...         'details: 1. Your full name, address, and telephone number. '
...         '2. Your Bank Name, Address. 3.Your Bank Account Number and '
...         'Beneficiary Name - You must be the signatory.'
...       ]
```

使用 scikit-learn 的 CountVectorizer 对这封邮件进行向量化的方式和第 4 章类似：

```
In [2]: from sklearn.feature_extraction.text import CountVectorizer
... vec = CountVectorizer()
... X = vec.fit_transform(data)
```

由第 4 章，我们知道可以使用下列函数查看 X 中的特征名称：

```
In [3]: function:vec.get_feature_names()[:5]
Out[3]: ['15', '1998', '8th', 'abacha', 'account']
```

为了清晰起见，我们只关注前 5 个单词，它们是按照字母顺序排列的。对应的出现次数如下所示：

```
In [4]: X.toarray()[0, :5]
Out[4]: array([1, 1, 1, 1, 2], dtype=int64)
```

这告诉我们，在这封邮件中，4/5 的单词只出现了 1 次，可是单词 account（Out [3] 中列出的最后一个单词）实际上出现了 2 次。在第 4 章，我们输入 X.toarray ()，将稀疏数组 X 转换成人们可读的数组。结果是一个二维数组，行对应于数据样本，列对应于上述命令中描述的特征名称。因为在数据集中只有一个样本，所以我们将自己限制在数组的第 0 行（即第 1 个数据样本）和数组中的前 5 列（即前 5 个单词）。

那么，我们如何检查电子邮件是否来自 Nigerian prince 呢？

一种方法是查看邮件中是否包含 nigerian 和 prince 这 2 个单词：

```
In [5]: 'nigerian' in vec.get_feature_names()
Out[5]: True
In [6]: 'prince' in vec.get_feature_names()
Out[6]: False
```

我们惊奇地发现了什么？在邮件中并没有出现 prince 这个单词。

这是否表示邮件信息是合法的呢？

不，当然不是。邮件中没有出现 prince，而是出现了词组 head of state，有效地避开了我们过于简单的垃圾邮件检测器。

类似地，我们如何开始建模树中的第二个决策"wants me to send him money"？文本中没有直接的特征可以回答这个问题。因此，这是特征工程的一个问题，将邮件信息中实际出现的单词组合在一起，以使我们能够回答这个问题。当然，一个好的迹象是查找诸如 US$ 和 money 这样的字符串，但是我们仍然不知道涉及这些单词的上下文。据我们所知，这些单词可能是句子"Don't worry, I don't want you to send me any money"的一部分。

更糟糕的是，事实证明，我们问这些问题的顺序实际上会影响最终的结果。例如，如果我们先问最后一个问题"do I actually know a Nigerian prince?"会怎样呢？假设我们有一个叔叔是尼日利亚王子（Nigerian prince），那么在电子邮件中找到 Nigerian prince 这个词可能就没什么值得怀疑的了。

如你所见，这个看似简单的例子很快就失控了。

幸运的是，决策树背后的理论框架有助于我们找到正确的决策规则以及下一步应该执行的决策。

可是，为了理解这些概念，我们必须进行深入研究。

5.2.1　构建我们的第一棵决策树

我们已经准备好了一个更复杂的例子。如前所述，现在让我们进入医疗领域。

让我们考虑一个例子，其中有几个病人患有相同的疾病，例如，一种罕见的基底神经性厌食症。让我们进一步假设这种疾病的真正原因直到今天仍是未知的，我们可以得到的所有信息都是由一系列生理测量组成的。例如，我们可以获得以下信息：

❑ 病人的血压（BP）。

❑ 病人的胆固醇水平（cholesterol）。

❑ 病人的性别（sex）。

❑ 病人的年龄（age）。

❑ 病人血液中的钠浓度（Na）。

❑ 病人血液中的钾浓度（K）。

基于所有这些信息，假设医生建议患者使用 4 种可能药品中的一种来治疗他们的疾病：药品 A、B、C 或者 D。我们有 20 个不同患者的数据（输出已经过修剪）：

```
In [1]: data = [
...         {'age': 33, 'sex': 'F', 'BP': 'high', 'cholesterol': 'high',
...          'Na': 0.66, 'K': 0.06, 'drug': 'A'},
...         {'age': 77, 'sex': 'F', 'BP': 'high', 'cholesterol': 'normal',
...          'Na': 0.19, 'K': 0.03, 'drug': 'D'},
...
...
...
...         {'age': 38, 'sex': 'M', 'BP': 'high', 'cholesterol': 'normal',
...          'Na': 0.78, 'K': 0.05, 'drug': 'A'}
...     ]
```

1. 生成新数据

在进行后续步骤之前，让我们快速了解一下对于每个机器学习工程师来说都非常关键的一个步骤——数据生成。我们知道所有的机器学习和深度学习技术都需要大量的数据——简单来说就是越多越好。但是如果没有足够的数据呢？你可能会得到一个不够准确的模型。常见的技术（如果你不能够生成任何新数据）是使用大量的数据进行训练。这样做的主要问题是，你的模型不具有泛化能力，或者说你的模型是过拟合的。

解决上述问题的一个方法是生成新数据，这就是通常所说的合成数据。这里要注意的关键点是，合成的数据应该与你的实际数据有相似的特征。合成的数据和实际数据越相似，对作为机器学习工程师的你也就越有利。这种技术称为**数据增广**（data augmentation），我们使用旋转和镜像图像等各种技术基于现有数据生成新数据。

由于这是一种假设的情况，我们可以编写简单的 Python 代码来生成随机数据——因为这里没有固定的特征。在实际情况中，你将使用数据增广生成看上去真实的新数据样本。让我们来了解一下，在我们的例子中如何解决这个问题。

此处，数据集实际上是一个字典列表，其中每一个字典构成一个数据点，包括患者的血压、年龄和性别，以及医生开的药品。因此，我们不仅知道我们想要创建新字典，而且知道这个字典使用的关键字。接下来要关注的是字典中值的数据类型。

我们从年龄开始，这是一个整数，然后是性别，M 或者 F。类似地，对于其他值，我们可以推断数据类型，在某些情况下，利用常识我们甚至可以推断出所使用值的范围。

> 🎯 提示　值得注意的是，在多数情况下，常识和深度学习并不能很好地结合在一起。这是因为你希望你的模型能够理解什么是异常值。例如，你知道一个人的年龄不大可能是130 岁，但是一个通用模型应该理解这个值是一个异常值，不应该将这个值考虑进去。这就是为什么我们总是有一小部分数据具有这种不合逻辑的值。

让我们看看如何为我们的例子生成一些合成数据：

```python
import random

def generateBasorexiaData(num_entries):
    # We will save our new entries in this list
    list_entries = []
    for entry_count in range(num_entries):
        new_entry = {}
        new_entry['age'] = random.randint(20,100)
        new_entry['sex'] = random.choice(['M','F'])
        new_entry['BP'] = random.choice(['low','high','normal'])
        new_entry['cholestrol'] = random.choice(['low','high','normal'])
        new_entry['Na'] = random.random()
        new_entry['K'] = random.random()
        new_entry['drug'] = random.choice(['A','B','C','D'])
        list_entries.append(new_entry)
    return list_entries
```

如果我们想要生成 5 个新数据项，可以使用 entries = generateBasorexiaData (5) 调用上面的函数。

既然我们知道了如何生成数据，让我们来看看用这些数据可以做些什么。我们能找出医生开 A、B、C 或者 D 处方药品的理由吗？我们能知道患者的血压值和医生开的药品之间的关系吗？

这是有可能的，你的问题和我的问题一样难以回答。尽管数据集乍一看可能是随机的，但是实际上，我们已经在患者的血压值和处方药品之间建立了一些清晰的关联。让我们看看决策树是否能够揭示这些隐含关系。

2. 通过理解数据来理解任务

解决一个新的机器学习问题的第一步是什么呢？

完全正确：获得数据的感觉。我们对数据理解得越好，也就越能更好地理解正在试图解决的问题。在我们未来的努力中，这还将帮助我们选择一种合适的机器学习算法。

首先要意识到的是，drug 列实际上与其他列的特征值并不一样。因为我们的目标是根据患者的血压值预测开哪种药品，drug 列实际上成了目标标签。或者说，我们的机器学习算法的输入是患者的血压值、年龄和性别。而输出是对处方药品的一个预测。drug 列本质上是类别，而不是数值，我们知道我们面对的正是一个分类任务。

因此，最好将 data 变量中列出的所有 drug 项都从字典中删除，并将它们存储到一个独立的变量中：

1）为此，我们需要遍历列表并提取 drug 项，这对于理解列表来说是最简单的：

```
In [2]: target = [d['drug'] for d in data]
...     target
Out[2]: ['A', 'D', 'B', 'C', 'D', 'C', 'A', 'B', 'D', 'C',
         'A', 'B', 'C', 'B', 'D', 'A', 'C', 'B', 'D', 'A']
```

2）因为我们还想删除字典中的所有 drug 项，所以我们需要再次遍历列表并弹出 drug 键。因为我们不想再看到整个数据集，所以添加"；"来抑制输出：

```
In [3]: [d.pop('drug') for d in data];
```

3）太酷了！现在，让我们来看看数据！为了简单起见，我们可能想要先关注数值特征：age、K 和 Na。使用 Matplotlib 的 scatter 函数可以比较容易地绘制这些图。首先，我们像往常一样导入 Matplotlib：

```
In [4]: import matplotlib.pyplot as plt
...     %matplotlib inline
...     plt.style.use('ggplot')
```

4）然后，如果想要绘制数据集中每个数据点的钾浓度与钠浓度，我们需要遍历列表并提取特征值：

```
In [5]: age = [d['age'] for d in data]
...     age
Out[5]: [33, 77, 88, 39, 43, 82, 40, 88, 29, 53,
         36, 63, 60, 55, 35, 23, 49, 27, 51, 38]
```

5）对于钠浓度与钾浓度也一样：

```
In [6]: sodium = [d['Na'] for d in data]
...     potassium = [d['K'] for d in data]
```

6）然后，这些列表可以传递给 Matplotlib 的 scatter 函数：

```
In [7]: plt.scatter(sodium, potassium)
...     plt.xlabel('sodium')
...     plt.ylabel('potassium')
Out[7]: <matplotlib.text.Text at 0x14346584668>
```

生成的结果如图 5-2 所示。

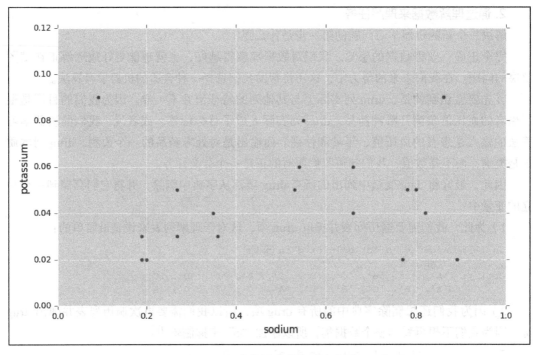

图 5-2 生成的钾浓度与钠浓度图

可是，这个图提供的信息不是很多，因为所有的数据点都是相同的颜色。我们真正希望的是根据处方药品为每个数据点着色。为此，我们需要以某种方式将药品标签（从 A 到 D）转换成数值。一个很好的技巧是使用字符的 ASCII 值。

在 Python 中，这个值可以通过 ord 函数访问。例如，字符 A 的值是 65（即 ord('A')==65），字符 B 的值是 66，字符 C 的值是 67，字符 D 的值是 68。因此，我们可以通过调用 ord 并从每个 ASCII 值中减去 65，将字符 A 到 D 转换为 0 到 3 之间的整数。我们对数据集中的每个元素都这样做，就像前面使用列表理解一样：

```
In [8]: target = [ord(t) - 65 for t in target]
...     target
Out[8]: [0, 3, 1, 2, 3, 2, 0, 1, 3, 2, 1, 2, 1, 3, 0, 2, 1, 3, 0]
```

然后，我们可以将这些整数值传递给 Matplotlib 的 scatter 函数，该函数将知道如何为这些不同的颜色标签（在下面的代码中 c=target）选择不同的颜色。让我们也增加点的大小（在下面的代码中 s=100）并标记我们的轴，这样我们就知道看到的是什么了：

```
In [9]: plt.subplot(221)
...     plt.scatter(sodium, potassium, c=target, s=100)
...     plt.xlabel('sodium (Na)')
...     plt.ylabel('potassium (K)')
...     plt.subplot(222)
...     plt.scatter(age, potassium, c=target, s=100)
...     plt.xlabel('age')
```

```
...        plt.ylabel('potassium (K)')
...        plt.subplot(223)
...        plt.scatter(age, sodium, c=target, s=100)
...        plt.xlabel('age')
...        plt.ylabel('sodium (Na)')
Out[9]: <matplotlib.text.Text at 0x1b36a669e48>
```

上述代码将在一个 2×2 的网格中生成一个有 4 个子图的图，其中前 3 个子图显示了数据集的不同片段，根据目标标签（即所开处方药品）为每个数据点进行着色，如图 5-3 所示。除了数据集有点混乱之外，这些图还能告诉我们什么？你能发现特征值和目标标签之间的明显关系吗？

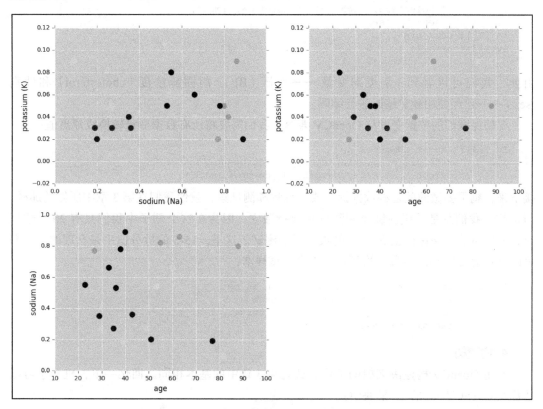

图 5-3　根据目标标签为每个数据点着色

我们可以做一些有趣的观察。例如，从第 1 个子图和第 3 个子图我们可以看到，浅蓝色的点似乎聚集在高钠浓度的周围。同样，所有红色点似乎都在低钠浓度和低钾浓度。其余就不那么清楚了。那么，让我们看看决策树是如何解决这个问题的。

3. 数据处理

为了让决策树算法理解数据，我们需要将所有的类别特征（sex、BP 和 cholesterol）转换成数值特征。最好的方法是什么？

没错：我们使用 scikit-learn 的 DictVectorizer。就像我们在第 4 章中所做的那样，我们将数据集转换为 fit_transform 方法：

```
In [10]: from sklearn.feature_extraction import DictVectorizer
...      vec = DictVectorizer(sparse=False)
...      data_pre = vec.fit_transform(data)
```

然后，data_pre 包含了预处理数据。如果我们想要查看第 1 个数据点（即 data_pre 的第 1 行），那么将特征名称与对应的特征值进行匹配：

```
In [12]: vec.get_feature_names()
Out[12]: ['BP=high', 'BP=low', 'BP=normal', 'K', 'Na', 'age',
...          'cholesterol=high', 'cholesterol=normal',
...          'sex=F', 'sex=M']
In [13]: data_pre[0]
Out[13]: array([ 1. , 0. , 0. , 0.06, 0.66, 33. , 1. , 0. ,
                 1. , 0. ])
```

由此，我们可以看到 3 个类别变量——血压（BP）、胆固醇浓度（cholesterol）和性别（sex）——已经使用独热编码进行编码。

要确保我们的数据变量与 OpenCV 兼容，我们需要将所有数据变量转换成浮点值：

```
In [14]: import numpy as np
...      data_pre = np.array(data_pre, dtype=np.float32)
...      target = np.array(target, dtype=np.float32)
```

接下来，剩下要做的就是将数据拆分成训练集和测试集，就像我们在第 3 章中所做的那样。请记住，我们总是希望训练集和测试集保持独立。因为在这个例子中我们只有 20 个数据点，所以可能应该保留至少 10% 的数据用于测试。这里，15-5 的拆分似乎是合理的。我们可以显式地排序 split 函数，恰好产生 5 个测试样本：

```
In [15]: import sklearn.model_selection as ms
...      X_train, X_test, y_train, y_test =
...      ms.train_test_split(data_pre, target, test_size=5,
...      random_state=42)
```

4. 构建树

使用 OpenCV 构建决策树的工作方式与第 3 章中的基本相同。回忆一下，机器学习函数都在 OpenCV 3.1 的 ml 模块中：

1）使用下面的代码，我们可以创建一棵空的决策树：

```
In [16]: import cv2
...      dtree = cv2.ml.dtree_create()
```

2）要在训练数据上训练决策树，我们使用 train 方法。这就是为什么我们要将数据转换成浮点——这样就可以在 train 方法中使用它了：

```
In [17]: dtree.train(X_train, cv2.ml.ROW_SAMPLE, y_train)
```

此处，我们必须指定 X_train 中的数据样本是否占用行（使用 cv2.ml.ROW_SAMPLE）或者列（cv2.ml.COL_SAMPLE）。

3）接下来，我们用 predict 可以预测新数据点的标签：

```
In [18]: y_pred = dtree.predict(X_test)
```

4）如果我们想要知道算法的性能，可以再次使用 scikit-learn 的 accuracy score：

```
In [19]: from sklearn import metrics
...      metrics.accuracy_score(y_test, dtree.predict(X_test))
Out[19]: 0.4
```

5）这表明我们只有 40% 的测试样本正确。因为只有 5 个测试样本，这就意味着在 5 个样本中有 2 个是正确的。训练集也是这样吗？让我们来看看：

```
In [20]: metrics.accuracy_score(y_train, dtree.predict(X_train))
Out[20]: 1.0
```

根本就不是这样的！所有的训练样本都是正确的。这是典型的决策树；它们往往能够很好地学习训练集，但是却不能够泛化新的数据点（例如，X_test）。这也称为**过拟合**，我们马上就会讲到它。但是，首先让我们给出这个术语的一个非数学定义。

在考虑了所有情况之后，训练每个模型，以便能够将其应用于真实的场景中。我们知道在所有的数据上训练一个模型是不可能的，在这种情况下，如果知道正确的值，那么就会得到一个完美的模型：一个模型只记住所有的正确值。它甚至不需要进行任何学习。可不幸的是，事实并非如此。想想现代汽车中的高级驾驶辅助系统。

使用从真实测试中收集的数百万数据点和一些合成数据训练所有这些自动驾驶汽车。为简单起见，让我们考虑这样一种情况：只有在汽车前方出现障碍（人或者物体）时，该模型才接受减速或者加速的训练。如果在训练时障碍物的大小被认为接近一个成年人的大小，那么模型就无法检测到小孩，因此汽车也不会减速。即使与其他项相比，在训练集中该项数量很低，也会出现这种情况。这是一个典型的过拟合例子。

模型记住了这些值和正确的结果，可是并没有学到太多内容。这样的模型在训练集上表现得很好，但是在遇到任何新的、不同的数据时却表现得很差。这使得模型的泛化能力很差。

既然我们已经了解性能差的原因，让我们再来理解一下问题出在哪里。决策树是怎样得到所有正确的训练样本的呢？决策树又是怎样实现的呢？生成的树是什么样子的呢？但是，如果你有更多的数据会怎么样呢？在这种情况下，过拟合的可能性会很小吗？

5.2.2　可视化一棵经过训练的决策树

如果你只是刚开始学习，并不关心底层发生了什么，OpenCV 的决策树实现就已经足够好了。可是，在接下来的章节中，我们将转向 scikit-learn。scikit-learn 的实现允许我们自定义算法，而且使对树的内部工作方式的研究变得更加容易。它的用法也有更好的文档说明。

在 sciki-learn 中，决策树可以用于分类和回归，位于 tree 模块中。

1）首先，让我们从 sklearn 导入 tree 模块：

```
In [21]: from sklearn import tree
```

2）与 OpenCV 类似，我们使用 DecisionTreeClassifier 构造函数创建一棵空的决策树：

```
In [22]: dtc = tree.DecisionTreeClassifier()
```

3）使用 fit 方法对树进行训练：

```
In [23]: dtc.fit(X_train, y_train)
Out[23]: DecisionTreeClassifier(class_weight=None,
criterion='gini',
        max_depth=None, max_features=None, max_leaf_nodes=None,
        min_impurity_split=1e-07, min_samples_leaf=1,
        min_samples_split=2, min_weight_fraction_leaf=0.0,
        presort=False, random_state=None, splitter='best')
```

4）使用 score 方法，我们可以计算训练集和测试集的准确率得分：

```
In [24]: dtc.score(X_train, y_train)
Out[24]: 1.0
In [25]: dtc.score(X_test, y_test)
Out[25]: 0.40000000000000002
```

现在，有一件很酷的事情：如果想知道树的样子，你可以使用 GraphViz 从树结构创建一个 PDF 文件（或者任意一个所支持的文件类型）。为此，需要先安装 GraphViz。不用担心，因为在本书开头创建的环境中已经存在 GraphViz 了。

5）再回到 Python，你可以使用 scikit-learn 的 export_graphviz 导出器，以 GraphViz 格式把树导出到一个 tree.dot 文件：

```
In [26]: with open("tree.dot", 'w') as f:
... tree.export_graphviz(clf, out_file=f)
```

6）然后，回到命令行，你可以使用 GraphViz 把 tree.dot 转换为一个（例如）PNG 文件：

```
$ dot -Tpng tree.dot -o tree.png
```

或者，你还可以指定 -Tpdf 或者任何一种所支持的图像格式。生成的树如图 5-4 所示。

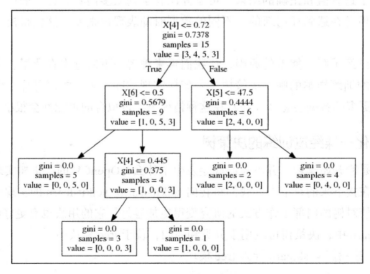

图 5-4　生成的决策树

这棵决策树表示的含义是什么呢？下面让我们对图 5-4 进行逐步分解。

5.2.3　探究决策树的内部工作原理

我们刚建立了一棵决策树，主要是对数据进行一系列决策的一个流程图。这个过程从根节点（也就是最顶部的节点）开始，根据某些决策规则将数据分成两组（仅适用于二叉树）。接下来，重复这个过程，直到所有剩下的样本都有相同的目标标签，此时我们就到达了一个叶子节点。

在前面的垃圾邮件过滤器示例中，通过询问 true/false 问题进行决策。例如，我们询问一封邮件是否包含某一个单词。如果包含该单词，那么沿着标记为 true 的边继续询问下一个问题。可是，这不仅仅适用于类别特征，如果我们稍微更改一下询问 true/false 问题的方式，同样也适用于数值特征。技巧是为一个数值特征定义一个截止值，然后对表单提问 "Is feature, f, larger than value, v？"例如，我们可以询问 prince 这个单词在一封邮件中出现的次数是否超过 5。

那么，在绘制决策树之前需要提出哪种类型的问题呢？

为了更好地理解，我们在图 5-5 中对图 5-4 中决策树算法的一些重要节点进行了注释。

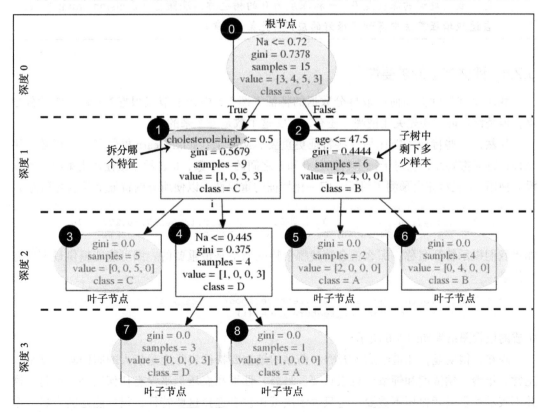

图 5-5　对图 5-4 的一些节点进行注释

从根节点（我们已经把该节点标记为 0）开始，你可以看到第一个问题是"钠浓度是否小于等于 0.72"。这就产生了两个分支：

❑ Na ≤ 0.72（节点 1）的所有数据点，其中有 9 个数据点为 true
❑ Na>0.72（节点 2）的所有数据点，其中有 6 个数据点为 true

在节点 1 处，下一个问题是"剩下的数据点是否没有高胆固醇浓度（cholesterol=high<0.5）"，其中有 5 个数据点为 true（节点 3），有 4 个数据点为 false（节点 4）。在节点 3 处，所有剩下的 5 个数据点都有相同的目标标签，那就是药品 C（class=C），这意味着不再有需要解决的歧义。我们将这样的节点称为纯节点。因此，节点 3 变成一个叶子节点。

回到节点 4，下一个问题是"钠含量是否低于 0.445（Na ≤ 0.445）"，剩下的 4 个数据点被拆分成节点 7 和节点 8。此时，节点 7 和节点 8 都成了叶子节点。

你可以看到，如果允许无限多的问题，这个算法可能产生非常复杂的结构。即使是图 5-5 中的树也可能有点让人不知所措——这棵树的深度只有 3！树越深越难以理解。在实际例子中，深度为 10 的情况并不少见。

注意 最小的决策树可能只由一个节点组成，即根节点，只询问一个简单的 true/flase 问题。我们说树的深度是 0。一棵深度为 0 的树也称为**决策桩**（decision stump），它在自适应增强算法中得到了很好的应用（见第 10 章）。

5.2.4 评估特征的重要性

我还没有告诉你如何选取拆分数据的特征。图 5-5 中的根节点根据 Na ≤ 0.72 拆分数据，但是谁告诉树要先关注钠呢？还有，0.72 这个数是怎么来的？

显然，一些特征可能比另一些特征更重要。实际上，scikit-learn 提供了一个函数，用来评估特征重要性，它对于每个特征是 0 和 1 之间的一个数，0 表示在做任何决策时根本就没有使用，1 表示完全预测了目标。归一化特征的重要性，以便所有的特征重要性之和为 1。

```
In [27]: dtc.feature_importances_
Out[27]: array([ 0.        , 0.        , 0.        , 0.13554217, 0.29718876,
                 0.24096386, 0.        , 0.32630522, 0.        ,  0. ])
```

如果我们提示特征名称，那么就会清楚哪个特征似乎是最重要的。图可能能提供最多的有用信息：

```
In [28]: plt.barh(range(10), dtc.feature_importances_, align='center',
...          tick_label=vec.get_feature_names())
```

生成的柱状图结果如图 5-6 所示。

现在，很明显，知道给病人开哪种药品的最重要特征实际上是病人的胆固醇浓度是否正常。年龄、钠浓度和钾浓度也很重要。另外，性别和血压似乎没有任何区别。可是，这并不表示性别或者血压不重要。这只表示决策树没有选择这些特征，很可能是因为另一个特征会产生相同的拆分。

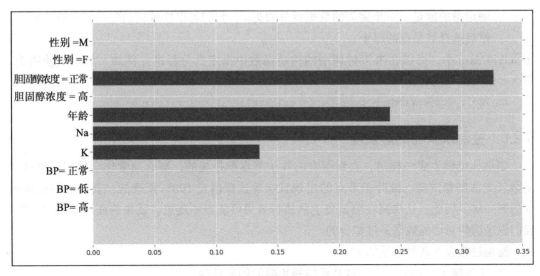

图 5-6　显示特征重要性的柱状图

可是，等一等。如果胆固醇浓度如此重要，那么为什么不将胆固醇浓度选为树（即根节点）的第一个特征呢？为什么首先选择在钠浓度上进行拆分呢？这就是我要告诉你的关于图 5-5 中的 gini 标签。

> **注意**　特征重要性告诉我们哪些特征对于分类重要，但是不能告诉我们它们所代表的标签类别。例如，我们只知道胆固醇浓度重要，但是我们不知道如何根据胆固醇浓度开不同的药品。实际上，特征和类之间的关系可能并不简单。

5.2.5　理解决策规则

要构建一棵完美的树，你需要在信息量最大的特征处拆分树，从而得到最纯的子节点。可是，这个简单的想法带来了一些实际的挑战：

- ❏ 什么才是最大信息量实际上还不清楚。我们需要一个具体的值、一个得分函数或者一个数学方程来描述一个特征的信息量。
- ❏ 为了寻找最佳的拆分，我们必须在每个决策节点搜索所有的可能性。

幸运的是，决策树算法实际上已经为你完成了这两个步骤。scikit-learn 支持的两个最常用的标准如下所示：

- ❏ criterion='gini'：基尼不纯度是一种误分类的度量，目标是最小化误分类的概率。数据的完美拆分（每个子组包含一个目标标签的数据点）产生的基尼系数为 0。我们可以度量树的每种可能拆分的基尼系数，然后选择基尼不纯度最低的那个。它常用于分类和回归树。
- ❏ criterion='entropy'（也称为**信息增益**）：在信息论中，熵是与信号或者分布相关的不确定量的度量。一个完美的数据拆分熵为 0。我们可以度量树的每种可能拆分的熵，然后选择熵最低的那个。

在 scikit-learn 中，可以在决策树调用的构造函数中指定拆分标准。例如，如果想使用熵，那么要输入以下内容：

```
In [29]: dtc_entropy = tree.DecisionTreeClassifier(criterion='entropy')
```

5.2.6　控制决策树的复杂度

如果你继续生成一棵树，直到所有的叶子节点都是纯的，那么通常你会得到一棵过于复杂且无法解释的树。纯叶子节点的出现意味着这棵树是 100% 正确的，就像我们前面展示的树一样。因此，这棵树在测试集上的执行效果可能很不理想，就像前面展示的树一样。我们说这棵树对训练数据是过拟合的。

避免过拟合有两种常见的方法：

❑ **先剪枝**（pre-pruning）：这是提前停止树的创建过程。
❑ **后剪枝**（post-pruning）或者**只剪枝**（just pruning）：这个过程先构建树，再删除或者折叠包含少量信息的节点。

有一些方法可以先剪枝一棵树，通过向 DecisionTreeClassifier 构造函数传递可选参数可以实现所有这些方法：

❑ 通过 max_depth 参数限制树的最大深度。
❑ 通过 max_leaf_nodes 限制叶子节点的最大数量。
❑ 通过 min_samples_split 继续拆分节点所需要的节点中最少点数。

通常，先剪枝足以控制过拟合。

在我们的玩具数据集上尝试一下！你能够提高测试集的得分吗？在你开始使用上述参数时，树的布局是如何变化的呢？

> 📷 **注意**　在更复杂的实际场景中，先剪枝不足以控制过拟合。在这种情况下，我们希望将多棵决策树合并成一个**随机森林**（random forest）。我们将在第 10 章中讨论这个内容。

5.3　使用决策树诊断乳腺癌

既然我们已经建立第一棵决策树，是时候将我们的注意力转向一个实际的数据集了：乳腺癌 Wisconsin 数据集（https://archive.ics.uci.edu/ml/datasets/Breast+Cancer+Wisconsin+(Diagnostic)）。

这个数据集是医学影像研究的直接结果，如今把它当作一个经典数据集。

数据集是由健康（良性）和癌变（恶性）组织的数字化图像创建的。可是，我们无法从原始研究中找到任意一个公共领域的例子，这些图像如图 5-7 所示。

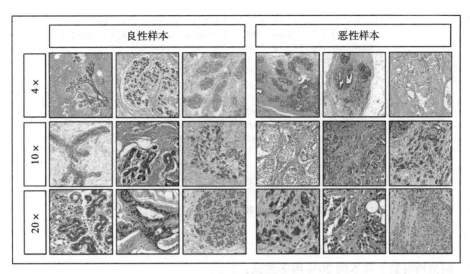

图 5-7　数据集中的图像示例

研究的目标是将组织样本分类为良性和恶性（一个二值分类任务）。

为使分类任务可行，研究人员对图像进行了特征提取，正如我们在第 4 章所做的那样。他们研究了总共 569 张图像，提取了 30 种不同的特征，这些特征描述了图像中细胞核的特征，包括以下内容：

❑ 细胞核结构（用灰度值的标准差表示）。

❑ 细胞核大小（计算从中心到周边点的距离均值）。

❑ 组织平滑度（半径长度的局部变化）。

❑ 组织紧密度。

让我们充分利用新获得的知识，建立一棵决策树以进行分类！

5.3.1　加载数据集

整个数据集是 scikit-learn 的示例数据集的一部分。我们可以使用下列命令导入这个数据集：

1）首先，使用 load_breast_cancer 函数加载数据集：

```
In [1]: from sklearn import datasets
...     data = datasets.load_breast_cancer()
```

2）和前面的示例一样，在一个 2D 特征矩阵 data.data 中包含了所有的数据，其中行表示数据样本，列表示特征值：

```
In [2]: data.data.shape
Out[2]: (569, 30)
```

3）看一下提供的特征名称，我们发现有些在前面提到过：

```
In [3]: data.feature_names
```

```
Out[3]: array(['mean radius', 'mean texture', 'mean perimeter',
               'mean area', 'mean smoothness', 'mean compactness',
               'mean concavity', 'mean concave points',
               'mean symmetry', 'mean fractal dimension',
               'radius error', 'texture error', 'perimeter error',
               'area error', 'smoothness error',
               'compactness error', 'concavity error',
               'concave points error', 'symmetry error',
               'fractal dimension error', 'worst radius',
               'worst texture', 'worst perimeter', 'worst area',
               'worst smoothness', 'worst compactness',
               'worst concavity', 'worst concave points',
               'worst symmetry', 'worst fractal dimension'],
              dtype='<U23')
```

4）因为这是一个二值分类任务，所以我们希望刚好找到两个目标名称：

```
In [4]: data.target_names
Out[4]: array(['malignant', 'benign'], dtype='<U9')
```

5）保留所有数据样本的 20% 用于测试：

```
In [5]: import sklearn.model_selection as ms
...     X_train, X_test, y_train, y_test =
...     ms.train_test_split(data_pre, target, test_size=0.2,
...     random_state=42)
```

6）当然，你可以选择一个不同的比例，可是大多数人会使用像 70-30、80-20 或者 90-10 这样的比例。这在一定程度上取决于数据集的大小，但是最终不会有太大的差异。将数据按照 80-20 的比例进行拆分，会得到下列集合大小：

```
In [6]: X_train.shape, X_test.shape
Out[6]: ((455, 30), (114, 30))
```

5.3.2 构建决策树

如上所述，使用 scikit-learn 的 tree 模块，我们可以创建一棵决策树。现在，我们不再指定任何可选的参数：

1）我们将从创建一棵决策树开始：

```
In [5]: from sklearn import tree
...     dtc = tree.DecisionTreeClassifier()
```

2）你还记得如何训练决策树吗？我们将使用 fit 函数来训练决策树：

```
In [6]: dtc.fit(X_train, y_train)
Out[6]: DecisionTreeClassifier(class_weight=None, criterion='gini',
                               max_depth=None, max_features=None,
                               max_leaf_nodes=None,
                               min_impurity_split=1e-07,
                               min_samples_leaf=1,
                               min_samples_split=2,
                               min_weight_fraction_leaf=0.0,
                               presort=False, random_state=None,
                               splitter='best')
```

3）因为没有指定任何先剪枝参数，所以我们希望这棵决策树长得很大，在训练集上得到一个完美的得分：

```
In [7]: dtc.score(X_train, y_train)
Out[7]: 1.0
```

然而，让我们惊讶的是，测试误差并不是很糟糕：

```
In [8]: dtc.score(X_test, y_test)
Out[8]: 0.94736842105263153
```

4）和前面一样，我们使用 graphviz 可以了解树的样子：

```
In [9]: with open("tree.dot", 'w') as f:
...             f = tree.export_graphviz(dtc, out_file=f,
...
feature_names=data.feature_names,
...                             class_names=data.target_names)
```

实际上，得到的树比之前的示例复杂得多。如果你看不懂图 5-8 中的内容，不必担心。我们的目的只是让你看看这棵决策树的复杂程度。在最顶部，我们发现名为平均凹点（mean concave point）的特征包含的信息最丰富，结果将数据分成两组，一组是 282 个可能良性的样本，一组是 173 个可能恶性的样本。我们还注意到树相当不对称，左边分支深度可达 6，而右边分支深度只有 2。

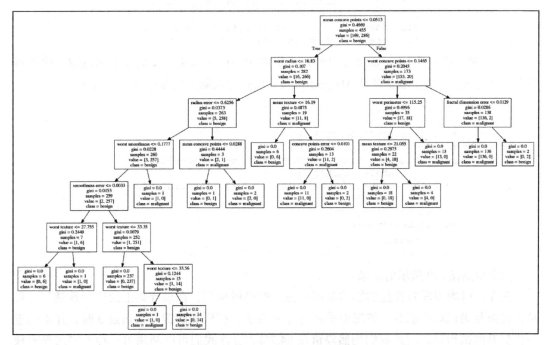

图 5-8　生成一棵复杂的决策树

> 提示　在学习下面的内容之前考虑这样一个问题：非对称树意味着什么？与其他特征相比，它能告诉我们某些特征的复杂性或者变化吗？回忆一下，决策树只不过是在不同的特征上执行一组分层逻辑运算，以产生一个预测。

图 5-8 为我们提供了一个良好的基准性能。因为 scikit-learn 出色的默认参数值，无须做太多，我们在测试集上就已经实现了 94.7% 的准确率。但是，有没有可能在测试集上得到更高的得分呢？

为了回答这个问题，我们可以做一些模型探索。例如，我们之前提到的树的高度对树的性能有影响。

5）如果想要更系统地研究这种依赖，我们可以重复建立不同 max_depth 值的树：

```
In [10]: import numpy as np
...        max_depths = np.array([1, 2, 3, 5, 7, 9, 11])
```

6）对于每一个值，我们希望从始至终运行完整的模型级联。我们还希望记录训练和测试得分。我们在 for 循环中实现这个任务：

```
In [11]: train_score = []
...        test_score = []
...        for d in max_depths:
...            dtc = tree.DecisionTreeClassifier(max_depth=d)
...            dtc.fit(X_train, y_train)
...            train_score.append(dtc.score(X_train, y_train))
...            test_score.append(dtc.score(X_test, y_test))
```

7）这里，我们为 max_depths 中的每个值创建一棵决策树，在数据上训练树，建立所有训练和测试得分表。我们使用 Matplotlib 可以将得分绘制为树深度的一个函数：

```
In [12]: import matplotlib.pyplot as plt
...        %matplotlib inline
...        plt.style.use('ggplot')
In [13]: plt.figure(figsize=(10, 6))
...        plt.plot(max_depths, train_score, 'o-', linewidth=3,
...                 label='train')
...        plt.plot(max_depths, test_score, 's-', linewidth=3,
...                 label='test')
...        plt.xlabel('max_depth')
...        plt.ylabel('score')
...        plt.legend()
Out[13]: <matplotlib.legend.Legend at 0x1c6783d3ef0>
```

这会得到图 5-9 所示的结果。

现在，树的深度对性能的影响显而易见。似乎树越深，在训练集上的性能就越好。可是，在涉及测试集性能时，情况似乎就有点复杂了。在增加的深度值超过 3 时，并不能进一步提升测试得分，因此我们仍然停留在 94.7%。也许我们可以利用另一种不同的先剪枝设置来得到更好的效果。

让我们再创建一棵树。使一个节点成为叶子节点所需的最小样本数是多少呢？

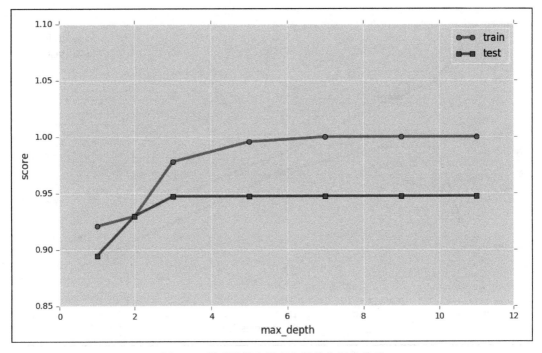

图 5-9　得到的最大深度和得分之间的关系

8）重复前面示例中的过程：

```
In [14]: train_score = []
...      test_score = []
...      min_samples = np.array([2, 4, 8, 16, 32])
...      for s in min_samples:
...          dtc = tree.DecisionTreeClassifier(min_samples_leaf=s)
...          dtc.fit(X_train, y_train)
...          train_score.append(dtc.score(X_train, y_train))
...          test_score.append(dtc.score(X_test, y_test))
```

9）接着，我们绘制结果：

```
In [15]: plt.figure(figsize=(10, 6))
...      plt.plot(min_samples, train_score, 'o-', linewidth=3,
...          label='train')
...      plt.plot(min_samples, test_score, 's-', linewidth=3,
...          label='test')
...      plt.xlabel('max_depth')
...      plt.ylabel('score')
....     plt.legend()
Out[15]: <matplotlib.legend.Legend at 0x1c679914fd0>
```

这时生成的结果如图 5-10 所示，它与图 5-9 完全不同。

很明显，增加 min_samples_leaf 对训练得分来说并不是好兆头。但这未必就是坏事！因为下面的曲线上出现了一件有趣的事情：在 4 和 8 之间测试得分经过最大值，这是到目前为止我们看到的最好的测试得分——95.6%！我们仅通过调整模型参数，就将得分提升了 0.9%。

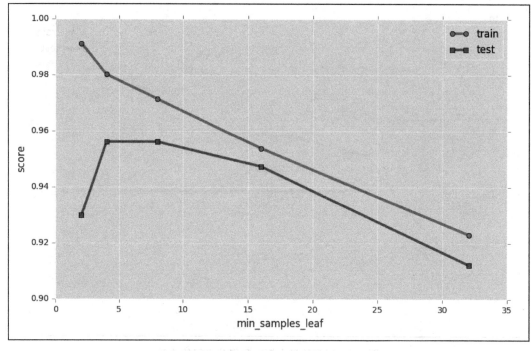

图 5-10 min_samples_leaf 和得分之间的关系

鼓励你继续调整参数！机器学习中很多好的结果实际上都来自于长时间对试错模型的探索。在你生成一个图之前，试着思考这些问题：你所期望的图是什么样子的？在开始限制叶节点数（max_leaf_nodes）时，训练得分的变化是什么样子的呢？在开始限制 min_sample_split 时，训练得分的变化又是怎样的呢？另外，当你从基尼系数转换到信息增益时，会发生什么样的变化呢？

> **注意** 在我们试着调整模型参数时，你将看到这种类型的曲线很常见。模型参数与训练得分倾向于呈一种单调关系，要么稳步提升，要么不断下降。对于测试得分，通常有一个最佳点，一个局部最大值，之后测试得分开始再次下降。

5.4 使用决策树进行回归

尽管到目前为止我们主要关注决策树在分类任务中的使用，但是你还可以将决策树应用于回归。不过你将需要再次使用 scikit-learn，因为 OpenCV 不提供这种适应性。因此，在这里我们只简要浏览一下 scikit-learn 的功能：

1）假设我们希望使用一棵决策树拟合一个 sin 波。为了让示例变得有趣，我们还将使用 NumPy 的随机数生成器在数据点中添加一些噪声：

```
In [1]: import numpy as np
...     rng = np.random.RandomState(42)
```

2）然后，创建 100 个在 0 和 5 之间随机间隔的 x 值，并计算对应的 sin 值：

```
In [2]: X = np.sort(5 * rng.rand(100, 1), axis=0)
...     y = np.sin(X).ravel()
```

3）接着，（使用 y[::2]）向 y 中的所有其他数据点添加噪声，缩放比例为 0.5，这样就不会引入太多抖动：

```
In [3]: y[::2] += 0.5 * (0.5 - rng.rand(50))
```

4）我们可以再创建一棵和之前的树一样的回归树。

一个小的区别是基尼系数和熵的拆分标准不适用于回归任务。但 scikit-learn 提供了两种不同的拆分标准：

❑ mse（也称为**方差缩减**）：这个标准计算实际值和预测值之间的**均方误差**（Mean Squared Error，MSE），并拆分产生最小均方误差的节点。

❑ mae：这个标准计算实际值和预测值之间的**平均绝对误差**（Mean Absolute Error，MAE），并拆分产生最小平均绝对误差的节点。

5）根据 MSE 标准，我们将构建两棵树。让我们先构建一棵深度为 2 的树：

```
In [4]: from sklearn import tree
In [5]: regr1 = tree.DecisionTreeRegressor(max_depth=2,
...         random_state=42)
...         regr1.fit(X, y)
Out[5]: DecisionTreeRegressor(criterion='mse', max_depth=2,
                              max_features=None,
max_leaf_nodes=None,
                              min_impurity_split=1e-07,
                              min_samples_leaf=1,
min_samples_split=2,
                              min_weight_fraction_leaf=0.0,
                              presort=False, random_state=42,
                              splitter='best')
```

6）接下来，我们将构建一棵最大深度为 5 的决策树：

```
In [6]: regr2 = tree.DecisionTreeRegressor(max_depth=5,
...         random_state=42)
...         regr2.fit(X, y)
Out[6]: DecisionTreeRegressor(criterion='mse', max_depth=5,
                              max_features=None,
max_leaf_nodes=None,
                              min_impurity_split=1e-07,
                              min_samples_leaf=1,
min_samples_split=2,
                              min_weight_fraction_leaf=0.0,
                              presort=False, random_state=42,
                              splitter='best')
```

然后可以类似于第 3 章中的线性回归器那样使用这棵决策树。

7）为此，我们创建一个测试集，在从 0 到 5 的整个范围内对 x 值密集采样：

```
In [7]: X_test = np.arange(0.0, 5.0, 0.01)[:, np.newaxis]
```

8）用 predict 方法可以获得预测的 y 值：

```
In [8]: y_1 = regr1.predict(X_test)
...     y_2 = regr2.predict(X_test)
```

9）如果把这些内容都绘制在一个图中，我们将看到决策树的区别：

```
In [9]: import matplotlib.pyplot as plt
... %matplotlib inline
... plt.style.use('ggplot')

... plt.scatter(X, y, c='k', s=50, label='data')
... plt.plot(X_test, y_1, label="max_depth=2", linewidth=5)
... plt.plot(X_test, y_2, label="max_depth=5", linewidth=3)
... plt.xlabel("data")
... plt.ylabel("target")
... plt.legend()
Out[9]: <matplotlib.legend.Legend at 0x12d2ee345f8>
```

生成的结果如图 5-11 所示。

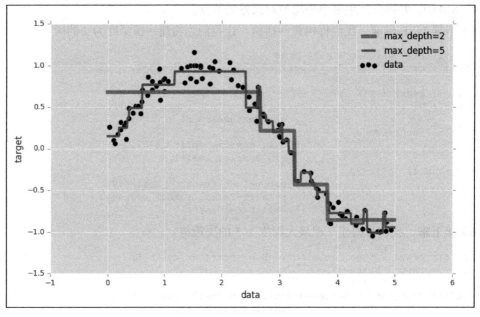

图 5-11　生成的两棵决策树

这里，粗线表示深度为 2 的回归树。你可以看到树是如何使用这些粗略的步骤近似数据的。细线表示深度为 5 的回归树；增加的深度允许树进行许多更细粒度的近似。因此，这棵树可以更好地近似数据。可是，由于这增加了能力，树也更容易受到拟合噪声值的影响，这一点从图 5-11 的右侧的尖峰可以看出来。

5.5　本章小结

在本章，我们学习了所有有关决策树的知识，以及如何将决策树应用于分类和回归任务。我们讨论了一些有关数据生成、过拟合，以及通过调整先剪枝和后剪枝设置来避免过拟合的方法。我们还学习了如何使用基尼不纯度和信息增益等指标评估一个节点拆分的质量。最后，我们将决策树应用于检测乳腺癌组织的医学数据。在本书的最后，我们还会回到决策树，把多棵树合并成一个随机森林。可是现在，让我们转到一个新的主题。

在第 6 章，我们将介绍机器学习领域的另一个主要部分——支持向量机。

Chapter 6 | 第 6 章

利用支持向量机进行行人检测

在第 5 章中，我们讨论了如何使用决策树进行分类和回归。在这一章，我们想把注意力转移到机器学习领域中另一个优秀的监督学习：**支持向量机**（support vector machine, SVM）。1990 年初，支持向量机在引入后不久，就在机器学习领域很快流行起来，这主要是因为支持向量机在早期手写数字分类上的成功应用。现今，支持向量机仍然与机器学习息息相关，尤其是在计算机视觉等应用领域。

本章的目标是将支持向量机应用于计算机视觉中的一个常见问题：行人检测。与识别任务（命名一个物体的类别）不同，检测任务的目标是判断在一张图像中是否存在一个特定的物体（在我们的例子中是行人）。你可能已经知道 OpenCV 用 2 到 3 行代码就可以实现这个任务。可是，如果我们这样做，就什么都没有学习到。因此，我们将从头开始学习整个过程！我们将获得一个真实的数据集，使用**面向梯度的直方图**（Histogram of Oriented Gradient，HOG）进行特征提取，并将支持向量机应用到这个任务上。

在本章，我们将使用基于 Python 的 OpenCV 实现 SVM。我们将学习处理非线性决策边界，并理解核技巧。在本章最后，我们将学习检测自然场景中的行人。

本章将介绍以下主题：

❏ 用基于 Python 的 OpenCV 实现 SVM。

❏ 处理非线性决策边界。

❏ 理解核技巧。

❏ 自然场景中的行人检测。

兴奋吗？让我们开始吧！

6.1　技术需求

我 们 可 以 在 https://github.com/PacktPublishing/Machine-Learning-for-OpenCV-Second-Edition/tree/master/Chapter06 查看本章的代码。

软件和硬件需求总结如下：

❑ OpenCV 4.1.x 版本（4.1.0 版本或 4.1.1 版本都可以）。

❑ Python 3.6 版本（Python 3.x 的所有版本都可以）。

❑ Anaconda Python 3，用于安装 Python 及其所需模块。

❑ 在本书中，你可以使用任意一款操作系统——macOS、Windows，以及基于 Linux 的操作系统。我们建议你的系统中至少有 4GB 的内存。

❑ 你不需要一个 GPU 来运行本书提供的代码。

6.2　理解线性 SVM

为了理解 SVM 的工作原理，我们必须了解决策边界。我们在前面的章节中，使用线性分类器或者决策树时，我们的目标始终是最小化分类误差。我们利用均方误差来评估准确率。SVM 也试图实现低分类误差，可 SVM 只是隐式地实现了低分类误差。SVM 的显式目标是最大化数据点之间的边界。

6.2.1　学习最优决策边界

让我们看一个简单的例子。考虑一些训练样本，只有两个特征（x 和 y 值）以及一个对应的目标标签（正标签（+）或者负标签（−））。因为标签是类别，所以我们知道这是一个分类任务。而且，因为我们只有两个不同的类（+ 和 −），所以这是一个二值分类任务。

在一个二值分类任务中，决策边界是一条线，将训练集分成两个子集，每个类一个子集。**最优决策边界**对数据进行划分，这样来自同一个类（+）的所有数据样本都位于决策边界的左边，而所有其他类（−）的数据样本都位于决策边界的右边。

一个 SVM 在整个训练过程中更新其决策边界的选择。例如，在训练初期，分类器只看到很少的数据点，它试着画出分隔两个类的最佳决策边界。随着训练的进行，分类器会看到越来越多的数据样本，因此在每一步中不断更新决策边界。该过程如图 6-1 所示。

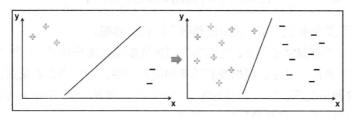

图 6-1　在训练阶段不断更新决策边界的过程

随着训练的进行，分类器可以看到越来越多的数据样本，因此越来越清楚地知道最优决策边界应该在哪里。在这种场景下，如果决策边界的绘制方式是"−"样本位于决策边界的左边，或者"+"样本位于决策边界的右边，那么就会出现一个误分类错误。

由第 5 章我们知道，训练后不再更改分类模型。这表示分类器将不得不使用它在训练过程中获得的决策边界预测新数据点的目标标签。

或者说，根据在训练阶段学习到的决策边界，在测试阶段，我们想知道图 6-2 中的新数据点（？）应该属于哪个类。图 6-2 显示了用所学到的决策边界如何预测新数据点的目标标签。

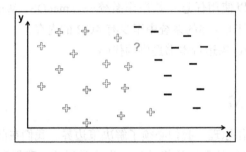

图 6-2　预测新数据点（？）的目标标签

你可以明白为什么这通常是一个棘手的问题。如果问号的位置再靠左边一点，那么我们就可以确定对应的目标标签是"+"。可是，在这个例子中，使所有的"+"样本都位于决策边界的左边，所有的"−"样本都位于决策边界的右边，有几种绘制决策边界的方法，如图 6-3 所示。

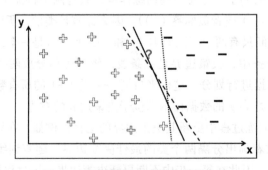

图 6-3　不同的划分决策边界的方法

在图 6-3 中显示了多个决策边界。你会选择哪个决策边界呢？

这 3 个决策边界都能完成任务；它们都将训练数据完美地分成"+"和"−"两个子集，而没有任何误分类错误。可是，根据我们选择的决策边界，"？"会落在决策边界的左边（虚线和实线），在这种情况下，"？"将被分配给"+"类；或者"？"落在决策边界的右边（虚线），在这种情况下，"？"将被分配给"−"类。

这就是 SVM 真正擅长的。一个 SVM 最有可能选择实线，因为这是"+"类和"–"类数据点之间的最大间隔的决策边界，如图 6-4 所示。

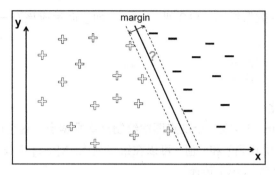

图 6-4　最大化间隔的决策边界

图 6-4 显示了 SVM 学习到的一个决策边界的例子。

> **注意**　结果表明，为了找到最大边界，只需要考虑位于类边界上的数据点。这些数据点也被称为**支持向量**（support vector）。这就是 SVM 这个名字的由来。

6.2.2　实现我们的第一个 SVM

理论已经足够多了，让我们开始进行编码工作吧！

调整一下自己的步调也许是个不错的想法。对于我们的第一个 SVM，我们可能应该关注一个简单的数据集，也许是一个二值分类任务。

scikit-learn 的 datasets 模块有一个很炫酷的技巧，我还没有告诉你的是，你可以生成任意大小和复杂度的随机数据集。下面是一些值得注意的函数：

❑ datasets.make_classification([n_samples,…])：这个函数生成一个随机的 n 类分类问题，我们可以指定样本数、特征数以及目标标签数。

❑ datasets.make_regression([n_samples,…])：这个函数生成一个随机回归问题。

❑ datasets.make_blobs([n_samples, n_features,…])：这个函数生成我们可用于聚类的一些高斯分布。

这就表示我们可以使用 make_classification 为一个二值分类任务建立一个自定义的数据集。

1. 生成数据集

现在，我们可以在睡梦中背诵，二值分类问题刚好有两个完全不同的目标标签（n_classes=2）。为了简单起见，我们限定只有两个特征值（n_features=2；例如 x 值和 y 值）。假设，我们要创建 100 个数据样本：

```
In [1]: from sklearn import datasets
```

```
...        X, y = datasets.make_classification(n_samples=100, n_features=2,
...                                              n_redundant=0, n_classes=2,
...                                              random_state=7816)
```

我们希望 X 有 100 行（数据样本）和 2 列（特征），而 y 向量应该有一列包含了所有的目标标签：

```
In [2]: X.shape, y.shape
Out[2]: ((100, 2), (100,))
```

2. 数据集的可视化

我们可以使用 Matplotlib 在一个散点图中绘制这些数据点。这里的思想是画出 x 值（可以在第一列 X, X[:, 0] 中找到）和 y 值（可以在第二列 X, X[:, 1] 中找到）。一个简单的技巧是将目标标签作为颜色值（c=y）传递：

```
In [3]: import matplotlib.pyplot as plt
...        %matplotlib inline
...        plt.scatter(X[:, 0], X[:, 1], c=y, s=100)
...        plt.xlabel('x values')
...        plt.ylabel('y values')
Out[3]: <matplotlib.text.Text at 0x24f7ffb00f0>
```

输出结果如图 6-5 所示。

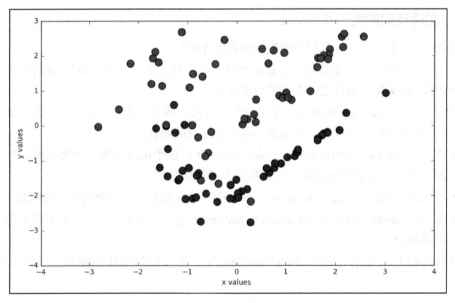

图 6-5　生成的数据集可视化结果

图 6-5 显示了为一个二值分类问题随机生成的数据。你可以看到在大多数情况下，这两类的数据点是明显分开的。可是，有一些区域（尤其是在图 6-5 的左侧和底部附近的区域）的两类数据点混合在一起了。我们马上就会看到，很难对这些数据点进行正确分类。

3. 数据集的预处理

下一步就是将数据点拆分成训练集和测试集，与我们之前所做的一样。但是，在此之前，我们必须为 OpenCV 准备以下数据：

❑ X 中的所有特征值必须是 32 位浮点数。

❑ 目标标签必须是 −1 或者 +1。

我们可以用下面的代码实现该任务：

```
In [4]: import numpy as np
...     X = X.astype(np.float32)
...     y = y * 2 - 1
```

现在，我们可以像在前几章中所做的那样，将数据传递给 scikit-learn 的 train_test_split 函数：

```
In [5]: from sklearn import model_selection as ms
...     X_train, X_test, y_train, y_test = ms.train_test_split(
...         X, y, test_size=0.2, random_state=42
...     )
```

这里，我们选择保留 20% 的数据点作为测试集，但是你可以根据自己的喜好来调整测试集的数据点数量。

4. 建立支持向量机

在 OpenCV 中，SVM 的建立、训练和评分与我们迄今为止见过的其他学习算法完全一样，使用以下 4 个步骤：

1）调用 create 方法，构建一个新的 SVM：

```
In [6]: import cv2
...     svm = cv2.ml.SVM_create()
```

从以下命令中我们可以看到，我们可以在不同的模式中运行一个 SVM。现在，我们只关心在前面的例子中讨论的情况：一个 SVM 试图用一条直线划分数据。这可以用 setKernel 方法来指定：

```
In [7]: svm.setKernel(cv2.ml.SVM_LINEAR)
```

2）调用分类器的 train 方法，找到最优决策边界：

```
In [8]: svm.train(X_train, cv2.ml.ROW_SAMPLE, y_train)
    Out[8]: True
```

3）调用分类器的 predict 方法，预测测试集中所有数据样本的目标标签：

```
In [9]: _, y_pred = svm.predict(X_test)
```

4）使用 scikit-learn 的 metrics 方法，给分类器打分：

```
In [10]: from sklearn import metrics
...      metrics.accuracy_score(y_test, y_pred)
Out[10]: 0.80000000000000004
```

恭喜你，我们得到了 80% 正确分类的测试样本！

当然，到目前为止我们还不知道后台到底发生了什么。就我们所知，我们也可以在不知道自己正在做什么的情况下，从网络搜索中得到这些命令，并将这些命令输入终端。可是这并不是我们想要的。让一个系统工作是一回事，理解它又是另一回事。让我们开始！

5. 决策边界的可视化

在试着理解我们的数据什么是正确的就是试着理解我们的分类器什么是正确的：可视化是理解一个系统的第一步。我们知道 SVM 以某种方式给出了一个决策边界，允许我们正确分类 80% 的测试样本。可是，我们如何才能知道决策边界实际上是什么样子的呢？

为此，我们借用一下 scikit-learn 的一个技巧。其思想是生成 x 和 y 坐标的一个精细网格，运行 SVM 的 predict 方法。这让我们知道分类器对每个 (x, y) 点的预测标签是什么。

我们将在名为 plot_decision_boundary 的专用函数中完成这个运算。该函数以 SVM 对象、测试集的特征值以及测试集的目标标签作为输入：

```
In [11]: def plot_decision_boundary(svm, X_test, y_test):
```

为了生成网格（grid，也称为 mesh grid），我们首先必须计算出测试集中的数据样本在 x–y 平面占用了多少空间。为了找到平面上最左边的点，我们先要找到 X_test 中的最小 x 值；为了找到平面上最右边的点，我们先要找到 X_test 中的最大 x 值：

在以下步骤中，我们将学习如何可视化一个决策边界：

1）我们不希望任何数据点落在边界上，因此我们添加了一些为 +1 或者 –1 的边界：

```
...        x_min, x_max = X_test[:, 0].min() - 1, X_test[:,
0].max() + 1
```

2）y 也是一样的：

```
...        y_min, y_max = X_test[:, 1].min() - 1, X_test[:,
1].max() + 1
```

3）根据这些边界值，我们可以创建一个精细的网格（采样步长为 h）：

```
...        h = 0.02  # step size in mesh
...        xx, yy = np.meshgrid(np.arange(x_min, x_max, h),
...                     np.arange(y_min, y_max, h))
...        X_hypo = np.c_[xx.ravel().astype(np.float32),
...                 yy.ravel().astype(np.float32)]
```

这里，我们利用 NumPy 的 arange（start, stop, step）函数，根据开始和停止，以及步长大小（间隔）创建线性间隔值。

4）我们想把这些（xx, yy）坐标的每个点当作假设的数据点。因此，我们把它们逐列堆叠成一个 N × 2 的矩阵：

```
...        X_hypo =
np.c_[xx.ravel().astype(np.float32),yy.ravel().astype(np.float32)]
```

> 🔔 **注意** 不要忘记再次将值转换成 32 位浮点数！否则 OpenCV 就会抱怨。

5）现在，我们可以把 X_hypo 矩阵传递给 predict 方法：

```
...        _, zz = svm.predict(X_hypo)
```

6）生成的目标标签 zz 将被用于创建特征区域的一个 colormap：

```
...            zz = zz.reshape(xx.shape)
...            plt.contourf(xx, yy, zz, cmap=plt.cm.coolwarm,
alpha=0.8)
```

这就创建了一个等高线图，在图的顶部我们将绘制单个数据点，用真实目标标签对这些数据点着色：

```
...            plt.scatter(X_test[:, 0], X_test[:, 1], c=y_test,
s=200)
```

7）可以使用以下代码调用这个函数：

```
In [12]: plot_decision_boundary(svm, X_test, y_test)
```

结果如图 6-6 所示。

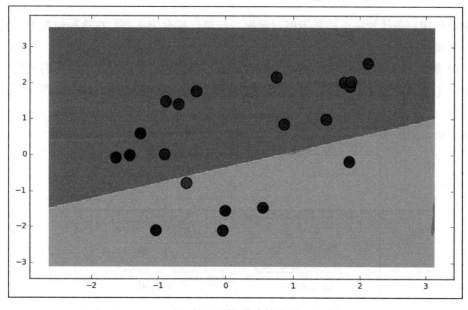

图 6-6　可视化决策边界

现在我们对发生了什么应该有了更好的理解！

SVM 找到了能够最好拆分蓝色和红色数据样本的一条直线（一条线性决策边界）。并不是所有的数据点都是正确拆分的，在红色区域存在 3 个蓝色点，在蓝色区域中存在 1 个红色点。

但是，只要在我们的头脑中试着移动这条直线，我们就可以说服自己，这是我们可以选择的最好的一条直线：

❑ 如果我们旋转这条线，让它更水平一些，那么我们可能最终会误分类最右边的蓝色点——坐标在（2，–1）处的点——这个点可能会在水平线上方的红色区域内。

❑ 如果我们继续旋转这条线，努力让左边的 3 个蓝色点落在蓝色区域，那么我们将不可避免地将当前位于决策边界上坐标在 (-1.5，-1) 处的一个红色点放入蓝色区域。

❑ 如果我们对决策边界做更大的改变，让直线几乎垂直，努力正确地分类左边的 3 个蓝色点，那么我们最终会将右下角的蓝色点放入红色区域。

因此，无论我们怎样移动和旋转这条线，最终如果我们正确地分类了一些当前被误分类的点，我们还会错误地分类其他一些当前被正确分类的点。这简直就是一个恶性循环！另外，还需要注意的一点是，我们总是根据训练数据来选择决策边界。

那么，我们怎样才能提升分类器的性能呢？

一种解决方案是放弃直线，转向更复杂的决策边界。

6.3 处理非线性决策边界

如果使用一条线性决策边界不能对数据进行最优拆分怎么办？在这种情况下，我们说数据是非线性可分的。

处理非线性可分数据的基本思想是创建原始特征的非线性组合。这与我们想要把数据投影到一个高维空间（例如，从 2D 到 3D）是一样的，在高维空间中数据突然变得线性可分了。

这个概念如图 6-7 所示。

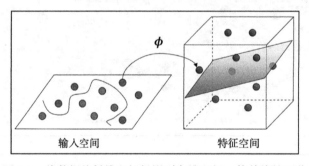

输入空间　　　　特征空间

图 6-7　将数据从低维空间投影到高维空间，使其线性可分

图 6-7 显示了如何在高维空间中找到线性超平面。如果数据在原始输入空间（左图）不能线性可分，那么我们可以应用映射函数 $\phi(\bullet)$，将数据从 2D 投影到 3D（或者一个高维）空间。在这个更高维的空间，我们可能找到一条线性决策边界（在 3D 中是一个平面）来拆分数据。

> 📷 注意　在 n 维空间中一条线性决策边界被称为是一个**超平面**（hyperplane）。例如，在 6D 特征空间中的一个决策边界是一个 5D 超平面；在 3D 特征空间中，其是一个普通的 2D 平面；在 2D 空间，其是一条直线。

然而，这种映射方法存在的一个问题是，在大维度中这是不切实际的，因为这增加了许多额外项来在维度之间进行数学投影。这就是**核技巧**（kernel trick）发挥作用的地方了。

6.3.1　理解核技巧

当然，我们没有时间真正理解核技巧所需的所有数学知识。一个更实际的节标题应该是"承认核技巧的存在，接受它的工作"，但是这有点冗长。

简单来说，这就是一个核技巧。

为了算出高维空间中决策超平面的斜率和方向，我们必须将所有特征值和合适的权值相乘，并求和。特征空间的维数越多，我们要做的工作也就越多。

但是，比我们聪明的数学家早就意识到，不管是在测试阶段还是在训练阶段 SVM 在高维空间中都无须显式工作！结果表明，优化问题只使用训练示例来计算两个特征之间的点积对。这让数学家高兴不已，因为计算这样的乘积有一个技巧，不需要显式地将特征转换到高维空间。我们把能够进行这种计算的函数类型称为**核函数**（kernel functions）。

因此，这就是核技巧！

其中一类核函数被称为**径向基函数**（radial basis function，RBF）。RBF 的值依赖一个参考点的距离。RBF 作为半径为 r 的一个函数的例子是 $f(r)=1/r$，或者 $f(r)=1/r^2$。一个更常见的例子是高斯函数（也被称为**钟形曲线**）。

RBF 可用于生成非线性决策边界，把数据点分组成团块（blob）或者热点（hotspot），如图 6-8 所示。

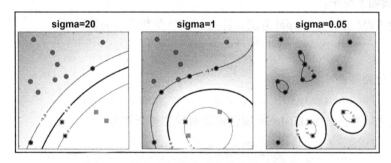

图 6-8　径向基函数生成的非线性决策边界

图 6-8 显示了具有不同标准差（sigma）的高斯核的例子。从图 6-8 中可以看到，通过调整高斯函数的标准差（即随离中心距离的衰减），我们可以创建大量复杂的决策边界，尤其在高维空间中。

6.3.2　了解我们的核

OpenCV 提供了一系列供实验使用的 SVM 核。一些最常用的核包括：

❑ cv2.ml.SVM_LINEAR：这个核我们之前用过。它在原始特征空间（x 和 y 值）中提供了一条线性决策边界。

❑ cv2.ml.SVM_POLY：这个核在原始特征空间中提供了多项式函数的一个决策边界。为了使用这个核，我们还必须通过 svm.setCoef0（常设置为 0）指定一个系数，通过 svm.setDegree 指定多项式的次数。

❑ cv2.ml.SVM_RBF：这个核实现了我们之前讨论过的那类高斯函数。

❑ cv2.ml.SVM_SIGMOID：这个核实现了一个 S 型函数，类似于我们在第 3 章中讨论逻辑回归时遇到的一个函数。

❑ cv2.ml.SVM_INTER：这个核是 OpenCV 3 新添加的。它根据直方图的相似性拆分类。

6.3.3 实现非线性 SVM

为了测试刚讨论过的一些 SVM 核，我们回到前面介绍过的代码示例。我们想在之前生成的数据集上重复构建过程和 SVM 的训练过程，但是这次，我们想使用各种不同的核：

```
In [13]: kernels = [cv2.ml.SVM_LINEAR, cv2.ml.SVM_INTER,
...                  cv2.ml.SVM_SIGMOID, cv2.ml.SVM_RBF]
```

你还记得这些表示什么吗？

设置不同的 SVM 核相对比较简单。我们从 kernels 列表中获取一项，并将其传递给 SVM 类的 setKernels 方法。这样就完成了。

重复这个工作最简单的方法是使用一个 for 循环，如下所示：

```
In [14]: for idx, kernel in enumerate(kernels):
```

执行步骤如下所示：

1）创建 SVM 并设置 kernel 方法。注意，把核参数设置为默认值：

```
...          svm = cv2.ml.SVM_create()
...          svm.setKernel(kernel)
```

2）训练分类器：

```
...          svm.train(X_train, cv2.ml.ROW_SAMPLE, y_train)
```

3）使用之前导入的 scikit-learn 度量模块对模型进行评分：

```
...          _, y_pred = svm.predict(X_test)
...          accuracy = metrics.accuracy_score(y_test, y_pred)
```

4）在一个 2×2 的子图中绘制决策边界（记住，在 matplotlib 中的子图是 1 索引来模拟 matlab 的，因此我们必须调用 idx+1）：

```
...          plt.subplot(2, 2, idx + 1)
...          plot_decision_boundary(svm, X_test, y_test)
...          plt.title('accuracy = %.2f' % accuracy)
```

结果如图 6-9 所示。

让我们一步一步来分解上面的内容。

首先，我们发现线性核函数（左上窗格）看起来和图 6-6 中的核函数一样。我们现在才意识到这是 SVM 生成一条直线作为决策边界的唯一一个版本（尽管 cv2.ml.SVM_C 生成和 cv2.ml.SVM_LINEAR 几乎相同的结果）。

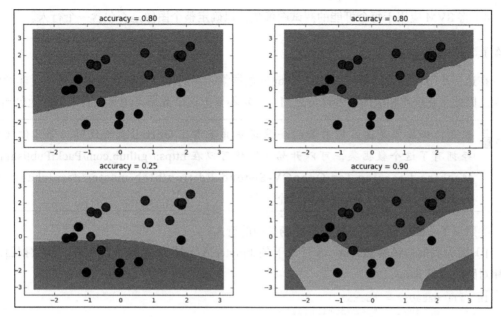

图 6-9 不同的 SVM 核生成不同的决策边界

直方图交叉核（右上窗格）考虑了一个更复杂的决策边界。可是，这并没有提升我们的泛化性能（准确率仍然是 80%）。

尽管 sigmoid 核函数（左下窗格）考虑了一个非线性决策边界，但这真的是一个很糟糕的选择，准确率只有 25%。

另一方面，RBF 核（右下窗格）能够将我们的性能提升到 90% 的准确率。它的方法是让决策边界绕过最下面的那个红点，然后向上延伸，把最左边的两个蓝色点放入蓝色区域。它仍然有两个错误，但是它确实画出了迄今为止我们所见过的最佳决策边界！另外，请注意 RBF 核是唯一关注下方两个角落处蓝色区域变窄的核。

6.4 检测自然场景中的行人

我们简要地讨论一下检测和识别之间的区别。识别就是对物体进行分类（例如行人、汽车、自行车等），检测基本上就是回答这样一个问题：这个图像中有行人吗？

大多数检测算法的核心思想是把图像拆分成很多小的块，然后将每个图像块分类为包含行人或者不包含行人两类。这正是我们在本节要完成的任务。为了得到我们自己的行人检测算法，需要执行下面的步骤：

1）建立包含行人的一个图像数据库。这将作为我们的正数据样本。

2）建立不包含行人的一个图像数据库。这将作为我们的负数据样本。

3）在数据集上训练一个 SVM。

4）将 SVM 应用于每个可能的测试图像块，以确定整个图像是否包含一个行人。

6.4.1 获取数据集

在这一小节中，我们将使用 MIT People 数据集，我们可以将该数据集免费用于非商业用途。因此，在获得相应的软件许可之前，一定不要把这个数据集用于盈利性的商业公司。

注
意 但是，如果你遵循我们前面的安装说明并查看了 GitHub 上的代码，那么你就已经拥有了这个数据集，可以开始了！你可以在 https://github.com/PacktPublishing/Machine-Learning-for-OpenCV-Second-Edition/blob/master/data/chapter6/pedestrians128 x 64.tar.gz 找到这个文件。

参照以下步骤，你将学习检测自然场景中的行人：

1）因为我们应该在 notebooks 目录下的 Jupyter Notebook 运行这段代码，到数据目录的相对路径就是 data/：

```
In [1]: datadir = "data"
...     dataset = "pedestrians128x64"
...     datafile = "%s/%s.tar.gz" % (datadir, dataset)
```

2）首先要做的就是解压文件。我们把所有文件解压到它们自己的子目录 data/pedestrians128 × 64/ 中：

```
In [2]: extractdir = "%s/%s" % (datadir, dataset)
```

3）我们可以手动完成（在 Python 之外），或者用下面的函数完成：

```
In [3]: def extract_tar(filename):
...         try:
...             import tarfile
...         except ImportError:
...             raise ImportError("You do not have tarfile
installed. "
...                               "Try unzipping the file outside
of "
...                               "Python.")
...         tar = tarfile.open(datafile)
...         tar.extractall(path=extractdir)
...         tar.close()
...         print("%s successfully extracted to %s", % (datafile,
...                                                      extractdir))
```

4）接下来，我们可以这样调用函数：

```
In [4]: extract_tar(datafile)
Out[4]: data/pedestrians128x64.tar.gz successfully extracted to
        data/pedestrians128x64
```

注
意 try…except 语句是在发生异常时处理异常的一种好办法。比如，试着导入一个名为 tarfile 的模块，如果该模块不存在，那么就会产生一个 ImportError。我们可以用

except ImportError 捕获这个异常，并显示一条自定义的错误消息。你可以在 https:// docs.python.org/3/tutorial/errors.html#handling-exceptions 的官方 Python 文档中看到有关处理异常的更多内容。

该数据集一共提供了 924 张包含行人的彩色图像，每张图像都缩放为 64×128 像素并对齐，这样人的身体就处在图像的中心位置了。缩放并对齐所有的数据样本是这个过程的一个重要步骤，很高兴不用我们自己来做这件事情了。

5）这些图像是在波士顿和剑桥处于不同季节时以及各种不同光照情况下拍摄的。用 OpenCV 读取图像，并将图像的 RGB 版本传递给 matplotlib 来可视化一些示例图像：

```
In [5]: import cv2
...     import matplotlib.pyplot as plt
...     %matplotlib inline
```

6）我们将对数据集中的图像 100-104 循环执行该操作，这样我们就了解了各种光照条件：

```
In [6]: for i in range(5):
...         filename = "%s/per0010%d.ppm" % (extractdir, i)
...         img = cv2.imread(filename)
...         plt.subplot(1, 5, i + 1)
...         plt.imshow(cv2.cvtColor(img, cv2.COLOR_BGR2RGB))
...         plt.axis('off')
```

7）输出结果如图 6-10 所示。

图 6-10　包含人的图像示例输出结果

图 6-10 显示了数据库中人的图像示例。这些例子在颜色、纹理、视角（正面或者背面）以及背景等方面各不相同。

我们可以查看其他图片，但是很明显，没有一种直接的方法可以像我们在 6.3 节中描述"+"数据点和"–"数据点那样简单地描述人的图片。因此，一部分问题是找到一种好的方法表示这些图像。这听起来耳熟吗？是的，我们正在讨论的就是特征工程。

6.4.2 面向梯度的直方图概述

HOG 可能只提供我们为完成这个项目正在寻找的帮助。HOG 是一种图像特征描述符，与我们在第 4 章中讨论过的内容类似。HOG 已经成功地应用于各种计算机视觉任务，但是似乎特别适合于对人进行分类。

HOG 特征隐含的基本思想是，边缘方向的分布可以描述图像中物体的局部形状和外观。把图像拆分成小的连通区域，在这些区域内编译梯度方向（或者边缘方向）直方图。然后，描述符是通过连接不同的直方图组合而成的。为了提升性能，局部直方图还可以进行对比度归一化处理，从而对光照和阴影的变化具有更好的不变性。

在 OpenCV 中，可以通过 cv2.HOGDescriptor 来访问 HOG 描述符，它接受一些输入参数，比如检测窗口大小（待检测物体的最小尺寸 48×96）、块的大小（每个框的大小，16×16）、单元格大小（8×8）以及单元格步长（从一个单元格移动多少像素到下一个单元格，8×8）。对于每一个单元格，HOG 描述符用 9 个 bin 计算一个面向梯度的直方图：

```
In [7]: win_size = (48, 96)
...     block_size = (16, 16)
...     block_stride = (8, 8)
...     cell_size = (8, 8)
...     num_bins = 9
...     hog = cv2.HOGDescriptor(win_size, block_size, block_stride,
...                             cell_size, num_bins)
```

尽管这个函数调用看起来相当复杂，但是实际上实现 HOG 描述符的只有这些值。最重要的参数是窗口大小（win_size）。

在我们的数据样本上剩下要做的就是调用 hog.compute。为此，从我们的数据目录中随机选取行人图像，建立一个正样本（X_pos）数据集。在下列代码片段中，我们从 900 多个可用图片中随机选择 400 个图片，并对其应用 HOG 描述符：

```
In [8]: import numpy as np
...     import random
...     random.seed(42)
...     X_pos = []
...     for i in random.sample(range(900), 400):
...         filename = "%s/per%05d.ppm" % (extractdir, i)
...         img = cv2.imread(filename)
...         if img is None:
...             print('Could not find image %s' % filename)
...             continue
...         X_pos.append(hog.compute(img, (64, 64)))
```

我们还应该记得 OpenCV 希望特征矩阵包含 32 位浮点数，而目标标签是 32 位整数。我们并不关心这个，因为转换成 NumPy 数组将允许我们轻松地查阅我们创建的矩阵大小：

```
In [9]: X_pos = np.array(X_pos, dtype=np.float32)
...     y_pos = np.ones(X_pos.shape[0], dtype=np.int32)
...     X_pos.shape, y_pos.shape
Out[9]: ((399, 1980, 1), (399,))
```

我们一共选取了 399 个训练样本，每个样本有 1980 个特征值（这是 HOG 特征值）。

6.4.3　生成负样本

可是真正的挑战是提出一个完美的非行人例子。毕竟，人们很容易想到行人图像的例子。但是，行人的反例是什么呢？

实际上，这是在解决新的机器学习问题时的一个常见问题。研究实验室和公司花了大量时间创建和标注适合特定目的的新数据集。

如果你被难住了，那么让我们给你如何处理这个问题的一个提示。找到一个行人的反例的一个好的近似方法是把看起来像正类，但是却不包含行人的图像组成一个图像集。这些图像可能包含自行车、街道、房屋，甚至是森林、湖泊或者山之类的内容。此外，你可能会在路边发现行人（尤其是在城市里），但是你可能不会发现风景中的行人，因此在生成负样本时需要把所有这些都考虑进来。

麻省理工学院的计算视觉认知实验室的城市和自然场景数据集是一个很好的起点。可以从 http://cvcl.mit.edu/database.htm 获取完整的数据集，不用再费力气自己创建了。作者已经收集了大量来自于开阔的乡村、内陆城市、山区，以及森林等类别的图像。你可以在 data/pedestrians_neg 目录中找到这些图像：

```
In [10]: negdir = "%s/pedestrians_neg" % datadir
```

所有的图像都是彩色的 jpeg 格式，大小为 256×256 像素。但是，为了把它们用作与我们之前的行人图像相匹配的一个负类样本，我们需要确保所有图像都有相同的像素大小。而且，图像中所描述物体的比例应该大致相同。因此，我们希望（通过 os.listdir）循环遍历目录中的所有图像，并裁剪出大小为 64×128 的**感兴趣区域**（Region Of Interest，ROI）：

```
In [11]: import os
...      hroi = 128 #roi for height of the image
...      wroi = 64 # roi for width of the image
...      X_neg = []
...      for negfile in os.listdir(negdir):
...          filename = '%s/%s' % (negdir, negfile)
```

为了让图像与行人图像的比例大致相同，我们调整它们的大小，如下所示：

```
...          img = cv2.imread(filename)
...          img = cv2.resize(img, (512, 512))
```

然后，我们随机选择左上角坐标（rand_x，rand_y），裁剪出 64×128 像素的感兴趣区域。我们这样做 5 次，以支持我们的负样本数据库：

```
...          for j in range(5):
...              rand_y = random.randint(0, img.shape[0] - hroi)
...              rand_x = random.randint(0, img.shape[1] - wroi)
...              roi = img[rand_y:rand_y + hroi, rand_x:rand_x + wroi, :]
...              X_neg.append(hog.compute(roi, (64, 64)))
```

图 6-11 显示了这个过程的一些示例。

图 6-11　生成的负样本示例图像

我们差点忘记了什么呢？没错，我们忘记确保所有的特征值都是 32 位浮点数了。而且，这些图像的目标标签应该是 –1，对应于负类：

```
In [12]: X_neg = np.array(X_neg, dtype=np.float32)
...      y_neg = -np.ones(X_neg.shape[0], dtype=np.int32)
...      X_neg.shape, y_neg.shape
Out[12]: ((250, 1980, 1), (250,))
```

然后，我们可以把所有的正样本（X_pos）和负样本（X_neg）连接到一个数据集 X 中，我们利用非常熟悉的来自于 scikit-learn 的 train_test_split 函数对这个数据集进行拆分：

```
In [13]: X = np.concatenate((X_pos, X_neg))
...      y = np.concatenate((y_pos, y_neg))
In [14]: from sklearn import model_selection as ms
...      X_train, X_test, y_train, y_test = ms.train_test_split(
...          X, y, test_size=0.2, random_state=42
...      )
```

提示 一个常见且令人痛苦的错误是，不小心包含了确实有一个行人的负样本。确保你不会遇到这种情况！

6.4.4　实现 SVM

我们已经知道如何用 OpenCV 建立一个 SVM 了，所以这里不需要再介绍。我们预先计划把训练过程封装到一个函数中，这样以后重复这个过程就会更容易：

```
In [15]: def train_svm(X_train, y_train):
...          svm = cv2.ml.SVM_create()
...          svm.train(X_train, cv2.ml.ROW_SAMPLE, y_train)
...          return svm
```

同样可以对函数进行评分。这里我们传递一个特征矩阵 X 以及一个标签向量 y，但是我们没有指定我们谈论的是训练集还是测试集。实际上，从函数的角度看，数据样本属于哪个集合并不重要，只要其格式正确就可以了：

```
In [16]: def score_svm(svm, X, y):
...          from sklearn import metrics
...          _, y_pred = svm.predict(X)
...          return metrics.accuracy_score(y, y_pred)
```

接下来，我们可以通过两个简短的函数调用对 SVM 进行训练和评分：

```
In [17]: svm = train_svm(X_train, y_train)
In [18]: score_svm(svm, X_train, y_train)
Out[18]: 1.0
In [19]: score_svm(svm, X_test, y_test)
Out[19]: 0.64615384615384619
```

幸好有 HOG 特征描述符，我们在训练集上才不会出错。可是我们的泛化性能相当糟糕（只有 64.6%），远远低于训练性能（100%）。这表明模型对数据是过拟合的。事实上，在训练集上的表现比在测试集上的表现更好，这意味着模型依赖于对训练样本的记忆，而不是试着将模型抽象成有意义的决策规则。为了提升模型的性能，我们可以做些什么呢？

6.4.5　bootstrapping 模型

提升模型性能的一种有趣的方法是 bootstrapping。在最早的一篇论文中，实际上是将这个思想应用于使用 SVM 和 HOG 特征相结合进行行人检测。让我们向先驱者们致敬，并试着理解他们所做的工作。

他们的想法很简单。在训练集上进行 SVM 训练之后，对模型评分，找到模型产生的一些假阳性。记住，假阳性表示模型预测的一个样本为正（+），但实际上该样本却是一个负样本（−）。在我们的上下文中，这表示 SVM 错误地认为一张图像包含了一个行人。如果这刚好是数据集中的一个特定图像，那么这个例子显然很麻烦。因此，我们应该将其添加到训练集中，用添加的假阳性重新训练 SVM，这样算法才可以学会正确地进行分类。重复执行这个过程，直到 SVM 给出满意的性能。

> 🔵 **注意**　我们将在第 11 章中对 bootstrapping 进行更详细的讨论。

让我们来实现一下这个过程。我们最多重复训练过程 3 次。在每次迭代之后，我们识别出测试集中的假阳性，并将这些假阳性添加到训练集中用于下一次迭代。我们可以将这个过程分成下面几个步骤：

1）对模型进行训练和评分，如下所示：

```
In [20]: score_train = []
...      score_test = []
...      for j in range(3):
...          svm = train_svm(X_train, y_train)
...          score_train.append(score_svm(svm, X_train, y_train))
...          score_test.append(score_svm(svm, X_test, y_test))
```

2）找出测试集中的假阳性。如果没有假阳性，那么我们的工作就完成了：

```
...          _, y_pred = svm.predict(X_test)
...          false_pos = np.logical_and((y_test.ravel() == -1),
...                                     (y_pred.ravel() == 1))
...          if not np.any(false_pos):
...              print('no more false positives: done')
...              break
```

3）把假阳性添加到训练集中，然后重复这个过程：

```
...          X_train = np.concatenate((X_train,
...                                    X_test[false_pos, :]),
...                                   axis=0)
...          y_train = np.concatenate((y_train, y_test[false_pos]),
...                                   axis=0)
```

随着时间的推移，这能使我们提升模型的性能：

```
In [21]: score_train
Out[21]: [1.0, 1.0]
In [22]: score_test
Out[22]: [0.64615384615384619, 1.0]
```

在这里，我们在第一轮实现了 64.6% 的准确率，可是在第二轮中我们能够实现 100% 的完美性能。

 注意 我们可以在 https://www.researchgate.net/publication/3703226_Pedestrian_detection_using_wavelet_templates 的 ResearchGate 中找到原始论文。该论文发表在 " IEEE Computer Society Conference on Computer Vision and Pattern Recognition (CVPR) in 1997 by M. Oren, P. Sinha, and T. Poggio from MIT, doi: 10.1109/CVPR.1997.609319"。

6.4.6 检测更大图像中的行人

剩下要做的就是把 SVM 分类过程和检测过程连接起来。实现这个过程的方法是对图像中每个可能的块进行重复分类。这与我们之前可视化决策边界时的做法类似；我们创建一个精细的网格，并分类网格上的每个点。同样的思路在这里也适用。我们把图像分成块，再把每个块分类为包含行人或者不包含行人。

参照以下步骤，我们就能够检测一张图像中的行人了：

1）首先，我们必须循环遍历一张图像中的所有可能的块，如下所示，每次通过少数 stride 像素移动感兴趣区域：

```
In [23]: stride = 16
...      found = []
...      for ystart in np.arange(0, img_test.shape[0], stride):
...          for xstart in np.arange(0, img_test.shape[1], stride):
```

2）我们希望确保不会超出图像的边界：

```
...              if ystart + hroi > img_test.shape[0]:
...                  continue
```

```
...                if xstart + wroi > img_test.shape[1]:
...                    continue
```

3）然后，我们裁剪出感兴趣区域，进行预处理，并进行分类：

```
...                roi = img_test[ystart:ystart + hroi,
...                    xstart:xstart + wroi, :]
...            feat = np.array([hog.compute(roi, (64, 64))])
...            _, ypred = svm.predict(feat)
```

4）如果特定的图像块刚好被分类为一个行人，那么我们就把这个图像块添加到成功的列表里：

```
...            if np.allclose(ypred, 1):
...                found.append((ystart, xstart, hroi, wroi))
```

5）因为行人不但出现在不同的位置，而且大小也是各不相同，我们必须重新调整图像大小并重复整个过程。应该庆幸的是，OpenCV 提供了一个方便的函数，以 detectMultiScale 函数的形式执行这个多尺度检测任务。这有点麻烦，但是我们可以把 SVM 的所有参数都传递给 hog 对象：

```
In [24]: rho, _, _ = svm.getDecisionFunction(0)
...        sv = svm.getSupportVectors()
...        hog.setSVMDetector(np.append(sv.ravel(), rho))
```

6）然后就可以调用检测函数了：

```
In [25]: found = hog.detectMultiScale(img_test)
```

这个函数将返回一个边框列表，该边框中包含了检测到的行人。

提示　这似乎只适用于线性 SVM 分类器。在这方面，各种版本的 OpenCV 文档之间非常不一致，所以我们不确定从哪个版本开始或者停止工作。请小心谨慎一些！

7）在实践中，人们在面对一个标准任务（如行人检测）时，常常依赖于 OpenCV 中内置的预扫描 SVM 分类器。这就是我们在本章开头提到的方法。通过加载 cv2.HOGDescriptor_getDaimlerPeopleDetector() 或者 cv2.HOGDescriptor_getDefaultPeopleDetector()，我们可以从几行代码开始：

```
In [26]: hogdef = cv2.HOGDescriptor()
...        pdetect = cv2.HOGDescriptor_getDefaultPeopleDetector()
In [27]: hogdef.setSVMDetector(pdetect)
In [28]: found, _ = hogdef.detectMultiScale(img_test)
```

8）使用 matplotlib 很容易绘制出测试图像，如下所示：

```
In [29]: from matplotlib import patches
...        fig = plt.figure()
...        ax = fig.add_subplot(111)
...        ax.imshow(cv2.cvtColor(img_test, cv2.COLOR_BGR2RGB))
```

9）然后，我们通过遍历 found 中的边框可以标记检测到的图像中的行人：

```
...        for f in found:
...            ax.add_patch(patches.Rectangle((f[0], f[1]), f[2],
```

```
f[3],
...                                    color='y', linewidth=3,
...                                    fill=False))
```

结果如图 6-12 所示。

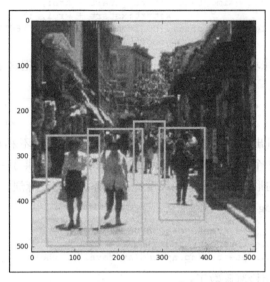

图 6-12　对图像中的行人进行检测的结果

6.4.7　进一步完善模型

尽管 RBF 核是一个很好的默认核，但是 RBF 核并不总是最适合我们的问题。要知道哪个核对我们的数据最有效的唯一方式就是尝试所有的核，并比较各种模型的分类性能。有一些执行所谓**超参数调优**的策略，我们将在第 11 章中进行详细讨论。

如果我们还不知道如何正确地进行超参调优怎么办呢？

我相信你还记得理解数据的第一步"可视化数据"吧。可视化数据能够帮助我们理解一个线性 SVM 是否有能力分类数据，在这种情况下就不再需要更复杂的模型了。毕竟，我们知道如果可以画一条直线拆分数据，那么我们只需要一个线性分类器就够了。但是，对于一个更复杂的问题，我们还必须努力思考最优决策边界的形状应该是什么样的。

在更一般的情况下，我们应该考虑问题的几何性质。我们可能会问自己下面这些问题：

❏ 可视化数据集能够知道哪种决策规则最有效吗？比如，直线是否足够好（在这种情况下，我们应该使用一个线性 SVM）？我们可以将不同的数据点分组成团块或者热点吗（在这种情况下，我们应该使用 RBF 核）？

❏ 是否有一组数据转换不会从根本上改变我们的问题？比如，我们把图倒过来，或者旋转图，能够得到相同的结果吗？我们的核应该能够反映这一点。

❏ 还有我们没有试过的预处理数据的方法吗？在特征工程上多花点时间最终会使分类

问题变得更简单。也许我们甚至可以在转换后的数据上使用一个线性 SVM。
作为后续练习，考虑一下我们可以用哪个核来分类图 6-13 中的数据集。

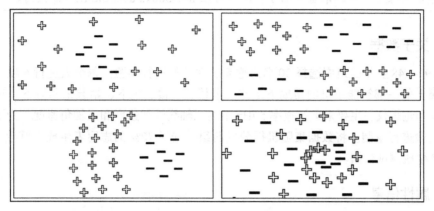

图 6-13　需要分类的数据集

你知道答案了吗？写代码吧！

 你可以使用 GitHub 上由 Jupyter Notebook notebooks/06.03-Additional-SVM-Exercises.
ipynb 生成的数据集。在这里你也会找到正确的答案。

在本章结束之前，让我们学习一下 SVM 中的多类分类。废话少说，让我们开始吧！

6.5　使用 SVM 的多类分类

SVM 本质上是二值分类器。特别是，在实践中最流行的多类分类方法是创建 $|C|$ 一对
多分类器（通常称为**一对所有**（one-versus-all，OVA）分类），其中 $|C|$ 是类的数量，选择分
类边界最大的测试数据类。另一种方法是开发一组一对一的分类器，选择大多数分类器所
选择的那个类。这包括创建 $|C|(|C|-1)/2$ 个分类器，训练分类器的时间可能会减少，因为
每个分类的训练数据集要小得多。

现在，让我们快速了解一下在实际数据集的帮助下如何利用 SVM 应用多类分类。

在本节中，我们将使用智能手机数据集处理 UCI 人类活动识别，我们可以将其免费用
于非商业目的。因此，在获得相应的软件许可之前，请保证不要把这个数据集用于盈利性
的商业公司。

可以从 Kaggle 网站 https://www.kaggle.com/uciml/human-activity-recognition-with-smartphones
获得该数据集。在那里你应该会看到一个 Download 按钮，它将你引导到一个名为 https://
www.kaggle.com/uciml/human-activity-recognition-with-smartphones/downloads/human-
activtity-recognition-with-smartphones.zip/1 的文件。

注意 但是，如果你遵循我们之前的安装说明，并检查 GitHub 上的代码，那么你已经拥有数据集了，可以准备开始了！文件可在 notebooks/data/multiclass 找到。

6.5.1 关于数据

在 19 ~ 48 岁年龄组中选择 30 名志愿者，对他们进行实验。每个人进行 6 项活动，即在系在腰上的一部智能手机的帮助下走路、上楼、下楼、坐下、站起来和躺下。利用嵌入式加速计和陀螺仪，主要采集恒速率 50Hz 下的三轴线性加速度和三轴角速度。为了标记数据，对实验进行录制。将数据集随机拆分成两组，选择 70% 的志愿者生成训练数据，30% 的志愿者生成测试数据。

6.5.2 属性信息

对于数据集中的每一项，提供以下内容：

❑ 加速计的三轴加速度和物体的近似加速度。

❑ 陀螺仪的三轴角速度。

❑ 具有 561 个特征向量的时域和频率域。

❑ 各种活动标签。

❑ 观测到的一个主题标识符。

通过参考以下步骤，我们将学习如何使用 SVM 建立一个多类分类：

1）让我们快速导入所有必需的库，这些库是实现一个多类分类器的 SVM 所需要的：

```
In [1]: import numpy as np
...      import pandas as pd
...      import matplotlib.pyplot as plt
...      %matplotlib inline
...      from sklearn.utils import shuffle
...      from sklearn.svm import SVC
...      from sklearn.model_selection import cross_val_score,
GridSearchCV
```

2）接下来，我们将加载数据集。因为我们应该从 notebooks/ 目录中的一个 Jupyter Notebook 运行这段代码，数据目录的相对路径就是简单的 data/：

```
In [2]: datadir = "data"
...      dataset = "multiclass"
...      train = shuffle(pd.read_csv("data/dataset/train.csv"))
...      test = shuffle(pd.read_csv("data/dataset/test.csv"))
```

3）让我们检查一下在训练集和测试集中是否有缺失值；如果有缺失值，那么我们从数据集中将其删除：

```
In [3]: train.isnull().values.any()
Out[3]: False
In [4]: test.isnull().values.any()
Out[4]: False
```

4）接着，我们将找出数据中类的频率分布，这意味着我们将查看这 6 个类中的每一个类有多少个样本：

```
In [5]: train_outcome = pd.crosstab(index=train["Activity"], # Make
a crosstab
 columns="count") # Name the count column
... train_outcome
```

从图 6-14 中，我们可以观测到 LAYING 类的样本最多，可是总的来说，数据分布大致相同，没有明显的类不平衡的迹象。

col_0	count
Activity	
LAYING	1407
SITTING	1286
STANDING	1374
WALKING	1226
WALKING_DOWNSTAIRS	986
WALKING_UPSTAIRS	1073

图 6-14　类的样本分布

5）接着，我们将从训练集和测试集中分离出预测器（输入值）和输出值（类标签）：

```
In [6]: X_train =
pd.DataFrame(train.drop(['Activity','subject'],axis=1))
...     Y_train_label = train.Activity.values.astype(object)
...     X_test =
pd.DataFrame(test.drop(['Activity','subject'],axis=1))
...     Y_test_label = test.Activity.values.astype(object)
```

6）因为 SVM 期望数值型的输入和标签，现在你将非数值标签变换为数值标签。但是，我们必须先从 sklearn 库导入一个 preprocessing 模块：

```
In [7]: from sklearn import preprocessing
... encoder = preprocessing.LabelEncoder()
```

7）现在，我们将把训练和测试标签编码为数值：

```
In [8]: encoder.fit(Y_train_label)
...     Y_train = encoder.transform(Y_train_label)
...     encoder.fit(Y_test_label)
...     Y_test = encoder.transform(Y_test_label)
```

8）接着，我们将调整（正常化）训练和测试特征集的大小，为此你要从 sklearn 导入 StandardScaler：

```
In [9]: from sklearn.preprocessing import StandardScaler
...     scaler = StandardScaler()
...     X_train_scaled = scaler.fit_transform(X_train)
...     X_test_scaled = scaler.transform(X_test)
```

9）只要对数据进行了缩放而且标签的格式正确，就可以拟合数据了。但是在此之前，我们将定义一个拥有各种参数设置的字典，在训练 SVM 时会用到这些参数设置，这种技术称为 GridSearchCV。参数网格将基于一个随机搜索的结果：

```
In [10]: params_grid = [{'kernel': ['rbf'], 'gamma': [1e-3, 1e-4],
                         'C': [1, 10, 100, 1000]},
                        {'kernel': ['linear'], 'C': [1, 10, 100,
1000]}]
```

10）最后，为了 SVM 的最佳拟合，我们将使用上述参数对数据调用 GridSearchCV：

```
In [11]: svm_model = GridSearchCV(SVC(), params_grid, cv=5)
...      svm_model.fit(X_train_scaled, Y_train)
```

11）现在该查看 SVM 模型在数据上的训练效果了；总之，我们会看到准确率。不仅如此，我们还将查看使 SVM 性能最优的参数设置是什么：

```
In [12]: print('Best score for training data:',
svm_model.best_score_,"\n")
...      print('Best C:',svm_model.best_estimator_.C,"\n")
...      print('Best
Kernel:',svm_model.best_estimator_.kernel,"\n")
...      print('Best Gamma:',svm_model.best_estimator_.gamma,"\n")
Out[12]: Best score for training data: 0.986
...      Best C: 100
...      Best Kerne: rbf
...      Best Gamma: 0.001
```

瞧！如我们所见，在一个多类分类问题的训练数据上 SVM 实现了 98.6% 的准确率。可是在我们找到测试数据的准确率之前，请耐心等待一下。让我们来快速浏览一下：

```
In [13]: final_model = svm_model.best_estimator_
... print("Training set score for SVM: %f" %
final_model.score(X_train_scaled , Y_train))
... print("Testing set score for SVM: %f" % final_model.score(X_test_scaled
, Y_test ))
Out[13]: Training set score for SVM: 1.00
... Testing set score for SVM: 0.9586
```

哇！太不可思议了！在测试集上我们的准确率能够达到 95.86%；这就是 SVM 的强大之处。

6.6　本章小结

在本章，我们学习了支持向量机的各种形式和风格。现在，我们知道了在高维空间的二维和超平面中如何绘制决策边界。我们学习了各种 SVM 核，并研究了如何用 OpenCV 实现它们。

此外，我们还将学习的新知识应用到一个行人检测的实例中。为此，我们必须了解 HOG 特征描述符，以及如何为该任务采集合适的数据。我们使用 bootstrapping 提升分类器的性能，并将分类器与 OpenCV 的多尺度检测机制相结合。

尽管在这一章有很多内容需要领会，但你已经完成了本书的一半了。恭喜你！

在第 7 章，我们将稍作调整，重新讨论前面章节的一个主题：垃圾邮件过滤器。可是这次，与第一章相比，我们想利用贝叶斯决策理论建立一个更智能的垃圾邮件过滤器。

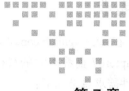

利用贝叶斯学习实现一个垃圾邮件过滤器

在开始学习高级主题（如聚类分析、深度学习和集成模型）之前，让我们把注意力转向一直忽略了的一个更简单的模型：朴素贝叶斯分类器。

朴素贝叶斯分类器起源于贝叶斯推理，以著名的统计学家和哲学家托马斯·贝叶斯（1701—1761）的名字命名。著名的贝叶斯定理根据可能导致事件发生条件的先验知识描述一个事件发生的概率。我们可以使用贝叶斯定理建立一个统计学模型，这个模型不但可以分类数据，还可以评估分类正确的可能性有多大。在我们的例子中，我们可以使用贝叶斯推理拒收高置信度的垃圾邮件，并在给定一个筛查测试呈阳性的情况下，确定一个女性患乳腺癌的概率。

现在，我们已经在实现机器学习方法的机制方面获得了足够多的经验，因此我们不应该再害怕试着去理解机器学习方法背后的原理了。不要担心，我们不会因此写一本书，但是需要对这个理论有一些了解，才能理解模型内部的工作原理。在你了解了理论之后，我相信你会发现贝叶斯分类器很容易实现、计算效率高，而且在相对较小的数据集上表现更好。在本章中，我们将了解朴素贝叶斯分类器，然后实现我们的第一个贝叶斯分类器。我们还将使用朴素贝叶斯分类器对邮件进行分类。

本章将介绍以下主题：

❑ 理解朴素贝叶斯分类器。

❑ 实现我们的第一个贝叶斯分类器。

❑ 使用朴素贝叶斯分类器分类邮件。

7.1 技术需求

我们可以在 https://github.com/PacktPublishing/Machine-Learning-for-OpenCV-Second-Edition/tree/master/Chapter07 查看本章的代码。

软件和硬件需求总结如下：

❑ OpenCV 4.1.x 版本（4.1.0 版本或 4.1.1 版本都可以）。

❑ Python 3.6 版本（Python 3.x 的所有版本都可以）。

❑ Anaconda Python 3，用于安装 Python 及其所需模块。

❑ 在本书中，你可以使用任意一款操作系统——macOS、Windows，以及基于 Linux 的操作系统。我们建议你的系统中至少有 4GB 的内存。

❑ 你不需要一个 GPU 来运行本书提供的代码。

7.2 理解贝叶斯推理

虽然贝叶斯分类器的实现相对简单，但是背后的理论可能会与直觉相悖，尤其是在你还不太熟悉概率论的时候。然而，贝叶斯分类器的美妙之处在于，它比我们迄今为止遇到过的所有其他分类器都能更好地理解底层数据。例如，标准分类器（k-近邻算法，或者决策树等）可能告诉我们一个从未见过的数据点的目标标签。可是，这些算法不知道预测正确或者错误的可能性有多大。我们将这些标准分类器称为判别式模型。另一方面，贝叶斯模型能够理解产生数据的底层概率分布。我们将贝叶斯模型称为生成式模型，因为这些模型不仅仅是在现有数据点上添加标签——它们还可以用相同的统计数据生成新的数据点。

如果这段内容超出了你的理解，那么你可以会阅读下面有关概率论的介绍。这对后面的内容非常重要。

7.2.1 概率理论概述

为了理解贝叶斯定理，我们需要掌握以下技术术语：

❑ 随机变量：这个变量的值依赖于概率。抛硬币（其结果可能是正面，也可能是反面）是一个很好的例子。如果一个随机变量只能取有限数量的值，我们称其为离散变量（例如，抛硬币或者掷骰子）；否则，我们就称其为连续随机变量（例如，某一天的温度）。通常随机变量用大写字母表示。

❑ 概率：这是对事件发生可能性的度量。我们把一个事件 E 发生的概率表示为 $p(E)$，其中 $p(E)$ 必须是在 0 到 1 之间（或者在 0 到 100% 之间）的一个数。例如，随机变量 X 表示抛一枚硬币，我们可以把得到正面的概率描述为 $p(X=$ 正面 $)=0.5$（如果硬币是均匀的）。

❑ 条件概率：这是在另一个事件发生的情况下，对一个事件发生概率的度量。在已知

事件 X 发生的情况下，我们把事件 Y 发生的概率表示为 p(y|x)（读作在已知 X 的情况下，求 Y 的概率 p）。比如，如果今天是星期一，那么明天是星期二的概率是 p(明天将是星期二 | 今天是星期一)=1。当然，也有一种可能是我们看不到明天，但是现在让我们先忽略它。

- **概率分布**：这个函数告诉我们在同一个实验中不同事件发生的概率。对于离散随机变量，这个函数也称为**概率质量函数**（probability mass function）。对于连续随机变量，这个函数也称为**概率密度函数**（probability density function）。例如，抛硬币的概率分布 X，在 X= 正面时取值为 0.5，在 X= 反面时取值为 0.5。对于所有可能的结果，分布加起来必须等于 1。
- **联合概率分布**：这基本上是把前面的概率函数应用于多个随机变量。例如，当抛两枚硬币 A 和 B 时，联合概率分布将会列出所有可能的结果——（正面，正面）、（正面，反面）、（反面，正面）以及（反面，反面）——并告诉你每种结果的概率。

这里有个技巧：如果我们把数据集看成是一个随机变量 X，那么一个机器学习模型主要就是学习 X 到一组可能的目标标签 Y 的映射。或者说，我们正在试着学习一个条件概率 p(Y|X)，即从 X 中抽取的一个随机样本，其目标标签是 Y 的概率。

正如前面介绍的那样，有两种不同的方法学习 p(Y|X)：

- **判别式模型**：这类模型从训练数据直接学习 p(Y|X)，无须浪费时间去理解底层概率分布（例如 p(X)、p(Y)，或者 p(Y|X)）。这种方法几乎适用于我们目前遇到过的所有学习算法：线性回归、k- 近邻、决策树等。
- **生成式模型**：这类模型学习所有底层概率分布，然后根据联合概率分布 p(X, Y) 推断 p(Y|X)。因为这些模型知道 p(X, Y)，它们不但可以告诉我们一个数据点属于一个特定目标标签的可能性有多大，还可以生成全新的数据点。贝叶斯模型就是这类模型的一个例子。

很好，那么贝叶斯模型是如何工作的呢？我们来看一个具体的例子。

7.2.2　理解贝叶斯定理

在一些场景中，如果能知道分类器出错的可能性有多大，那就太好了。例如，在第 5 章中，我们根据某些医学检测，训练一棵决策树诊断患有乳腺癌的女性。在这种情况下，你可以认为我们会不惜一切代价避免误诊断。把一个健康女性诊断为乳腺癌患者（一个假阳性）不仅会让人痛不欲生，还需进行不必要的、昂贵的医疗过程；而漏掉一个女性乳腺癌患者（一个假阴性）最终可能会让她付出生命的代价。

我们可以依靠贝叶斯模型。让我们来看 http://yudkowsky.net/rational/bayes 上的一个具体（且非常有名）的例子：

"在参与常规筛查的 40 岁女性中有 1% 患有乳腺癌。80% 的女性乳腺癌患者乳房 X 光检查呈阳性。9.6% 未患乳腺癌的女性乳房 X 光检查也呈阳性。这个年龄组的一名女性在常规筛查中乳房 X 光检查呈阳性，她患乳腺癌的概率是多少？"

你认为答案是什么？

考虑到她的乳房 X 光检查结果是阳性的，你可能会认为她患癌症的可能性相当高（接近 80%）。该女性属于假阳性的可能性似乎要比 9.6% 小得多，因此实际的概率可能在 70% 到 80% 之间。

恐怕这是不正确的。

这里给出解决这个问题的一种方法。为了简单起见，我们假设正在研究的是一些固定数量的患者，比如 10 000。在进行乳房 X 光检查之前，把这 10 000 名女性分成两组：

- ❑ **第 X 组**：100 名女性患有乳腺癌。
- ❑ **第 Y 组**：9900 名女性未患乳腺癌。

到目前为止，一切都还不错。如果我们把这两组人数加起来，总共有 10 000 人，证实没有人员缺失。在乳房 X 光检查之后，我们可以把这 10 000 名女性分成 4 组：

- ❑ **第 1 组**：80 名女性乳腺癌患者且乳房 X 光检查呈阳性。
- ❑ **第 2 组**：20 名女性乳腺癌患者且乳房 X 光检查呈阴性。
- ❑ **第 3 组**：大约有 950 名女性未患乳腺癌且乳房 X 光检查呈阳性。
- ❑ **第 4 组**：大约有 8950 名女性未患乳腺癌且乳房 X 光检查呈阴性。

从上述分析中，我们可以看到这 4 组的总人数是 10 000。**第 1 组**和**第 2 组**（乳腺癌患者）的总人数对应于**第 X 组**，**第 3 组**和**第 4 组**（未患乳腺癌）的总人数对应于**第 Y 组**。

我们把它画出来后，这就变得很清楚了（图 7-1）。

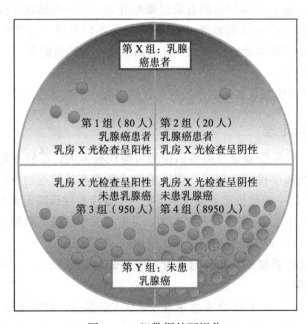

图 7-1 4 组数据的可视化

在图 7-1 中，上半部分对应**第 X 组**，下半部分对应**第 Y 组**。类似地，左半部分对应乳房 X 光检查呈阳性的所有女性，右半部分对应乳房 X 光检查呈阴性的所有女性。

现在，很容易看出的是，我们只在图 7-1 的左半部分寻找关注点。结果呈阳性的癌症患者在所有结果呈阳性的患者中所占的比例是第 1 组在第 1 组和第 3 组中所占的比例：

$$80/(80+950)=80/1030=7.8\%$$

或者说，如果你给 10 000 名患者做乳房 X 光检查，那么在 1030 名结果呈阳性的患者中，有 80 名被确诊为癌症。如果一名结果呈阳性的患者询问自己患乳腺癌的几率，那么医生应该给出的答案是，假设有 13 名患者问这个问题，那么大约有 1/13 的人会患癌症。

我们刚才计算的就是**条件概率**：在乳房 X 光检查呈阳性的条件下，一名女性患癌症的**置信度**是多少呢？如 7.2.1 节所述，我们用 $p($ 癌症 $\mid$ 乳房 X 光检查 $)$ 表示，或者简写为 $p(C|M)$。大写字母的使用再次强调了这样一个观点：健康和乳房 X 光检查都可以有多种结果，这取决于一些潜在的（可能是未知的）原因。因此，它们是随机变量。

接下来，我们可以用公式（7.1）表示 $p(C|M)$：

$$p(C \mid M) = \frac{p(C,M)}{p(C,M)+p(\sim C,M)} \qquad (7.1)$$

这里，$p(C, M)$ 表示 C 和 M 都为真的概率（表示一名女性患有癌症且乳房 X 光检查呈阳性的概率）。这就相当于前面所说的属于第 1 组的女性概率。

逗号（,）表示逻辑"和"，波浪线（~）表示逻辑"非"。因此，$p(\sim C, M)$ 表示 C 是"非真"，M 是"真"的概率（意味着没有患癌症但乳房 X 光检查呈阳性的概率）。这就相当于属于第 3 组的女性概率。因此，分母是第 1 组（$p(C,M)$）和第 3 组（$p(\sim C,M)$）的女性人数之和。

等一下，这两组简单地表示一名女性乳房 X 光检查呈阳性的概率 $p(M)$。因此，我们把方程（7.1）简化为（7.2）：

$$p(C \mid M) = \frac{p(C,M)}{p(M)} \qquad (7.2)$$

贝叶斯是对 $p(C, M)$ 含义的重新解释。我们可以把 $p(C, M)$ 表示为

$$p(C, M) = p(M \mid C)p(C) \qquad (7.3)$$

现在就有点让人感到困惑了。这里，$p(C)$ 是女性患癌症的一个简单概率（对应上面的第 X 组）。假设一名女性患有癌症，那么她的乳房 X 光检查呈阳性的概率是多少呢？从题目中我们知道这个概率是 80%。$p(M \mid C)$ 是在给定 C 时，求 M 的概率。

用这个新公式（7.3）替换方程（7.1）中的 $p(C, M)$，我们得到方程（7.4）：

$$p(C \mid M) = \frac{p(C)p(M \mid C)}{p(M)} \qquad (7.4)$$

在贝叶斯领域中，这些项都有自己的专用名称：

- $p(C \mid M)$ 叫做**后验**，这一直都是我们要计算的内容。在我们的例子中，对应于在乳房 X 光检查呈阳性的情况下，一名女性患乳腺癌的置信度。
- $p(C)$ 叫做**先验**，对应于我们对乳腺癌的初步认识。我们也称为这是我们对 C 的初始置信度。
- $p(M \mid C)$ 叫作**似然**。
- $p(M)$ 叫作**证据**。

因此，你可以再次重写这个方程，如（7.5）所示：

$$后验 = \frac{先验 \times 似然}{证据} \tag{7.5}$$

在大多数情况下，我们只对分数的分子感兴趣，因为分母与 C 无关，所以分母是常数，可以忽略。

7.2.3　理解朴素贝叶斯分类器

到目前为止，我们只讨论了一个证据。可是，在大多数真实场景中，在给出多个证据的情况下（比如随机变量 X_1 和 X_2），我们必须预测出一个结果（比如，随机变量 Y）。因此，我们通常要计算 $p(Y \mid X_1, X_2, \cdots, X_n)$，而不是计算 $p(Y \mid X)$。可是，这使得计算变得非常复杂。对于两个随机变量 X_1 和 X_2，联合概率的计算如公式（7.6）所示：

$$p(C, X_1, X_2) = p(X_1 \mid X_2, C)p(X_2 \mid C)p(C) \tag{7.6}$$

糟糕的是 $p(X_1 \mid X_2, C)$ 这一项，也就是说 X_1 的条件概率依赖于包括 C 在内的所有其他变量。n 个变量 $(X_1, X_2, \cdots, X_n)$ 的情况就更复杂了。

因此，贝叶斯分类器的思想只是忽略了这些复杂项，并假设所有的证据 (X_i) 都是相互独立的。因为在真实场景中很少出现这种情况，因此你可能认为这种假设有点**简单**。这就是朴素贝叶斯分类器名字的由来。

假设所有的证据都是独立的，把 $p(X_1 \mid X_2, C)$ 简化为 $p(X_1 \mid C)$。在两个证据 $(X_1$ 和 $X_2)$ 的情况下，方程简化为（7.7）：

$$p(C \mid X_1, X_2) = p(X_1 \mid C)p(X_2 \mid C)p(C) \tag{7.7}$$

这大大简化了我们的生活，因为我们知道如何计算方程中的所有项。更一般地，对于 n 个证据，我们将得到方程（7.8）：

$$p(C_1 \mid X_1, X_2, \cdots, X_n) = p(X_1 \mid C_1)p(X_2 \mid C_2)\cdots p(X_n \mid C_1)p(C_1) \tag{7.8}$$

这是在给出 $X_1, \cdots, X_n$ 的情况下预测类 C_1 的概率。在给出 $X_1, \cdots, X_n$ 的情况下，我们可以写出类似的第二个方程，预测另一个类 C_2 的概率、第 3 个类 C_3 的方程、第 4 个 C_4 的方程也是一样的。这就是朴素贝叶斯分类器的秘密武器。

然后贝叶斯分类器把这个模型和一个决策规则相结合。最常见的规则是检查所有的方程（对于所有的类 C_1，C_2，…，C_m），然后选择概率最大的类。这也被称为最大后验概率（Maximum A Posteriori，MAP）的决策规则。

7.3　实现第一个贝叶斯分类器

介绍完了数学知识，让我们开始写代码吧！

在第 6 章中，我们学习了如何使用 scikit-learn 生成一些高斯分布。你还记得那是怎样实现的吗？

7.3.1　创建一个玩具数据集

引用的函数驻留在 scikit-learn 的 datasets 模块。让我们创建 100 个数据点，每个数据点都属于两个可能的类中的一个，把它们分组成两个高斯分布。为了使实验具有可重复性，我们指定一个整数来为 random_state 选取一个种子。你可以选取你所喜欢的任意一个数。这里，我们选择托马斯·贝叶斯的出生年份（只是为了好玩）：

```
In [1]: from sklearn import datasets
...     X, y = datasets.make_blobs(100, 2, centers=2,
        random_state=1701, cluster_std=2)
```

让我们使用可靠的朋友 Matplotlib 来看看刚创建的数据集吧：

```
In [2]: import matplotlib.pyplot as plt
...     plt.style.use('ggplot')
...     %matplotlib inline
In [3]: plt.scatter(X[:, 0], X[:, 1], c=y, s=50);
```

每次都会变得越来越容易。我们使用 scatter 创建所有 x 值（X[:, 0]）和 y 值（X[:, 1]）的一个散点图，产生的输出结果如图 7-2 所示。

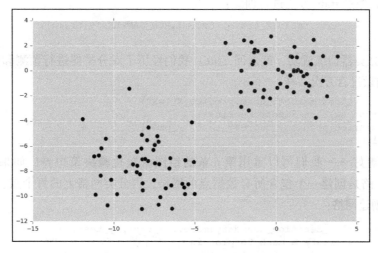

图 7-2　用 scatter 创建的一个散点图

根据我们的规范，我们看到两个不同的点簇。它们几乎没有重叠，因此对它们进行分类应该比较容易。你认为一个线性分类器能完成这项工作吗？

是的，线性分类器可以完成。回忆一下，线性分类器试着在图中画一条直线，把所有的蓝色点放在一边，把所有的红色点放在另一边。显然从左上角到右下角的一条对角线可以完成这项工作。所以我们期望分类任务相对简单，即使是一个朴素贝叶斯分类器也可以完成任务。

可是首先，不要忘记把数据集拆分成训练集和测试集！在这里，我们保留 10% 的数据点作为测试集：

```
In [4]: import numpy as np
...     from sklearn import model_selection as ms
...     X = X.astype(np.float32)
...     X_train, X_test, y_train, y_test = ms.train_test_split(
...         X, y, test_size=0.1
...     )
```

7.3.2 使用普通贝叶斯分类器对数据进行分类

然后，我们将使用和前几章相同的步骤来训练一个**普通贝叶斯分类器**（normal Bayes classifier）。先等一下，为什么不是一个朴素贝叶斯分类器呢？事实证明 OpenCV 实际上并没有提供一个真正的朴素贝叶斯分类器。而提供的是一个贝叶斯分类器，该分类器并不期望特征是独立的，而是期望把数据聚类成高斯分布。这正是我们之前创建的那类数据集！

通过以下步骤，你将学习如何用一个普通贝叶斯分类器建立一个分类器：

1）使用以下函数，我们可以创建一个新分类器：

```
In [5]: import cv2
...     model_norm = cv2.ml.NormalBayesClassifier_create()
```

2）接着，通过 train 方法进行训练：

```
In [6]: model_norm.train(X_train, cv2.ml.ROW_SAMPLE, y_train)
Out[6]: True
```

3）一旦分类器训练成功，就返回 True。我们经历了对分类器进行预测和评分的操作，就像我们之前做过百万次一样：

```
In [7]: _, y_pred = model_norm.predict(X_test)
In [8]: from sklearn import metrics
...     metrics.accuracy_score(y_test, y_pred)
Out[8]: 1.0
```

4）甚至更好——我们可以重用第 6 章的绘图函数检验决策边界！如果你还记得的话，我们的思路是创建一个包含所有数据点的网格，再分类网格上的每个点。通过同名的 NumPy 函数创建网格：

```
In [9]: def plot_decision_boundary(model, X_test, y_test):
...         # create a mesh to plot in
...         h = 0.02 # step size in mesh
```

```
...          x_min, x_max = X_test[:, 0].min() - 1, X_test[:,
0].max() +
...              1
...          y_min, y_max = X_test[:, 1].min() - 1, X_test[:,
1].max() +
...              1
...          xx, yy = np.meshgrid(np.arange(x_min, x_max, h),
...                          np.arange(y_min, y_max, h))
```

5）meshgrid 函数将返回 2 个浮点矩阵 xx 和 yy，包含网格上每个坐标点 x 和 y 坐标。我们使用 ravel 函数可以把这些矩阵展开成列向量，并把它们堆叠形成一个新矩阵 X_hypo：

```
...          X_hypo =
np.column_stack((xx.ravel().astype(np.float32),
...
yy.ravel().astype(np.float32)))
```

6）现在，X_hypo 包含了 X_hypo[:, 0] 中的所有 x 值以及 X_hypo[:, 1] 中的所有 y 值。这种格式是 predict 函数可以理解的：

```
...          ret = model.predict(X_hypo)
```

7）然而，我们希望能够同时使用 OpenCV 和 scikit-learn 的模型。这两者之间的区别是 OpenCV 返回多个变量（表示成功/失败的一个布尔标志以及预测的目标标签），而 scikit-learn 只返回预测的目标标签。因此，我们可以查看 ret 输出是否是一个元组，在这种情况下，我们知道我们正在处理 OpenCV。在本例中，我们存储元组的第二个元素（ret[1]）。否则，我们正在处理的是 scikit-learn，不需要索引到 ret：

```
...          if isinstance(ret, tuple):
...              zz = ret[1]
...          else:
...              zz = ret
...          zz = zz.reshape(xx.shape)
```

8）剩下要做的就是创建一个等高线图，其中 zz 表示网格上每个点的颜色。在此基础上，我们用可靠的散点图绘制数据点：

```
...          plt.contourf(xx, yy, zz, cmap=plt.cm.coolwarm,
alpha=0.8)
...          plt.scatter(X_test[:, 0], X_test[:, 1], c=y_test,
s=200)
```

9）我们通过传递一个模型（model_norm）、一个特征矩阵（X），以及一个目标标签向量（y）调用函数：

```
In [10]: plot_decision_boundary(model_norm, X, y)
```

输出如图 7-3 所示。

到目前为止，一切都很好。有趣的是一个贝叶斯分类器还返回已被分类的每个数据点的概率：

```
In [11]: ret, y_pred, y_proba = model_norm.predictProb(X_test)
```

函数返回一个布尔标志（True 表示成功，False 表示失败）、预测的目标标签（y_pred）以及条件概率（y_proba）。这里，y_proba 是一个 $N \times 2$ 的矩阵，表示 N 个数据点中的每一个数据点分类为 0 类或者 1 类的概率：

```
In [12]: y_proba.round(2)
Out[12]: array([[ 0.15000001,  0.05       ],
                [ 0.08      ,  0.        ],
                [ 0.        ,  0.27000001],
                [ 0.        ,  0.13       ],
                [ 0.        ,  0.        ],
                [ 0.18000001,  1.88       ],
                [ 0.        ,  0.        ],
                [ 0.        ,  1.88       ],
                [ 0.        ,  0.        ],
                [ 0.        ,  0.        ]], dtype=float32)
```

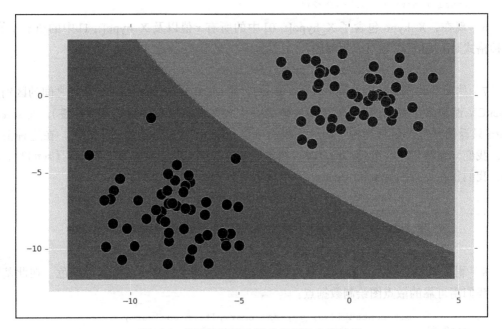

图 7-3　使用普通贝叶斯分类器的分类结果

这就意味着，对于第一个数据点（顶行），它属于 0 类的概率（即 $p(C_0 \mid X)$）是 0.15（或者 15%）；类似地，属于 1 类的概率是 $p(C_1 \mid X)$=0.05。

> **注意** 有些行显示的值大于 1 的原因是，OpenCV 实际上返回的并不是概率值。概率值始终在 0 到 1 之间，而且前面矩阵的每一行加起来应该等于 1。OpenCV 报告的是一个*似然*，基本上是条件概率方程的分子 $p(C)\ p(M \mid C)$。不需要计算分母 $p(M)$。我们只需要知道 0.15>0.05（顶行）。因此，数据点很可能属于 0 类。

7.3.3　使用朴素贝叶斯分类器对数据进行分类

以下步骤会帮助你建立一个朴素贝叶斯分类器：

1）通过寻求 scikit-learn 的帮助，我们可以把结果和一个真正的朴素贝叶斯分类器进行比较：

```
In [13]: from sklearn import naive_bayes
...          model_naive = naive_bayes.GaussianNB()
```

2）像往常一样，利用 fit 方法训练分类器：

```
In [14]: model_naive.fit(X_train, y_train)
Out[14]: GaussianNB(priors=None)
```

3）对建立的分类器评分：

```
In [15]: model_naive.score(X_test, y_test)
Out[15]: 1.0
```

4）又是一个完美的分数！可是，与 OpenCV 相反，这个分类器的 predict_proba 方法返回 true 的概率值，因为所有的值都在 0 和 1 之间，而且所有的行加起来等于 1：

```
In [16]: yprob = model_naive.predict_proba(X_test)
...          yprob.round(2)
Out[16]: array([[ 0.,   1.],
                [ 0.,   1.],
                [ 0.,   1.],
                [ 1.,   0.],
                [ 1.,   0.],
                [ 1.,   0.],
                [ 0.,   1.],
                [ 0.,   1.],
                [ 1.,   0.],
                [ 1.,   0.]])
```

你可能还注意到了其他的内容：这个分类器对每个目标标签和每个数据点绝对没有疑问。不是 1，就是 0。

5）由朴素贝叶斯分类器返回的决策边界看起来稍有不同，但是为了进行这个练习，可以认为与之前的命令相同：

```
In [17]: plot_decision_boundary(model_naive, X, y)
```

输出结果如图 7-4 所示。

7.3.4　可视化条件概率

参照以下步骤，你将能够可视化条件概率：

1）为了可视化条件概率，我们会对上个例子中的绘图函数稍做修改。首先，我们在 (x_min, x_max) 和 (y_min, y_max) 之间创建一个网格：

```
In [18]: def plot_proba(model, X_test, y_test):
...          # create a mesh to plot in
...          h = 0.02 # step size in mesh
...          x_min, x_max = X_test[:, 0].min() - 1, X_test[:,
```

```
0].max() + 1
...            y_min, y_max = X_test[:, 1].min() - 1, X_test[:,
1].max() + 1
...            xx, yy = np.meshgrid(np.arange(x_min, x_max, h),
...                               np.arange(y_min, y_max, h))
```

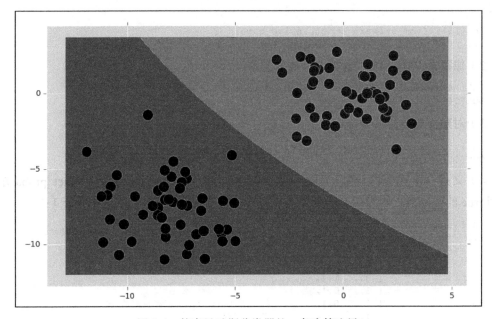

图 7-4 朴素贝叶斯分类器的一条决策边界

2）接着，我们展开 xx 和 yy，然后把它们逐列添加到特征矩阵 X_hypo 中：

```
...            X_hypo =
np.column_stack((xx.ravel().astype(np.float32),
...
yy.ravel().astype(np.float32)))
```

3）如果我们想让这个函数在 OpenCV 和 scikit-learn 中都起作用，那么我们需要为 predictProb（在 OpenCV 的情况下）和 predict_proba（在 scikit-learn 的情况下）实现一个开关。为此，我们查看 model 是否有一个名为 predictProb 的方法。如果这个方法存在，那么我们就可以调用它；否则，我们假设正在处理的是 scikit-learn 的一个模型：

```
...            if hasattr(model, 'predictProb'):
...                _, _, y_proba = model.predictProb(X_hypo)
...            else:
...                y_proba = model.predict_proba(X_hypo)
```

4）像我们之前看到的 In [16] 一样，y_proba 是一个二维矩阵，包含每个数据点、数据属于 0 类（y_proba[:, 0]）的概率和属于 1 类（y_proba[:, 1]）的概率。把这两个值转换成 contour 函数能够理解的颜色的一种简单的方法是取两个概率值的差值：

```
...            zz = y_proba[:, 1] - y_proba[:, 0]
...            zz = zz.reshape(xx.shape)
```

5）最后一步是在彩色网格的顶部把 X_test 绘制成一个散点图：

```
... plt.contourf(xx, yy, zz, cmap=plt.cm.coolwarm, alpha=0.8)
... plt.scatter(X_test[:, 0], X_test[:, 1], c=y_test, s=200)
```

6）现在，我们准备调用这个函数：

```
In [19]: plot_proba(model_naive, X, y)
```

结果如图 7-5 所示。

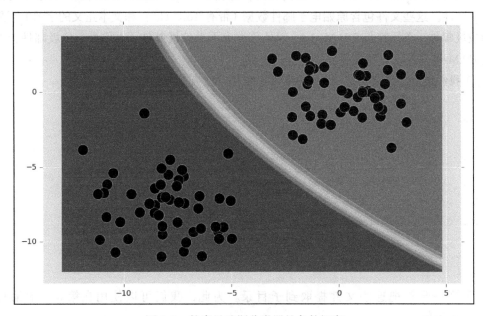

图 7-5　朴素贝叶斯分类器的条件概率

7.4　使用朴素贝叶斯分类器分类邮件

本章的最后一个任务是把我们新获得的技能应用到一个真正的垃圾邮件过滤！这个任务是使用朴素贝叶斯算法处理解决一个二值分类（垃圾邮件 / 非垃圾邮件）问题。

朴素贝叶斯分类器实际上是一个非常流行的邮件过滤模型。它们很适合于文本数据的分析，其中每个特征都是一个单词（或者词袋模型），而每个单词都依赖于其他单词建模是不可行的。

有一些不错的邮件数据集，如下所述：

❑ Hewlett-Packard 垃圾邮件数据集：https://archive.ics.uci.edu/ml/machine-learning-databases/spambase。

❑ Enrom-Spam 数据集：http://www.aueb.gr/users/ion/data/enron-spam。

在这一节中，我们将使用 Enrom-Spam 数据集，它可以在给出的网站上免费下载。可是，如果按照本书开头的安装说明进行安装，而且已经从 Github 下载了最新的代码，那么你可以继续进行了！

7.4.1 加载数据集

你可以参照以下步骤加载数据集：

1）如果你从 GitHub 加载了最新的代码，你会在 notebooks/data/chapter7 目录中看到一些 .zip 文件。这些文件包含原始电子邮件数据（带有 To:、Cc：和文本正文的字段）不是分类为垃圾邮件（类标签是 SPAM=1），就是分类为不是垃圾邮件（也称为非垃圾邮件，类标签是 HAM=0）。

2）我们建立一个名为 sources 的变量，它包含所有的原始数据文件：

```
In [1]: HAM = 0
...     SPAM = 1
...     datadir = 'data/chapter7'
...     sources = [
...         ('beck-s.tar.gz', HAM),
...         ('farmer-d.tar.gz', HAM),
...         ('kaminski-v.tar.gz', HAM),
...         ('kitchen-l.tar.gz', HAM),
...         ('lokay-m.tar.gz', HAM),
...         ('williams-w3.tar.gz', HAM),
...         ('BG.tar.gz', SPAM),
...         ('GP.tar.gz', SPAM),
...         ('SH.tar.gz', SPAM)
...     ]
```

3）第一步是把这些文件提取到子目录。为此，我们可以使用在第 6 章中编写的 extract_tar 函数：

```
In [2]: def extract_tar(datafile, extractdir):
...         try:
...             import tarfile
...         except ImportError:
...             raise ImportError("You do not have tarfile
installed. "
...                               "Try unzipping the file outside
of "
...                               "Python.")
...         tar = tarfile.open(datafile)
...         tar.extractall(path=extractdir)
...         tar.close()
...         print("%s successfully extracted to %s" % (datafile,
...                                                     extractdir))
```

4）我们需要执行一个循环，才能把该函数应用到源文件中的所有数据文件。extract_tar 函数需要 .tar.gz 文件的一个路径（我们从 datadir 构建，是 sources 中的一项）和提取文件（datadir）的一个目录。这会把所有的邮件提取到这个目录中，比如 data/chapter7/beck-s.tar.gz 到 data/chapter7/beck-s/ 的子目录：

```
In [3]: for source, _ in sources:
...         datafile = '%s/%s' % (datadir, source)
...         extract_tar(datafile, datadir)
Out[3]: data/chapter7/beck-s.tar.gz successfully extracted to
data/chapter7
        data/chapter7/farmer-d.tar.gz successfully extracted to
            data/chapter7
        data/chapter7/kaminski-v.tar.gz successfully extracted to
            data/chapter7
        data/chapter7/kitchen-l.tar.gz successfully extracted to
            data/chapter7
        data/chapter7/lokay-m.tar.gz successfully extracted to
            data/chapter7
        data/chapter7/williams-w3.tar.gz successfully extracted to
            data/chapter7
        data/chapter7/BG.tar.gz successfully extracted to
data/chapter7
        data/chapter7/GP.tar.gz successfully extracted to
data/chapter7
        data/chapter7/SH.tar.gz successfully extracted to
data/chapter7
```

现在，这里有个棘手的地方。每一个子目录都包含很多其他目录，文本文件就放在这些目录中。因此，我们需要编写两个函数：

❑ read_single_file(filename)：这个函数提取来自于 filename 文件的相关内容。

❑ read_files(path)：这个函数提取来自于 path 特定目录中的所有文件的相关内容。

要提取一个文件的相关内容，我们需要了解每个文件的结构。我们只知道邮件的标题部分（From:、To: 和 Cc:）和正文用换行符" /n"分隔。因此，我们能做的就是遍历文本文件中的每一行，只保留那些属于正文的行，并将其存储在变量行中。我们还想保留一个布尔标志 past_header，最初把这个布尔标志设置为 False，但是一旦我们通过了头文件部分，它就会变为 True：

1）我们先初始化这两个变量：

```
In [4]: import os
...     def read_single_file(filename):
...         past_header, lines = False, []
```

2）接着，我们查看是否存在一个名为 filename 的文件。如果存在，我们开始逐行遍历：

```
...         if os.path.isfile(filename):
...             f = open(filename, encoding="latin-1")
...             for line in f:
```

你可能已经注意到 encoding="latin-1" 的部分了。因为一些邮件没有使用统一码，这条语句试图正确解码文件。

我们不想保留头文件信息，因此我们继续循环，直到遇到 "\n" 字符，此时我们把 past_header 从 False 转换成 True。

3）此时，以下 if-else 子句的第一个条件满足了，我们把文本文件中所有剩余的行添加到 lines 变量中：

```
...                        if past_header:
...                            lines.append(line)
...                        elif line == '\n':
...                            past_header = True
...                    f.close()
```

4）最后，我们把所有行连接成一个字符串，由换行符分隔，返回文件的完整路径和文件的实际内容：

```
...                    content = '\n'.join(lines)
...                    return filename, content
```

5）第二个函数的任务是循环遍历一个文件夹中的所有文件，并调用 read_single_file：

```
In [5]: def read_files(path):
...            for root, dirnames, filenames in os.walk(path):
...                for filename in filenames:
...                    filepath = os.path.join(root, filename)
...                    yield read_single_file(filepath)
```

这里，yield 是一个类似于 return 的关键字。区别是 yield 返回的是一个生成器而不是实际的值，如果你希望遍历大量的项，这是可取的。

7.4.2　使用 pandas 建立一个数据矩阵

现在是时候介绍另一个预安装的基本数据科学工具 Python Anaconda：pandas 了。pandas 是建立在 NumPy 上的，提供了一些有用的工具和方法来处理 Python 中的数据结构。就像我们通常在别名 np 下导入 NumPy 一样，通常在 pd 别名下导入 pandas：

```
In [6]: import pandas as pd
```

Pandas 提供了一个名为 DataFrame 的有用数据结构，可以将其理解为二维 NumPy 数组的一种泛化，如下所示：

```
In [7]: pd.DataFrame({
...            'model': [
...                'Normal Bayes',
...                'Multinomial Bayes',
...                'Bernoulli Bayes'
...            ],
...            'class': [
...                'cv2.ml.NormalBayesClassifier_create()',
...                'sklearn.naive_bayes.MultinomialNB()',
...                'sklearn.naive_bayes.BernoulliNB()'
...            ]
...        })
```

单元格的输出如图 7-6 所示。

Out[7]:	class	model
0	cv2.ml.NormalBayesClassifier_create()	Normal Bayes
1	sklearn.naive_bayes.MultinomialNB()	Multinomial Bayes
2	sklearn.naive_bayes.BernoulliNB()	Bernoulli Bayes

图 7-6　单元格的输出结果

我们可以结合上述函数从提取的数据中建立一个 pandas DataFrame：

```
In [8]: def build_data_frame(extractdir, classification):
...         rows = []
...         index = []
...         for file_name, text in read_files(extractdir):
...             rows.append({'text': text, 'class': classification})
...             index.append(file_name)
...
...         data_frame = pd.DataFrame(rows, index=index)
...         return data_frame
```

然后使用以下命令调用它：

```
In [9]: data = pd.DataFrame({'text': [], 'class': []})
...     for source, classification in sources:
...         extractdir = '%s/%s' % (datadir, source[:-7])
...         data = data.append(build_data_frame(extractdir,
...                                             classification))
```

7.4.3　数据预处理

在文本特征编码时，scikit-learn 提供了几个选项，我们在第 4 章中讨论过它。文本数据编码的一种最简单方式是**单词计数**；对于每个短语，计算其中每个单词出现的次数。在 scikit-learn 中，使用 CountVectorizer 很容易实现这个任务：

```
In [10]: from sklearn import feature_extraction
...      counts = feature_extraction.text.CountVectorizer()
...      X = counts.fit_transform(data['text'].values)
...      X.shape
Out[10]: (52076, 643270)
```

结果是一个大的矩阵，它告诉我们一共收集了 52 076 封电子邮件，总共包含 643 270 个不同的单词。可是，scikit-learn 很明智地把数据保存在一个稀疏矩阵中：

```
In [11]: X
Out[11]: <52076x643270 sparse matrix of type '<class 'numpy.int64'>'
              with 8607632 stored elements in Compressed Sparse Row
              format>
```

要建立目标标签（y）的向量，我们需要访问 pandas DataFrame 中的数据。这通过把 DataFrame 看成一个字典来实现，其中 values 属性将允许我们访问底层的 NumPy 数组：

```
In [12]: y = data['class'].values
```

7.4.4　训练一个普通贝叶斯分类器

从现在开始，事情（几乎）就和之前一样了。我们可以使用 scikit-learn 把数据拆分成训练集和测试集（让我们保留所有数据点的 20% 作为测试集）：

```
In [13]: from sklearn import model_selection as ms
...      X_train, X_test, y_train, y_test = ms.train_test_split(
...          X, y, test_size=0.2, random_state=42
...      )
```

我们可以用 OpenCV 实例化一个新的普通贝叶斯分类器：

```
In [14]: import cv2
...         model_norm = cv2.ml.NormalBayesClassifier_create()
```

可是，OpenCV 并不了解稀疏矩阵（至少它的 Python 接口不了解）。如果我们像之前那样把 X_train 和 y_train 传递给 train 函数，OpenCV 会抱怨数据矩阵不是一个 NumPy 数组。但是把稀疏矩阵转换成一个常规的 NumPy 数组可能会耗尽内存。因此，一种可能的解决方法是，只在数据点（1000）和特征（300）的一个子集上训练 OpenCV 分类器：

```
In [15]: import numpy as np
...         X_train_small = X_train[:1000, :300].toarray().astype(np.float32)
...         y_train_small = y_train[:1000].astype(np.float32)
```

然后，训练 OpenCV 分类器成为可能（尽管这可能需要一段时间）：

```
In [16]: model_norm.train(X_train_small, cv2.ml.ROW_SAMPLE, y_train_small)
```

7.4.5　在完整数据集上训练

可是，如果你想分类整个数据集，我们需要一种更复杂的方法。我们使用 scikit-learn 的朴素贝叶斯分类器，因为它知道如何处理稀疏矩阵。实际上，如果你不留意，把 X_train 当成之前的每个 NumPy 数组，那么你很可能没有发现有什么区别：

```
In [17]: from sklearn import naive_bayes
...         model_naive = naive_bayes.MultinomialNB()
...         model_naive.fit(X_train, y_train)
Out[17]: MultinomialNB(alpha=1.0, class_prior=None, fit_prior=True)
```

这里，我们使用 naive_bayes 模块的 MultinomialNB，这是最适合处理类别数据（如单词计数）的朴素贝叶斯分类器。

立即对分类器进行训练，并返回训练集和测试集的评分：

```
In [18]: model_naive.score(X_train, y_train)
Out[18]: 0.95086413826212191
In [19]: model_naive.score(X_test, y_test)
Out[19]: 0.94422043010752688
```

测试集的准确率达到了 94.4%！除了使用默认值之外，不需要做太多事情，不是吗？

可是，如果我们对自己的工作非常挑剔，想进一步改善结果会怎么样呢？我们可以做几件事情。

7.4.6　使用 n-grams 提升结果

要做的一件事情是使用 n-grams 计数，而不是普通的单词计数。到目前为止，我们依赖的是词袋：我们只是简单地把一封电子邮件中的每一个单词都放入一个袋子，并计算出现的次数。可是，在真正的邮件中，单词在邮件中出现的顺序可以携带很多有用信息！

这正是 n-grams 计数试图传达的信息。你可以把一个 n-grams 想象成是长度为 n 的一个短语。例如，短语 Statistics has its moments 包含以下 1-grams: Statistics、has、its 和

moments；包含以下 2-grams: Statistics has、has its 和 its moments；还有 2 个 3-grams（Statistics has its 和 has its moments）以及唯一 1 个 4-grams。

我们可以为 n 指定一个范围，让 CountVectorizer 把任意序列的 n-grams 包含到特征矩阵中：

```
In [20]: counts = feature_extraction.text.CountVectorizer(
...              ngram_range=(1, 2)
...          )
...          X = counts.fit_transform(data['text'].values)
```

然后，我们重复拆分数据和训练分类器的整个过程：

```
In [21]: X_train, X_test, y_train, y_test = ms.train_test_split(
...          X, y, test_size=0.2, random_state=42
...          )
In [22]: model_naive = naive_bayes.MultinomialNB()
...          model_naive.fit(X_train, y_train)
Out[22]: MultinomialNB(alpha=1.0, class_prior=None, fit_prior=True)
```

你可能已经注意到这次训练过程用的时间有点长。让我们感到高兴的是，我们发现性能有了显著提升：

```
In [23]: model_naive.score(X_test, y_test)
Out[23]: 0.97062211981566815
```

可是，n-grams 计数并不完美。它们的缺点是不可能加权长文档（因为有可能形成更多的 n-grams 组合）。为了避免这个问题，我们可以使用相对次数，而不是使用简单的出现次数。我们曾遇到过一种类似的方法，它有一个相当复杂的名字。还记得它的名字是什么吗？

7.4.7　使用 TF-IDF 提升结果

它称为**词率 – 逆文档频率**（Term Frequency-Inverse Document Frequency，TF-IDF），我们在第 4 章中见过。如果你还记得的话，IF-IDF 所实现的基本上是通过度量单词在整个数据集中出现的频率来加权单词的数量。这种方法的一个有用的副作用是 IDF 部分——单词频率的逆。这就保证频繁出现的单词，如 and、the 和 but 在分类中只占很小的权重。

在我们现有的特征矩阵 X 上，通过调用 fit_transform，把 TF-IDF 应用到特征矩阵：

```
In [24]: tfidf = feature_extraction.text.TfidfTransformer()
In [25]: X_new = tfidf.fit_transform(X)
```

不要忘记拆分数据；此外，你可以调整 random_state 参数，在更改随机数时以不同的方式拆分数据（训练 – 测试）。需要注意的是，如果训练 – 测试的拆分发生了变化，那么整体准确率可能会发生变化：

```
In [26]: X_train, X_test, y_train, y_test = ms.train_test_split(X_new, y,
...          test_size=0.2, random_state=42)
```

接着，当我们再次训练分类器并对其进行评分时，我们突然发现一个显著的得分为 99% 的准确率：

```
In [27]: model_naive = naive_bayes.MultinomialNB()
...          model_naive.fit(X_train, y_train)
```

```
...          model_naive.score(X_test, y_test)
Out[27]: 0.99087941628264209
```

为了证明分类器的确很棒，我们可以检查**混淆矩阵**。这是对于每一个类，显示有多少数据样本被错误地归类为属于不同的类的一个矩阵。其对角线元素告诉我们类 *i* 有多少样本是正确分类为属于 *i* 的；非对角线元素表示分类错误：

```
In [28]: metrics.confusion_matrix(y_test, model_naive.predict(X_test))
Out[28]: array([[3746, 84],
 [ 11, 6575]])
```

这告诉我们 3746 个 0 类分类正确，6565 个 1 类分类正确。我们把 84 个 0 类样本混淆为属于 1 类，11 个 1 类样本混淆为属于 0 类。如果你问我，我认为这是最好的结果了。

7.5 本章小结

在这一章中，我们先学习了概率理论，然后学习了随机变量和条件概率，这让我们对贝叶斯定理有了初步了解——朴素贝叶斯分类器的基础。我们讨论了离散和连续随机变量、似然和概率、先验和证据、标准贝叶斯分类器和朴素贝叶斯分类器之间的区别。

最后，如果我们不把理论知识应用到实际例子中，那它是毫无用处可言的。我们获得原始邮件信息的一个数据集，对其进行解析，并在这个数据集上进行贝叶斯分类器的训练，使用各种特征提取方法把电子邮件分类为垃圾邮件或者非垃圾邮件。

在第 8 章中，我们将把主题切换到讨论如何处理无标签的数据。

第 8 章 *Chapter 8*

利用无监督学习发现隐藏结构

到目前为止，我们把注意力集中在监督学习问题上，数据集中的每个数据点都有一个已知标签或者目标值。但是，在未知输出或者没有老师监督学习算法时，我们应该怎么办呢？

这就是**无监督学习**。在无监督学习中，只在输入数据中显示学习过程，在没有进一步指导的情况下，要求从这些数据中提取知识。我们已经讨论过无监督学习的一种形式——**降维**。另一个流行的领域是**聚类分析**，它的目标是把数据划分为相似项的不同组。

聚类技术对文档分析、图像检索、查找垃圾邮件、识别假新闻、识别犯罪活动等问题可能会很有用。

在本章中，我们希望了解如何使用各种聚类算法提取简单的无标签数据集的隐藏结构。无论是在特征提取、图像处理中，还是作为监督学习任务的一个预处理步骤，这些隐藏结构有很多益处。作为一个具体的例子，我们将学习如何把聚类应用于图像，以把它们的颜色空间降到 16 位。

具体来说，本章将介绍以下主题：

❏ *k-* **均值聚类**、**最大期望**及其 OpenCV 的实现。

❏ 聚类算法在层次树中的组织以及由此带来的益处。

❏ 使用无监督学习进行预处理、图像处理和分类。

咱们开始吧！

8.1 技术需求

我们可以在 https://github.com/PacktPublishing/Machine-Learning-for-OpenCV-Second-Edition/tree/master/Chapter08 查看本章的代码。

软件和硬件需求总结如下：

❑ OpenCV 4.1.x 版本（4.1.0 版本或 4.1.1 版本都可以）。

❑ Python 3.6 版本（Python 3.x 的所有版本都可以）。

❑ Anaconda Python 3，用于安装 Python 及其所需模块。

❑ 在本书中，你可以使用任意一款操作系统——macOS、Windows，以及基于 Linux 的操作系统。我们建议你的系统中至少有 4GB 的内存。

❑ 你不需要一个 GPU 来运行本书提供的代码。

8.2　理解无监督学习

无监督学习可能有多种形式，但是其目标始终是将原始数据转换为更丰富、更有意义的表示，这不仅意味着让人们更容易理解，还意味着让机器学习算法更容易解析。

无监督学习的一些常见应用包括：

❑ **降维**：它采用由很多特征组成的一个数据高维表示，并试图压缩数据，以便用少量信息丰富的特征解释其主要特征。例如，在应用到波士顿社区的房价时，降维也许可以告诉我们最应该关注的指标是财产税和社区犯罪率。

❑ **因子分析**：它试图发现产生所观测数据的隐藏原因或者未观测到的分量。例如，20 世纪 70 年代的电视剧《史酷比救救我》的所有剧集，因子分析或许可以告诉我们（剧透警告！）剧中的每个幽灵或者怪兽本质上是一些心怀不满的人精心策划的一个骗局。

❑ **聚类分析**：它试图把数据划分成由类似项组成的不同组。在本章中，我们将重点关注这种类型的无监督学习。例如，在应用到 Netflix 上的所有电影时，聚类分析或许可以自动把它们分组成不同的类型。

让事情变得更复杂的是，这些分析必须在无标签数据上进行，我们事先不知道正确的答案是什么。因此，无监督学习的一个主要挑战是确定一个算法是否有效或者是否学习了有用的内容。通常，评估无监督学习算法结果的唯一方法是手动检查，并手动确定结果是否有意义。

也就是说，无监督学习是非常有用的，例如，作为预处理步骤或者特征提取步骤。你可以把无监督学习看成是一种**数据转换**——把数据从原始表示转换为一种信息更丰富的表示形式的方法。学习一种新的表示方式可能会让我们对数据有更深入的了解，有时甚至可能会提升监督学习算法的准确率。

8.3　理解 k-均值聚类

OpenCV 提供的基本聚类算法是 k-均值聚类，它从一个无标签的多维数据中搜索预定

义的 k- 聚类（或者组）数。

通过使用有关最优聚类的两个简单假设来实现 k- 均值聚类，如下所示：

❑　每个聚类的中心基本上是属于这个聚类的所有点的均值，也称为质心。

❑　一个聚类内的每个数据点到该聚类中心的距离都小于到所有其他聚类中心的距离。

理解这个算法的最简单的方式就是来看一个具体的例子。

实现第一个 k- 均值聚类示例

首先，让我们生成一个包含 4 个不同团块的二维数据集。为了强调这是一种无监督方法，我们将在可视化过程中去掉标签：

1）为实现可视化数据的目的，我们将继续使用 matplotlib：

```
In [1]: import matplotlib.pyplot as plt
...       %matplotlib inline
...       plt.style.use('ggplot')
```

2）遵循前几章的方法，我们将创建属于 4 个不同簇（centers=4）的总共 300 个团块（n_samples=300）：

```
In [2]: from sklearn.datasets.samples_generator import make_blobs
...       X, y_true = make_blobs(n_samples=300, centers=4,
...                              cluster_std=1.0, random_state=10)
...       plt.scatter(X[:, 0], X[:, 1], s=100);
```

生成结果如图 8-1 所示。

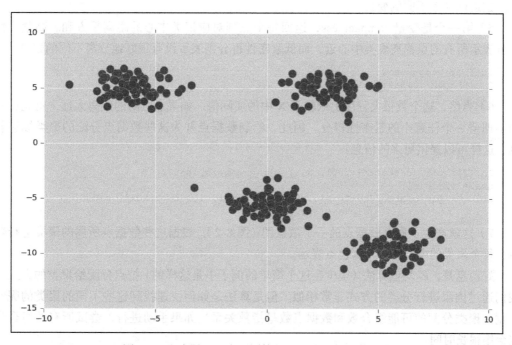

图 8-1　生成属于 4 个不同簇的 300 个无标签数据点

图 8-1 显示了一个示例数据集，将 300 个无标签的点组织成 4 个不同的簇。即使不给数据分配目标标签，肉眼也可以很容易看到 4 个簇。k- 均值算法在没有任何目标标签信息或者底层数据分布信息的情况下，也可以实现这种聚类。

3）虽然 k- 均值是一种统计模型，但是在 OpenCV 中它并不是通过 ml 模块以及常用的 train 和 predict API 调用来实现的。它可以直接作为 cv2.kmeans 使用。要使用这个模型，我们必须指定一些参数，比如终止条件和初始化标志。在这里，我们会告诉算法只要误差小于 1.0（cv2.TERM_CRITERIA_EPS）或者执行了 10 次迭代后（cv2.TERM_CRITERIA_MAX_ITER）就终止：

```
In [3]: import cv2
...     criteria = (cv2.TERM_CRITERIA_EPS +
cv2.TERM_CRITERIA_MAX_ITER,
...                 10, 1.0)
...     flags = cv2.KMEANS_RANDOM_CENTERS
```

4）我们可以把之前的数据矩阵（X）传递给 cv2.means。我们还指定了聚类数（4）以及算法对不同随机初始猜测的尝试次数（10），代码片段如下所示：

```
In [4]: import numpy as np
...     compactness, labels, centers =
cv2.kmeans(X.astype(np.float32),
...                                         4, None,
criteria,
...                                         10, flags)
```

这返回 3 个不同的变量。

5）第一个是变量 compactness，返回每个点到对应聚类中心的距离平方和。高紧密性得分表示所有的点都离聚类中心近，而低紧密性得分则表示没有很好地分离不同的聚类：

```
In [5]: compactness
Out[5]: 527.01581170992
```

6）当然，这个数很大程度上依赖于 X 中的实际值。如果点之间的距离太远，首先，我们不期望一个任意小的紧密性得分。因此，绘制数据点并为这些数据点分配的聚类标签着色，这样可以提供更多的信息：

```
In [6]: plt.scatter(X[:, 0], X[:, 1], c=labels, s=50,
cmap='viridis')
...     plt.scatter(centers[:, 0], centers[:, 1], c='black', s=200,
...                 alpha=0.5);
```

7）这就产生了所有数据点的一个散点图（图 8-2），根据这些数据点所属的聚类进行着色，每个聚类的中心用一个深色点表示。

好消息是，k- 均值算法（至少在这个简单的例子中是这样的）把点分配给聚类的方式与我们通过肉眼进行分类的方式非常相似。但是算法是如何快速找到这些不同的聚类的呢？毕竟，聚类分配的可能组合数和数据点数呈指数关系！如果手动进行，尝试所有的组合肯定会用很长时间。

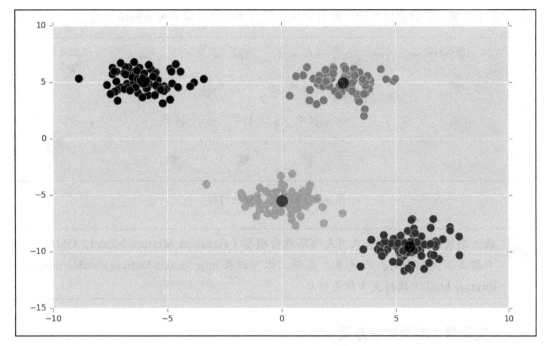

图 8-2　$k=4$ 时 k- 均值聚类的结果

　　幸运的是，不必进行穷举搜索。k- 均值采用的典型方式是使用一个迭代算法，也被称为最大期望（expectation-maximization）。

8.4　理解最大期望

　　k- 均值聚类只是最大期望算法的一个具体应用。简而言之，这个算法的工作原理如下所示：

　　1）从一些随机聚类中心开始。

　　2）重复，直到收敛：

❑ **期望步骤**：把所有的数据点分配给最近的聚类中心。

❑ **最大化步骤**：通过选取聚类中所有点的均值更新聚类中心。

这里，期望步骤之所以这样命名，是因为它涉及了更新数据集中每个点所属聚类的期望。最大化步骤之所以这样命名，是因为它涉及了最大化定义聚类中心位置的一个适应度函数。在 k- 均值的情况下，最大化通过选取一个聚类中所有数据点的算术均值实现。

　　图 8-3 清楚地说明了最大化期望的过程。在图 8-3 中，算法从左到右进行工作。最初，所有数据点都是灰色的（这表示我们还不知道这些数据点属于哪个簇），随机选取聚类中心。在每个期望步骤中，根据数据点距离最近的簇中心对其进行着色。在每个最大化步骤中，根据属于一个簇的所有点的算法均值更新聚类中心；由此产生的簇中心位移用箭头表示。

重复这两个步骤，直到算法收敛，即直到最大化步骤不能再提升聚类的结果为止。

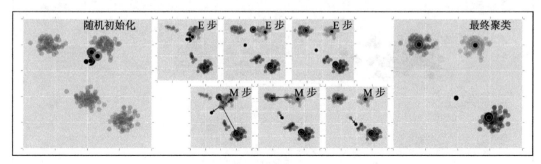

图 8-3 最大化期望的过程

> 注意 最大期望的另一个主流应用是**高斯混合模型**（Gaussian Mixture Model，GMM），其中聚类不是球形的，而是多元高斯。你可以在 http://scikit-learn.org/stable/modules/mixture.html 上找到更多相关信息。

8.4.1 实现最大期望解决方案

最大期望算法非常简单，我们可以自己编写。为此，我们将定义一个函数 find_clusters(X, n_clusters, rseed=5)，它接受一个数据矩阵（X）、我们想要发现的聚类数（n_clusters）以及一个随机种子（可选的，rseed）作为输入。我们马上就会明白，scikit-learn 的 pairwise_distances_argmin 函数将会派上用场：

```
In [7]: from sklearn.metrics import pairwise_distances_argmin
...     def find_clusters(X, n_clusters, rseed=5):
```

我们可以通过以下 5 个基本步骤现实 *k*- 均值的最大期望：

1）**初始化**：随机选择一些聚类中心：n_clusters。我们不能只选取任意随机数，而是选择实际的数据点作为聚类中心。让 X 沿着它的第一个轴排列，并选取这个随机排列中的第一个 n_clusters 点：

```
...         rng = np.random.RandomState(rseed)
...         i = rng.permutation(X.shape[0])[:n_clusters]
...         centers = X[i]
```

2）**while 循环**：根据最近的聚类分配标签。这里，scikit-learn 的 pairwise_distance_argmin 函数完全符合我们的要求。对于 X 中的每个数据点，计算 centers 中最近聚类中心的索引：

```
...         while True:
...             labels = pairwise_distances_argmin(X, centers)
```

3）**找到新的聚类中心**：在这一步中，我们必须选取 X 中属于一个特定聚类（X[labels == i]）的所有数据点的算术均值：

```
...            new_centers = np.array([X[labels ==
               i].mean(axis=0)
```

4）查看收敛性，如有必要中断 while 循环：这是最后一步，确保任务完成后停止算法的执行。我们通过查看是否所有新的聚类中心都等于原来的聚类中心来确定任务是否完成。如果结果是 true，则退出循环；否则，继续循环：

```
...            for i in range(n_clusters)])
...            if np.all(centers == new_centers):
...               break
...            centers = new_centers
```

5）退出函数并返回结果：

```
...            return centers, labels
```

我们可以把这个函数应用于之前创建的数据矩阵 X 上。因为我们知道数据是什么样的，我们还知道我们正在寻找 4 个聚类：

```
In [8]: centers, labels = find_clusters(X, 4)
...        plt.scatter(X[:, 0], X[:, 1], c=labels, s=100, cmap='viridis')
```

这将生成图 8-4。在图 8-4 中需要注意的关键点是，在应用 k- 均值聚类之前，所有数据点都归类为同一种颜色；可是，在使用 k- 均值聚类之后，每种颜色是一个不同的聚类（相似的数据点聚类或者分组为一种颜色）。

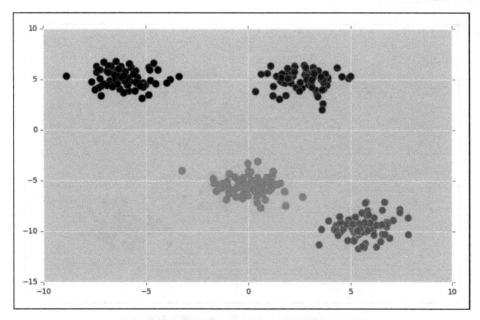

图 8-4　使用最大期望自定义 k- 均值的聚类结果

正如我们看到的那样，我们自定义的算法完成了这项任务！当然，这个特定的聚类示例相当简单，大多数现实生活中的 k- 均值聚类的实现要在后台完成更多的工作。现在，我们很高兴完成了这项任务。

8.4.2　了解最大期望的局限性

尽管最大期望很简单，但是它在各种场景中的表现都非常好。尽管如此，我们还需要留意一些潜在的局限性：

- ❑ 最大期望不能保证我们找到全局最优解。
- ❑ 我们必须事先知道预期的聚类数。
- ❑ 算法的决策边界是线性的。
- ❑ 对于大的数据集，算法很慢。

让我们更详细地讨论一下这些潜在的警告。

1. 第 1 个警告：不能保证找到全局最优解

尽管数学家已经证明最大期望步骤可以提升每一步的结果，但是这仍然不能保证我们最终找到全局最优解。比如，如果在我们的简单例子中，我们使用不同的随机种子（比如，使用种子 10 而不是 5），那么我们会突然得到非常糟糕的结果：

```
In [9]: centers, labels = find_clusters(X, 4, rseed=10)
   ...:     plt.scatter(X[:, 0], X[:, 1], c=labels, s=100, cmap='viridis');
```

生成的结果如图 8-5 所示。

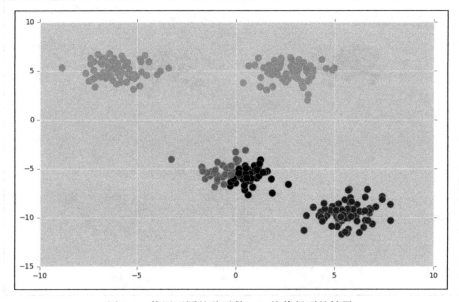

图 8-5　使用不同的种子数，k- 均值得到的结果

在图 8-5 中显示了 k- 均值错过全局最优解的一个例子。这是怎么回事呢？

简言之，聚类中心的随机初始化是不成功的。这使得黄色簇的中心移到了上面两个团块中间，实质上是把它们合并为一个簇。结果，混淆了其他聚类，因为它们突然不得不把两个视觉上截然不同的团块分成 3 个簇。

为此，算法通常会在多个初始化状态下运行。实际上，OpenCV（通过设置可选的 attempts 参数）默认执行此操作。

2. 第 2 个警告：我们必须事先选择聚类数

另一个潜在的局限性是 k- 均值不能从数据中学习聚类数。我们必须告诉 k- 均值我们预期有多少聚类。你可以看到，如果你还没有完全理解复杂的真实场景数据，这可能是一个问题。

从 k- 均值的角度看，没有错误的聚类数，也没有无意义的聚类数。例如，如果我们要求算法在 8.5.1 节中生成的数据集中识别 6 个簇，那么它很容易继续进行这个过程，并找到 6 个最优聚类：

```
In [10]: criteria = (cv2.TERM_CRITERIA_EPS + cv2.TERM_CRITERIA_MAX_ITER,
...                   10, 1.0)
...      flags = cv2.KMEANS_RANDOM_CENTERS
...      compactness, labels, centers = cv2.kmeans(X.astype(np.float32),
...                                       6, None, criteria,
...                                       10, flags)
```

在这里，我们使用和之前一样的代码，只是把聚类数从 4 变为了 6。我们可以再次绘制数据点，并根据目标标签为其着色：

```
In [11]: plt.scatter(X[:, 0], X[:, 1], c=labels, s=100, cmap='viridis');
```

输出结果如图 8-6 所示。

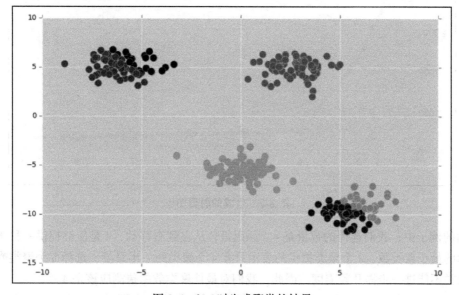

图 8-6　k=6 时生成聚类的结果

图 8-6 显示了一个例子，在这个例子中 k- 均值找到的聚类比实际存在的聚类更多。因为我们自己生成数据，我们知道每个数据点都来自 4 个不同的簇。对于更复杂的数据，我们不确定正确的聚类数，这就需要我们去尝试一下。

首要的是，有一种**肘部法**（elbow method），它要求我们对各种 k 值重复聚类，并记录紧密性值：

```
In [12]: kvals = np.arange(2, 10)
...      compactness = []
...      for k in kvals:
...          c, _, _ = cv2.kmeans(X.astype(np.float32), k, None,
...                              criteria, 10, flags)
...          compactness.append(c)
```

接着，我们将把紧密性绘制成 k 的一个函数：

```
In [13]: plt.plot(kvals, compactness, 'o-', linewidth=4,
...              markersize=12)
...      plt.xlabel('number of clusters')
...      plt.ylabel('compactness')
```

这会生成一个图（图 8-7），它看起来很像一个手臂。位于肘部的点就是选取的聚类数。

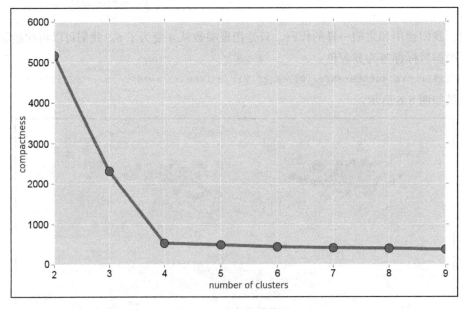

图 8-7　生成的肘臂图

在我们的例子中，我们选择的数量是 4。原因是，从左到右移动，4 是能够提供一种非常紧凑表示的最小聚类数。3 个聚类提供的表示只有 4 个聚类的一半紧凑。选择 5 个聚类或者更多的聚类不能进一步提升紧凑度。因此，我们对最佳聚类数的猜测应该是 4。

如果我们的结果比这更复杂，那么我们可能希望考虑一个更复杂的方法。最常见的方法有以下几种：

- ❑ **轮廓分析**（Silhouette analysis）允许我们研究生成的聚类之间的分离。如果一个聚类中的许多点与邻近聚类的距离比它们自己的聚类的距离更近，那么我们把所有这些点都放在一个聚类中可能会更好。
- ❑ **高斯混合模型**（Gaussian mixture model）使用一种名为贝叶斯信息标准的度量方法来评估正确的聚类数。
- ❑ **基于密度空间聚类应用的噪声**（Density-Based Spatial Clustering of Applications with Noise，DBSCAN）**和近邻传播**（affinity propagation）是两种更为复杂的聚类算法，可以为我们选择合适的聚类数。

此外，我们还可以使用**剪影图**研究聚类结果之间的分离距离。此图显示了一个聚类中每个点与邻近聚类中点的距离的一种度量，从而提供了一种可视化地评估参数（如聚类数）的方法。这个度量的范围是 [−1, 1]。

3. 第 3 个警告：聚类边界是线性的

k- 均值算法基于一种简单的假设，即点离自己的聚类中心比其他聚类中心更近。因此，k- 均值总是假设聚类之间的边界是线性的，这就意味着当聚类的几何结构比线性边界更复杂时，k- 均值就会失败。

通过生成稍微复杂一点的数据集，我们自己可以看到这个限制。我们希望把数据组织成两个重叠的半圆，而不是从高斯分布生成数据点。我们可以使用 scikit-learn 的 make_moons 来完成这一任务。这里，我们选择 200 个属于两个半圆的数据点，并融合一些高斯噪声：

```
In [14]: from sklearn.datasets import make_moons
...      X, y = make_moons(200, noise=.05, random_state=12)
```

这次，我们让 k- 均值寻找 2 个聚类：

```
In [15]: criteria = (cv2.TERM_CRITERIA_EPS +
...                   cv2.TERM_CRITERIA_MAX_ITER, 10, 1.0)
...      flags = cv2.KMEANS_RANDOM_CENTERS
...      compactness, labels, centers = cv2.kmeans(X.astype(np.float32),
...                                        2, None, criteria,
...                                        10, flags)
...      plt.scatter(X[:, 0], X[:, 1], c=labels, s=100, cmap='viridis');
```

得到的散点图如图 8-8 所示。

图 8-8 显示了在非线性数据中寻找线性边界的一个 k- 均值例子。从图中可以明显看到，k- 均值没有识别出 2 个半圆，而是用一条看起来像对角直线的直线来拆分数据（从左下角到右上角）。

这一场景应该会给我们敲响警钟。我们在第 6 章中讨论线性支持向量机时遇到过同样的问题。这个想法是使用核技巧把数据变换到一个高维特征空间。我们可以在这里做同样的事情吗？

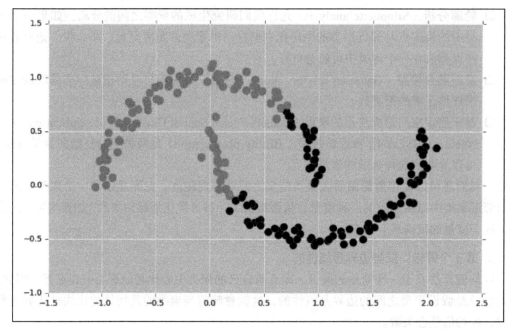

图 8-8 散点图

当然可以。有一种核 k- 均值形式，工作原理与支持向量机的核技巧类似，称为**谱聚类**。可是，OpenCV 没有提供谱聚类的实现。幸运的是，scikit-learn 可以完成这项任务：

```
In [16]: from sklearn.cluster import SpectralClustering
```

该算法使用与所有其他统计模型相同的 API：我们在构造函数中设置可选的参数，然后对数据调用 fit_predict。这里，我们希望使用最近邻图来计算数据的一个更高维表示，然后使用 k- 均值分配标签：

```
In [17]: model = SpectralClustering(n_clusters=2,
...                                 affinity='nearest_neighbors',
...                                 assign_labels='kmeans')
...        labels = model.fit_predict(X)
...        plt.scatter(X[:, 0], X[:, 1], c=labels, s=100, cmap='viridis');
```

生成的谱聚类如图 8-9 所示。

我们看到谱聚类完成了这项工作。或者，我们可以把数据变换为一个更合适的表示，然后把 OpenCV 的线性 k- 均值应用到这个任务上。这一切教会我们的是，或许特征工程再次挽救了局面。

4. 第 4 个警告：对于大样本，k- 均值较慢

k- 均值的最后一个局限性是对于大数据集，速度相对较慢。你可以想象一下，相当多的算法可能会遇到这个问题。可是，k- 均值受到的影响尤其严重：k- 均值每次迭代都必须访问数据集中的每一个数据点，并将其与所有的聚类中心进行比较。

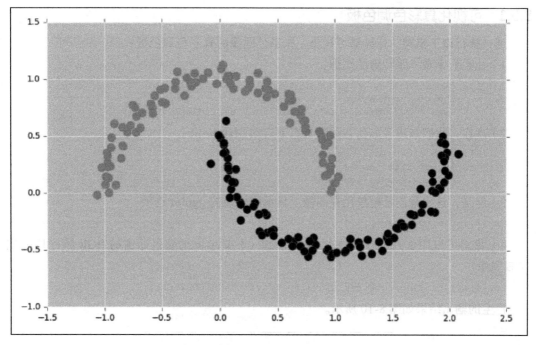

图 8-9　谱聚类结果

你可能想知道是否真的有必要每次迭代都访问所有的数据点。例如，在每一步更新聚类中心时，你可能只使用了数据的一个子集。实际上，这正是基于**批处理 k-均值算法**的一种变体的基本思想。可是，在 OpenCV 中没有实现这个算法。

 由 scikit-learn 提供的 k-均值作为聚类模块的一部分：sklearn.cluster.MiniBatchK-Means。

尽管前面讨论了局限性，但是 k-均值有很多有趣的应用，尤其是在计算机视觉方面。

8.5　使用 k-均值压缩颜色空间

k-均值的一个有趣的用例是图像颜色空间压缩。例如，一个标准**彩色图像**具有 24 位颜色深度，一共提供 16 777 216 种颜色。但是，在大多数图像中，大量的颜色未被使用，图像中的很多像素具有相似的值。压缩后的图像可以在网上更快速地传送；在接收端，可以对压缩后的图像进行解压，以恢复为原始图像。因此，降低了存储和传输成本。但是，图像的颜色空间是**有损压缩**，压缩后我们就可能看不到图像的细节信息了。

或者，我们还可以使用 k-均值来降低调色板。这里的思路是把聚类中心看成是减少的调色板。那么，k-均值会把原始图像中数百万种颜色组织成合适的颜色数量。

8.5.1 可视化真彩色调色板

通过执行以下步骤，你能够可视化一张彩色图像的真彩色调色板：

1）让我们来看一张特定的图像：

```
In [1]: import cv2
...     import numpy as np
...     lena = cv2.imread('data/lena.jpg', cv2.IMREAD_COLOR)
```

2）现在，我们知道了如何在休眠状态下启动 Matplotlib：

```
In [2]: import matplotlib.pyplot as plt
...     %matplotlib inline
...     plt.style.use('ggplot')
```

3）但是，这次我们希望禁用在图像上显示网格线的 ggplot 选项：

```
In [3]: plt.rc('axes', **{'grid': False})
```

4）我们可以用下列命令可视化 Lena 图像（不要忘记把颜色通道的 BGR 顺序切换成 RGB 顺序）：

```
In [4]: plt.imshow(cv2.cvtColor(lena, cv2.COLOR_BGR2RGB))
```

产生的输出结果如图 8-10 所示。

图 8-10 Lena 图像的可视化结果

5）图像存储在一个三维数组中，大小为（高 × 宽 × 深），包含 BGR（蓝、绿、红）、0 到 255 之间的整数：

```
In [5]: lena.shape
Out[5]: (225, 225, 3)
```

6）因为每个颜色通道有 256 个潜在的值，可能的颜色数可以是 256 × 256 × 256，或者是 16 777 216。可视化图像中大量不同颜色的一种方法是把数据重新调整成三维颜色空间。

我们还需要把颜色缩放成 0 到 1 之间的数：

```
In [6]: img_data = lena / 255.0
... img_data = img_data.reshape((-1, 3))
... img_data.shape
Out[6]: (50625, 3)
```

7）在这个三维颜色空间中，data 的每一行都是一个数据点。要可视化这个数据，我们将编写一个名为 plot_pixels 的函数，把数据矩阵和一个图标作为输入。我们还可以选择让用户指定所使用的颜色。为了提高效率，我们还可以将分析限制为 N 个像素的一个子集：

```
In [7]: def plot_pixels(data, title, colors=None, N=10000):
...         if colors is None:
...             colors = data
...
```

8）如果指定了一个数字 N，我们会从所有可能的数据列表中随机选择 N 个数据点：

```
...         rng = np.random.RandomState(0)
...         i = rng.permutation(data.shape[0])[:N]
...         colors = colors[i]
```

9）因为每个数据点都是三维的，所以绘制这样的图有点难。我们可以使用 Matplotlib 的 mplot3d 工具包创建一个 3D 图，或者我们还可以生成 2 个图来表示三维点云的一个子空间。在本例中，我们选择后者，生成 2 个图，一个图绘制红色和绿色，另一个图绘制红色和蓝色。为此，我们需要以列向量的形式访问每个数据点的 R、G 和 B 值：

```
...         pixel = data[i].T
...         R, G, B = pixel[0], pixel[1], pixel[2]
```

10）第一个图的 x 轴为红色，y 轴为绿色：

```
...         fig, ax = plt.subplots(1, 2, figsize=(16, 6))
...         ax[0].scatter(R, G, color=colors, marker='.')
...         ax[0].set(xlabel='Red', ylabel='Green', xlim=(0, 1),
...                   ylim=(0, 1))
```

11）类似地，第二个图是 x 轴为红色，y 轴为蓝色的一个散点图：

```
...         ax[1].scatter(R, B, color=colors, marker='.')
...         ax[1].set(xlabel='Red', ylabel='Blue', xlim=(0, 1),
...                   ylim=(0, 1))
```

12）在最后一步，我们将在 2 个子图的中心显示指定的标题：

```
...         fig.suptitle(title, size=20);
```

13）我们可以使用数据矩阵（data）以及一个合适的标题来调用函数：

```
In [8]: plot_pixels(img_data, title='Input color space: 16 million
'
...                             'possible colors')
```

生成的输出如图 8-11 所示。

让我们看看用这个算法还可以做些什么。

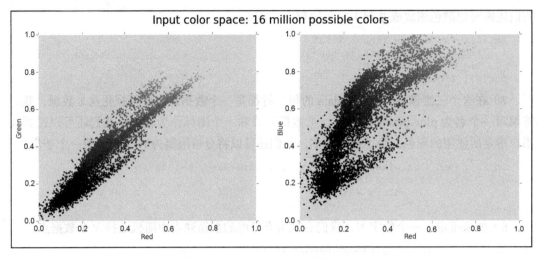

图 8-11 生成 2 个子图表示三维点云子空间

8.5.2 使用 k- 均值减少调色板的颜色

参照以下步骤，你还能够使用 k- 均值聚类把一张彩色图像投影到一个简化的调色板中：

1）让我们通过 k- 均值把这 1600 万种颜色减少到 16 种颜色，把 1600 万种颜色聚类成 16 个不同的簇。我们还将使用前面介绍的过程，但是现在把聚类数定义为 16：

```
In [9]: criteria = (cv2.TERM_CRITERIA_EPS +
cv2.TERM_CRITERIA_MAX_ITER,
...                10, 1.0)
...     flags = cv2.KMEANS_RANDOM_CENTERS
...     img_data = img_data.astype(np.float32)
...     compactness, labels, centers = cv2.kmeans(img_data,
...                                      16, None,
criteria,
...                                      10, flags)
```

2）把调色板减少到 16 种不同的颜色对应于由此产生的聚类。centers 数组的输出显示了所有颜色都有 3 项（B、G 和 R），并且值在 0 到 1 之间：

```
In [10]: centers
Out[10]: array([[ 0.29973754,  0.31500012,  0.48251548],
                [ 0.27192295,  0.35615689,  0.64276862],
                [ 0.17865284,  0.20933454,  0.41286203],
                [ 0.39422086,  0.62827665,  0.94220853],
                [ 0.34117648,  0.58823532,  0.90196079],
                [ 0.42996961,  0.62061119,  0.91163337],
                [ 0.06039202,  0.07102439,  0.1840712 ],
                [ 0.5589878 ,  0.6313886 ,  0.83993536],
                [ 0.37320262,  0.54575169,  0.88888896],
                [ 0.35686275,  0.57385623,  0.88954246],
                [ 0.47058824,  0.48235294,  0.59215689],
                [ 0.34346411,  0.57483661,  0.88627452],
                [ 0.13815609,  0.12984112,  0.21053818],
```

```
        [ 0.3752504 ,    0.47029912,   0.75687987],
        [ 0.31909946,   0.54829341,   0.87378371],
        [ 0.40409693,   0.58062142,   0.8547557 ]],
dtype=float32)
```

3）labels 向量包含 16 种颜色对应于 16 个聚类 labels。因此，标签为 0 的所有数据点都会根据 centers 数组的第 0 行进行着色，类似地，标签为 1 的所有数据点都会根据 centers 数组的第 1 行进行着色，以此类推。因此，我们希望在 centers 数组中使用 labels 作为一个索引——这些是我们的新颜色：

```
In [11]: new_colors = centers[labels].reshape((-1, 3))
```

4）我们可以再绘制一次数据，但是这次，我们将使用 new_colors 为数据点着色：

```
In [12]: plot_pixels(img_data, colors=new_colors,
...          title="Reduce color space: 16 colors")
```

结果是对原始像素进行重新着色，把离聚类中心最近的颜色分配给每个像素，如图 8-12 所示。

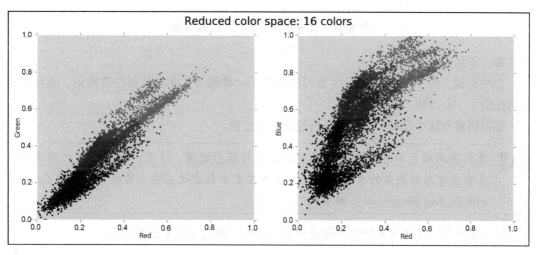

图 8-12　将调色板的颜色减少到 16 种

5）为了观察重新着色的效果，我们必须把 new_colors 绘制成一张图像。我们把之前的图像转化为平面，从图像得到数据矩阵。现在，为了回到图像，我们需要进行逆操作，也就是根据 Lena 图像的形状重新调整 new_colors：

```
In [13]: lena_recolored = new_colors.reshape(lena.shape)
```

6）我们可以像所有其他图像那样，可视化重新着色的 Lena 图像：

```
In [14]: plt.figure(figsize=(10, 6))
...         plt.imshow(cv2.cvtColor(lena_recolored,
cv2.COLOR_BGR2RGB));
...         plt.title('16-color image')
```

结果如图 8-13 所示。

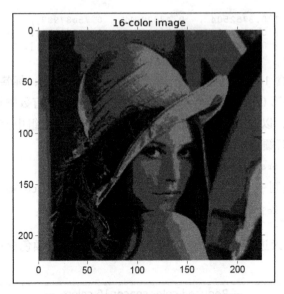

图 8-13 可视化重新着色的 Lena 图像

非常棒，不是吗？

总的来说，图 8-13 很清晰，尽管可能丢失了一些细节。非常值得注意的是，这张图像大约压缩了 100 万倍。

你可以重复这个过程，以得到任何想要的颜色数。

🎯 提示　降低图像颜色调色板的另一种方法是使用**双边滤波**。通常，由此产生的图像看上去有点像原始图像的卡通版本。你可以在本书作者迈克尔·贝耶勒编写的 *OpenCV with Python Blueprints* 一书中找到一个例子。

---

k- 均值的另一个潜在的应用可能是你想不到的：将其应用于图像分类。

8.6　使用 k- 均值分类手写数字

尽管上一个应用程序是对 k- 均值的创造性应用，但是我们还可以做得更好。我们之前在无监督学习中讨论过 k- 均值，我们试着发现数据中的一些隐藏结构。

但是，这个概念不适用于大多数分类任务吗？假设我们的任务是对手写数字进行分类。大部分的 0 看上去不是都很相似吗？如果不一样吗？并不是所有的 0 看上去都和所有可能的 1 完全不同吗？这不正是我们在无监督学习中发现的隐藏结构吗？这不意味着我们也可以使用聚类来进行分类吗？

让我们一起来找到答案。在这一节，我们将试着使用 k- 均值来分类手写数字。或者说，我们在不使用原始标签信息的情况下，尝试识别相似的数字。

8.6.1 加载数据集

在前面的章节中，你可能还记得 scikit-learn 通过 load_digits 实用函数提供了各种各样的手写数字。这个数据集由 1797 个样本组成，每个样本有 64 个特征，在一个 8×8 的图像中每个特征的亮度为一个像素：

```
In [1]: from sklearn.datasets import load_digits
...     digits = load_digits()
...     digits.data.shape
Out[1]: (1797, 64)
```

8.6.2 运行 k- 均值

建立 k- 均值的工作与前面的示例完全相同。我们让算法最多执行 10 次迭代，如果在 1.0 范围内我们对聚类中心的预测没有提升，就终止这个过程：

```
In [2]: import cv2
...     criteria = (cv2.TERM_CRITERIA_EPS + cv2.TERM_CRITERIA_MAX_ITER,
...                 10, 1.0)
...     flags = cv2.KMEANS_RANDOM_CENTERS
```

接下来，与之前所做的一样，我们对数据应用 k- 均值。因为有 10 个（0 ~ 9）不同的数字，我们让算法寻找 10 个不同的簇：

```
In [3]: import numpy as np
...     digits.data = digits.data.astype(np.float32)
...     compactness, clusters, centers = cv2.kmeans(digits.data, 10, None,
...                                                 criteria, 10, flags)
```

我们完成了！

类似于表示不同 RGB 颜色的 N×3 矩阵，这次，centers 数组由 N×8×8 个中心图像组成，N 是聚类数。因此，如果我们想要绘制出中心，就必须把 centers 矩阵重新调整为 8×8 的图像：

```
In [4]: import matplotlib.pyplot as plt
...     plt.style.use('ggplot')
...     %matplotlib inline
...     fig, ax = plt.subplots(2, 5, figsize=(8, 3))
...     centers = centers.reshape(10, 8, 8)
...     for axi, center in zip(ax.flat, centers):
...         axi.set(xticks=[], yticks=[])
...         axi.imshow(center, interpolation='nearest', cmap=plt.cm.binary)
```

输出如图 8-14 所示。看上去熟悉吗？

值得注意的是，k- 均值不仅能够把数字图像划分为任意 10 个随机簇，还能够划分为 0~9 的数字！为了找出哪些图像分组成了哪些簇，我们需要生成一个 labels 向量，正如我们在监督学习问题中所学习的：

```
In [5]: from scipy.stats import mode
...     labels = np.zeros_like(clusters.ravel())
```

```
...         for i in range(10):
...             mask = (clusters.ravel() == i)
...             labels[mask] = mode(digits.target[mask])[0]
```

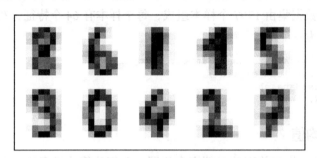

图 8-14 *k-* 均值对 10 个手写数字的分类结果

接下来，我们可以使用 scikit-learn 的 accuracy_score 评估指标计算算法的性能：

```
In [6]: from sklearn.metrics import accuracy_score
...         accuracy_score(digits.target, labels)
Out[6]: 0.78464106844741233
```

值得注意的是，*k-* 均值在事先不知道原始图像标签的情况下实现了 78.4% 的准确率！

通过观察**混淆矩阵**，我们可以更深入地了解哪里出了问题，以及是如何出错的。混淆矩阵是一个二维矩阵 C，其中每个元素 $C_{i,j}$ 等于已知在第 i 组（或簇）中，但是却预测为在第 j 组中的观察数。因此，矩阵对角线上的所有元素表示已经正确分类的数据点（即已知在第 i 组，预测也在第 i 组）。非对角线上的元素表示错误分类的数据点。

在 scikit-learn 中，创建一个混淆矩阵基本上只需一行代码：

```
In [7]: from sklearn.metrics import confusion_matrix
...         confusion_matrix(digits.target, labels)
Out[7]: array([[177,   0,   0,   0,   1,   0,   0,   0,   0,   0],
               [  0, 154,  25,   0,   0,   1,   2,   0,   0,   0],
               [  1,   3, 147,  11,   0,   0,   0,   3,  12,   0],
               [  0,   1,   2, 159,   0,   2,   0,   9,  10,   0],
               [  0,  12,   0,   0, 162,   0,   0,   5,   2,   0],
               [  0,   0,   0,  40,   2, 138,   2,   0,   0,   0],
               [  1,   2,   0,   0,   0,   0, 177,   0,   1,   0],
               [  0,  14,   0,   0,   0,   0,   0, 164,   1,   0],
               [  0,  23,   3,   8,   0,   5,   1,   2, 132,   0],
               [  0,  21,   0, 145,   0,   5,   0,   8,   1,   0]])
```

混淆矩阵告诉我们 *k-* 均值对前 9 个类中数据点的分类任务完成得很好；但是，却把所有的 9 和 3 弄混了。尽管如此，这个结果还是相当可靠的，因为算法不需要训练的目标标签。

8.7 将聚类组织为层次树

k- 均值的一种替代方案是**层次聚类**。层次聚类的一个优点是，它允许我们在一个层次结构中组织各种聚类（也称为**树状图**），这可以使其更容易解释结果。另一个有用的优点是，

我们不需要预先指定聚类的数量。

8.7.1　理解层次聚类

层次聚类有两种方法：

❑ 在**凝聚层次聚类**中，我们从每个数据点各自是一个簇开始，随后，我们合并距离最近的一对簇，直到只剩一个簇为止。

❑ 在**分裂式层次聚类**中，情况正好相反，我们首先把所有数据点都分配给同一个簇，随后，我们把这个簇拆分成更小的簇，直到每个簇中只包含一个样本为止。

当然，如果我们愿意的话，可以指定预期的聚类数量。在图 8-15 中，我们要求算法一共找到 3 个聚类。

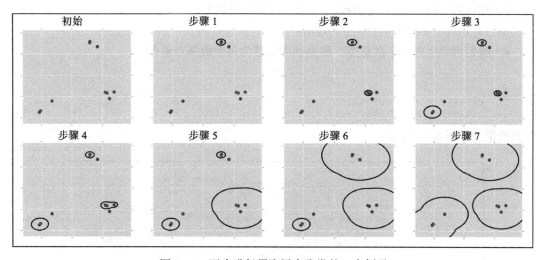

图 8-15　逐步进行凝聚层次聚类的一个例子

在步骤 1 中，算法把两个最近的数据点放入自己的簇中（中间和顶部）。

在步骤 2 中，右下角的两个点是数据集中所有可能数据点对中距离最近的一对，因此将它们合并到自己的簇中。

这个过程一直持续到把所有数据点都分配给 3 个簇中的任意一个（步骤 7），此时，算法终止。

> 💡提示　如果你正在使用 OpenCV 的 C++ API，那么使用 cv::flann::hierarchicalClustering 中的 *k*- 均值，你还能够查看基于**快速近似最近邻算法库**（Fast Library for Approximate Nearest Neighbors，FLANN）的*层次聚类*。

让我们更深入地研究一下如何实现凝聚层次聚类。

8.7.2 实现凝聚层次聚类

尽管 OpenCV 没有提供凝聚层次聚类的实现，但这是一个很流行的算法，无论如何，这都应该属于我们必须掌握的一项机器学习技能：

1）生成 10 个随机数据点，与图 8-15 类似：

```
In [1]: from sklearn.datasets import make_blobs
...     X, y = make_blobs(random_state=100, n_samples=10)
```

2）使用熟悉的统计建模 API，导入 AgglomerativeClustering 算法，指定预期的聚类数量：

```
In [2]: from sklearn import cluster
...     agg = cluster.AgglomerativeClustering(n_clusters=3)
```

3）像往常一样，通过 fit_predict 方法拟合模型和数据：

```
In [3]: labels = agg.fit_predict(X)
```

4）我们可以生成一个散点图，根据预测标签为每个数据点着色：

```
In [4]: import matplotlib.pyplot as plt
... %matplotlib inline
... plt.style.use('ggplot')
... plt.scatter(X[:, 0], X[:, 1], c=labels, s=100)
```

得到的聚类如图 8-16 所示。

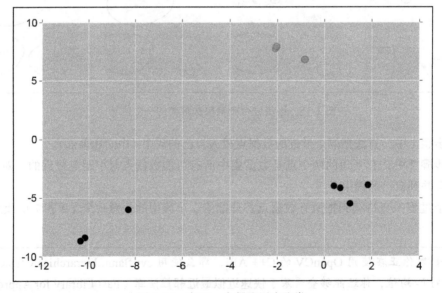

图 8-16　实现一个凝聚层次聚类

最后，在我们结束本章之前，让我们来看看如何比较聚类算法，以及如何为我们的数据选择正确的聚类算法！

8.7.3　聚类算法比较

在 sklearn 库中大约有 13 种不同的聚类算法。有 13 种不同的选择，问题是：应该使用哪些聚类算法呢？答案就是你的数据。你拥有的数据类型，以及你想要在这些数据上应用的聚类，决定了你所选择的聚类算法。话虽如此，但是对于你所拥有的问题和数据类型，可能会有很多可能的算法。在 sklearn 中的 13 类方法中，每一类方法都专用于特定的任务（例如，共聚类和双聚类或聚类特征，而不是数据点）。专门用于文本聚类的算法对于文本数据的聚类可能是正确的选择。因此，如果你对正在处理的数据足够了解，那么你可以把自己的选择限制在使用最适合该数据的聚类算法、数据的基本属性或者你所需要进行的聚类类型。

但是，如果你对数据没有多少了解该怎么办呢？例如，让我们假设，你只是观察并执行了一些**探索性的数据分析**（Exploratory Data Analysis，EDA）；基于此，选择一个专门的算法并非易事。因此，问题是，对于探索性数据，哪种算法更适合。

为了理解你需要一个独一无二的 EDA 聚类算法来做什么，需要知道一些基本规则：

❑ 在使用 EDA 时，你基本上是在试着研究并了解正在使用的数据。在这种情况下，没有结果总比有一个错误的结果要好。坏的结果会导致错误的直觉，最终你会被送到一个不正确的道路上，你会错误地理解数据集。尽管如此，一个理想的 EDA 聚类算法应该是稳定的——不愿意把数据点分配给聚类的算法；如果数据点不在簇中，那么就不应该对它们进行分组。

❑ 聚类算法主要由许多不同的参数组成，要想改变现状，你需要掌握一些控制权。但是你如何为这么多的参数选择正确的设置呢？你对手头的数据知之甚少，仍然很难确定每个参数的值或排列。因此，你对参数应该有足够的洞察力，以便你可以在对数据不了解的情况下设置这些参数。

❑ 使用不同的随机参数初始化，多次运行同一个聚类算法应该会产生大致相同的聚类。在对数据进行采样时，一个不同的任意数据点不应该完全修改生成的聚类结构（除非采样策略很复杂）。如果你调整聚类算法，那么应该以一种适度稳定、可预测的顺序来修改聚类。

❑ 最后，随着计算能力的增强，数据集只会一天天变大。你可以从样本数据中抽取子集，但是最终，你的聚类算法应该能够扩展到更大的数据集。如果聚类算法不是用来表示大数据的一个数据子集，那么这个算法就没有太大的用处！

软聚类或者重叠聚类是存在的一些附加优秀特性；但是，上述需求对于开始学习已经足够了。奇怪的是，只有少数聚类算法可以满足所有这些需求！

恭喜你！又结束了一段美妙之旅。

8.8 本章小结

在这一章中，我们讨论了一些无监督学习算法，包括 k- 均值、球形聚类和凝聚层次聚类。我们看到 k- 均值只是更一般的最大期望算法的一个具体应用，我们讨论了它的潜在局限性。此外，我们把 k- 均值应用到两个特定的应用中，分别是简化图像的调色板和手写数字的分类。

在第 9 章中，我们将回到监督学习领域，讨论目前最强大的机器学习算法：神经网络和深度学习。

第三部分 *Part 3*

基于 OpenCV 的
高级机器学习

本书的最后一部分将介绍重要而高级的主题，比如深度学习、集成机器学习方法以及超参数调优等。我们还将介绍 OpenCV 的最新添加——英特尔提供的 OpenVINO 工具包。我们会简单介绍 OpenVINO，如何安装 OpenVINO 以及 OpenVINO 的各种组件是什么，最后看看如何与 OpenCV 一起来解决图像分类问题。

这部分内容包含以下章节：

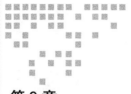

Chapter 9 | 第 9 章

使用深度学习分类手写数字

现在，让我们回到监督学习，讨论一下算法家族中的**人工神经网络**。对神经网络的早期研究可以追溯到 20 世纪 40 年代，即沃伦·麦卡洛克（Warren McCulloch）和沃尔特·皮茨（Walter Pitts）首次描述了大脑中的生物神经细胞（或神经元）是如何工作的。最近，人工神经网络在热门词汇——深度学习（deep learning）技术的支持下再度兴起，深度学习为谷歌的 DeepMind 和 Facebook 的 DeepFace 算法等提供了先进的技术支持。

在这一章中，我们重点学习一些简单的人工神经网络概念，比如 McCulloch-Pitts 神经元、感知器和多层感知器。一旦熟悉了这些基础知识，就可以准备实现一个更复杂的深度神经网络来分类流行的 MNIST(Mixed National Institute of Standards and Technology 的简写)**数据库**中的手写数字。为此，我们将利用 Keras（一个高级神经网络库），这也是研究人员和科技公司经常使用的一个库。

在此过程中，本章将介绍以下主题：

❑ 用 OpenCV 实现感知器和多层感知器。

❑ 微分随机和批量梯度下降，以及它们如何适应反向传播。

❑ 找到神经网络的大小。

❑ 利用 Keras 构建复杂的深度神经网络。

9.1 技术需求

我们可以在 https://github.com/PacktPublishing/Machine-Learning-for-OpenCV-Second-Edition/tree/master/Chapter09 查看本章的代码。

软件和硬件需求总结如下：

❑ OpenCV 4.1.x 版本（4.1.0 版本或 4.1.1 版本都可以）。

❑ Python 3.6 版本（Python 3.x 的所有版本都可以）。

❑ Anaconda Python 3，用于安装 Python 及其所需模块。

❑ 在本书中，你可以使用任意一款操作系统——macOS、Windows 以及基于 Linux 的
操作系统。我们建议你的系统中至少有 4GB 的内存。

❑ 你不需要一个 GPU 来运行本书提供的代码。

9.2 理解 McCulloch-Pitts 神经元

1943 年，沃伦·麦卡洛克和沃尔特·皮茨发表了一篇关于神经元在大脑中运算的数学
描述。一个神经元通过树突上的连接接收来自其他神经元的输入，树突上的连接被整合到
一起在细胞体（或神经元胞体）上产生输出。输出通过一根长导线（或轴突）被传递给其他
神经元，这些长导线最终分叉，与其他神经元的树突形成一个或多个连接（在轴突末端）。

图 9-1 是神经元的一个例子。

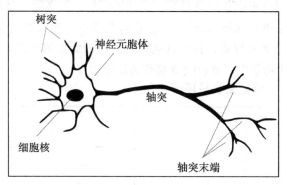

图 9-1 神经元的一个例子

麦卡洛克和皮茨将这样一个神经元的内部工作方式描述为一个简单的逻辑门，根据它
接收到的树突树的输入来确定是否开启逻辑门。具体来说，神经元将所有输入相加，如果
总和超过某个阈值，就会产生一个输出信号，并通过轴突传递。

> 📝注意 但是，现在我们知道真正的神经元要比这复杂得多。生物神经元对数千个输入执行
> 复杂的非线性数学运算，并可以根据输入信号的上下文、重要性或新颖性动态地改
> 变它们的响应能力。你可以认为真正的神经元和电脑一样复杂，人脑和互联网一样
> 复杂。

让我们考虑一个简单的人工神经元，它刚好接收两个输入：x_0 和 x_1。人工神经元的任
务是计算两个输入的和（通常以加权和的形式），如果这个和超过了某个阈值（通常为 0），
就认为该神经元是活跃的，输出一个 1；否则，就认为该神经元是不活跃的，输出一个 –1（或

者 0）。用数学的术语来说，这个 McCulloch-Pitts 神经元的输出 y 可以描述为：

$$y = \begin{cases} 1, & \text{若 } x_0 w_0 + x_1 w_1 \geq 0 \\ -1, & \text{其他} \end{cases} \tag{4.1}$$

在（4.1）中，w_0 和 w_1 是权重系数，与 x_0 和 x_1 一起构成加权和。在本书中，两个不同场景的输出 y 要么是 +1，要么是 –1，常常通过一个激活函数 ϕ 进行掩模，ϕ 有两种不同的值：

$$y = \phi(x_0 w_0 + x_1 w_1 = \phi(z)$$

$$\phi(z) = \begin{cases} 1, & \text{若 } z \geq \theta \\ -1, & \text{其他} \end{cases} \tag{4.2}$$

这里，我们引入一个新变量 z（也称为**网络输入**），等价于加权和：$z = w_0 x_0 + w_1 x_1$。然后，加权和与一个阈值 θ 进行比较，以确定 ϕ 的值，再确定 y 的值。除此之外，这两个方程和（4.1）完全一样。

如果这些方程看起来很熟悉的话，那么你应该会想起在第 1 章中我们讨论过的线性分类器。

你是对的，一个 McCulloch-Pitts 神经元本质上就是一个线性二值分类器！

你可以这样想：x_0 和 x_1 是输入特征，w_0 和 w_1 是要学习的权重，通过一个激活函数 ϕ 进行分类。如果能很好地学习权重，我们就能在合适的训练集的帮助下，把数据分类为正样本或者负样本。在这个场景中，$\phi(z) = \theta$ 将作为决策边界。

在图 9-2 的帮助下，可能更容易理解其含义。

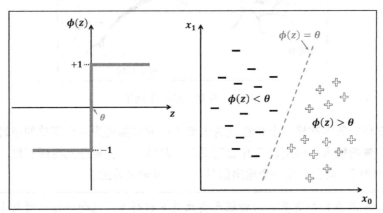

图 9-2 有两个输入的一个简单 McCulloch-Pitts 神经元

在图 9-2 的左图中，我们可以看到神经元的激活函数 ϕ，变量为 z。记住 z 只是两个输入 x_0 和 x_1 的加权和。规则是：只要加权和低于某个阈值 θ，神经元的输出是 –1；反之，加权和高于阈值 θ，输出是 +1。

在图 9-2 的右图中，我们可以看到这个决策边界用 $\phi(z) = \theta$ 表示，它把数据分为两部分：$\phi(z) < \theta$（所有数据点都预测为负样本），$\phi(z) > \theta$（所有数据点都预测为正样本）。

> 🎯 提示　决策边界不一定是垂直或者水平的，可以是倾斜的，如图 9-2 所示。但是在单个 McCulloch-Pitts 神经元中，决策边界始终是一条直线。

当然，神奇之处还在于学习权重系数 w_0 和 w_1，使得决策边界刚好位于所有正数据点和负数据点之间。

要训练一个神经网络，我们通常需要做 3 件事情：

- ❑ **训练数据**：毫无疑问，我们需要一些数据样本来验证分类器的有效性。
- ❑ **代价函数**（又称为**损失函数**）：代价函数提供了权衡当前权重系数好坏的方法。有许多可用的代价函数，我们在本章最后将会讨论。一种解决方案是计算错误分类的数量。另一种解决方案是计算误差平方和。
- ❑ **学习规则**：学习规则在数学上指定了从一次迭代到下一次迭代我们如何更新权重系数。这个学习规则通常依赖于我们在训练数据上观察到的误差（由代价函数度量）。

这就是著名研究者弗兰克·罗森布拉特（Frank Rosenblatt）的工作发挥作用的地方。

9.3　理解感知器

在 20 世纪 50 年代，美国心理学家和人工智能研究者弗兰克·罗森布拉特发明了一种算法，可以自动学习执行一个准确的二值分类所需的最优权重系数 w_0 和 w_1：感知器学习规则。

罗森布拉特的原始感知器算法可以总结为：

1）将权重初始化为 0，或者一些小随机数。

2）对于每个训练样本 s_i，执行以下步骤：

a. 计算预测的目标值 $\hat{y}_i$。

b. 比较 $\hat{y}_i$ 和实际值 y_i，并更新对应的权重：

- ◆ 如果两者是相同的（正确的预测），则跳过。
- ◆ 如果两者不同（错误的预测），那么将权重系数 w_0 和 w_1 分别推向正目标类或者负目标类。

让我们仔细研究一下最后一步，即权重更新规则。权重系数的目标是取使数据成功分类的值。因为我们把权重初始化为 0 或小随机数，所以从一开始就得到 100% 的准确率的概率非常低。因此，我们需要稍微变化一下权重，以提高我们的分类准确率。

在两个输入的情况下，这表示我们必须通过增加一个小的变化 Δw_0 和 Δw_1，来分别更新 w_0 和 w_1：

$$w_0 = w_0 + \Delta w_0$$
$$w_1 = w_1 + \Delta w_1 \tag{4.3}$$

罗森布拉特认为我们应该以一种使分类更准确的方式来更新权重。因此，对于每个数据点

i，我们需要比较感知器的预测输出 $\hat{y}_i$ 和实际值 y_i。如果两个值相同，那么预测是正确的，意味着感知器已经做得很好了，我们不应该再修改权重。

但是，如果两个值不同，那么应该分别将权重推向靠近正类或者负类。这可以用（4.4）来表示：

$$\Delta w_0 = \eta(y_i - \hat{y}_i)x_0$$
$$\Delta w_1 = \eta(y_i - \hat{y}_i)x_1 \tag{4.4}$$

这里参数 η 表示学习率（通常是 0 到 1 之间的一个常数）。通常，对于每个数据样本 s_i，选择足够小的 η，我们只是朝着理想的解决方案迈出了一小步。

为了更好地理解这个更新规则，假设对于一个特定的样本 s_i，我们的预测是 $\hat{y}_i = -1$，但实际值应该是 $y_i = +1$。如果设置 $\eta = 1$，那么有 $\Delta w_0 = (1-(-1))x_0 = 2x_0$。换句话说，更新规则可能希望增加权重值 w_0 为 $2x_0$。权重值越强，才越有可能使其下一次的加权和大于阈值，因此希望下次将样本分类为 $\hat{y}_i = -1$。

另一方面，如果 $\hat{y}_i$ 和 y_i 相同，那么可以消掉 $\hat{y}_i - y_i$，而且 $\Delta w_0 = 0$。

> **注意** 只有当数据线性可分且学习率足够小时，感知器学习规则才能保证收敛于最优解。

在数学意义上，通过扩展加权和中的项数，可以直接将感知器学习规则扩展到两个（x_0 和 x_1）以上的输入：

$$z = x_0 w_0 + x_1 w_1 + \cdots + x_m w_m = \sum_{i=1}^{m} x_i w_i$$
$$\phi(z) = \begin{cases} 1, & 若 z \geq \theta \\ -1, & 其他 \end{cases} \tag{4.5}$$

习惯上的做法是使其中一个权重系数不依赖于任何输入特征（通常是 w_0，所以 $x_0 = 1$），以使其可以作为加权和中的标量（或者偏置项）。

为了使感知器算法看起来更像一个人工神经元，我们可以将其描述成图 9-3 所示的那样。

这里，输入特征和权重系数解释为树突树的一部分，神经元从树突获得所有的输入。对这些输入求和后传递给激活函数，这在细胞体中进行。然后输出信号沿着轴突传到下一个细胞。在感知学习规则中，我们也利用神经元的输出来计算误差，然后用误差来更新权重系数。

> **注意** 20 世纪 50 年代的感知器和现代感知器的一个区别是，现代感知器使用了更复杂的激活函数 ϕ。例如，双曲正切或者 S 型函数，或者近期出现的更强大的称为**线性修正单元**（Rectifier Linear Unit，ReLU）的激活函数。

现在，让我们在一些样本数据上尝试一下吧！

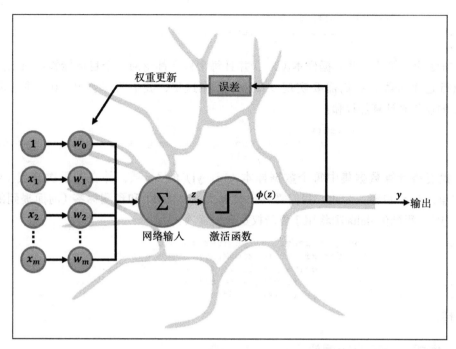

图 9-3　把感知器算法描述为一个人工神经元

9.4　实现第一个感知器

很容易从头开始实现感知器。我们可以模仿典型的 OpenCV 或者 scikit-learn，通过创建一个感知器对象来实现一个分类器。这将允许我们初始化新的感知器对象，可以通过 fit 方法从数据中学习，并通过一个单独的 predict 方法进行预测。

在初始化一个新感知器对象时，我们希望传递一个学习率（1r，在 9.3 节中是 η）以及迭代多少次（n_iter）之后算法应该停止：

```
In [1]: import numpy as np
In [2]: class Perceptron(object):
...       def __init__(self, lr=0.01, n_iter=10):
...           self.lr = lr
...           self.n_iter = n_iter
...
```

此处 fit 方法完成了大部分工作。这个方法应该以一些数据样本（X）及其相关的目标标签（y）作为输入。接下来，我们将创建一个权重数组（self.weights），每个特征为 1（X.shape[1]），初始化为 0。为了方便起见，我们将偏置项（self.bias）与权重向量分开，并将其初始化为 0。把偏置初始化为 0 的其中一个原因是权重中小随机数破坏了网络中的非对称：

```
...              def fit(self, X, y):
...                  self.weights = np.zeros(X.shape[1])
...                  self.bias = 0.0
```

predict 方法应该接收一些数据样本（X），并且每个样本都返回一个目标标签：+1 或者 –1。为了执行这个分类，我们需要实现 $\phi(z) > \theta$。在这里，我们将选择 $\theta = 0$，并且可以用 NumPy 的点积来计算加权和：

```
...              def predict(self, X):
...                  return np.where(np.dot(X, self.weights) + self.bias >= 0.0,
...                                  1, -1)
```

然后，我们将计算数据集中每个数据样本（xi, yi）的 Δw 项，并在若干次迭代（self.n_iter）中重复这个步骤。为此，我们需要比较真实标签（yi）和预测标签（前面提到的 self.predict(xi)）。得到的 delta 项将用于更新权重和偏置项：

```
...              for _ in range(self.n_iter):
...                  for xi, yi in zip(X, y):
...                      delta = self.lr * (yi - self.predict(xi))
...                      self.weights += delta * xi
...                      self.bias += delta
```

就是这样！

9.4.1　生成一个玩具数据集

在以下步骤中，你将学习如何创建并绘制一个玩具数据集：

1）为了测试我们的感知器分类器，我们需要创建一些模拟数据。现在，让我们把事情简单化，再次使用 scikit-learn 的 make_blobs 函数，生成属于其中一个团块（centers）的 100 个数据样本（n_samples）：

```
In [3]: from sklearn.datasets.samples_generator import make_blobs
...      X, y = make_blobs(n_samples=100, centers=2,
...                        cluster_std=2.2, random_state=42)
```

2）要牢记一件事：我们的感知器分类器期望的目标标签要么是 +1，要么是 –1，而 make_blobs 返回 0 和 1。调整标签的一种简单方式如下所示：

```
In [4]: y = 2 * y - 1
```

3）我们先导入 matplotlib 的 pyplot 模块，该模块提供了可视化数据的功能。

4）接着，我们使用 ggplot（数据可视化包）style 绘制数据。

5）接下来，我们使用一个魔法命令 %matplotlib inline，允许你在 Jupyter Notebook 内进行绘图。

6）然后，用 plt.scatter 绘制一个散点图，为 x1 轴和 x2 轴输入数据 X。

7）x1 轴将取 X 第 1 列的所有行 X[:, 0]，x2 轴将取 X 第 2 列的所有行 X[:, 1]。plt.scatter 中的另外两个参数是 s（标记大小，点的大小）和 c（颜色）。因为 y 只有两个值，+1 或者 –1，所以散点图将有两个最大值。

8）最后，我们把 x 轴和 y 轴标记为 x1 和 x2。

让我们来看一下数据：

```
In [5]: import matplotlib.pyplot as plt
...        plt.style.use('ggplot')
...        %matplotlib inline
...        plt.scatter(X[:, 0], X[:, 1], s=100, c=y);
...        plt.xlabel('x1')
...        plt.ylabel('x2')
```

生成的结果如图 9-4 所示。

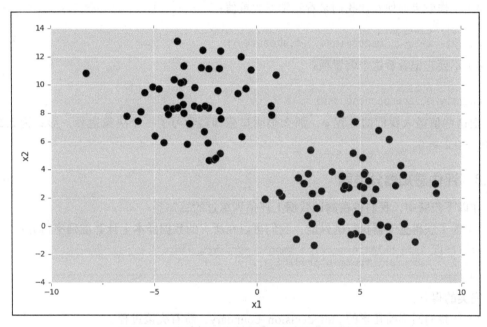

图 9-4　一个感知器分类器的示例数据集的散点图

图 9-4 显示了一个感知器分类器的示例数据集。你认为我们的感知器分类器能很容易地找到一个划分这两个团块的决策边界吗？

很有可能。我们之前说过感知器是一个线性分类器。这意味着只要你能在图 9-4 中画出一条直线来拆分这两个团块，就会存在一个感知器能够找到的线性决策边界，也就是假设我们正确地实现了这些内容。让我们来找一找吧！

9.4.2　拟合感知器和数据

在以下步骤中，你将学习如何在给定的数据上拟合一个感知器算法：

1）我们可以实例化感知器对象，类似于我们在 OpenCV 中遇到的其他分类器：

```
In [6]: p = Perceptron(lr=0.1, n_iter=10)
```

这里，我们选择一个学习率 0.1，并告诉感知器在 10 次迭代后终止。此处这些值的选择相当随意，尽管我们稍后将回到这里。

提示　选择一个合适的学习率很关键，但是我们并不总是清楚什么才是最合适的选择。学习率决定了我们向最优权重系数移动的快慢。如果学习率太大，则可能会意外地跳过最优解。如果学习率太小，则可能需要大量的迭代才能收敛到最优值。

2）一旦建立好了感知器，就可以调用 fit 方法，优化权重系数：

```
In [7]: p.fit(X, y)
```

3）工作效果如何？让我们来看看学习权重值：

```
In [8]: p.weights
Out[8]: array([ 2.20091094, -0.4798926 ])
```

4）不要忘记看看这个偏置项：

```
In [9]: p.bias
Out[9]: 0.20000000000000001
```

如果把这些值插入我们的方程 ϕ，那么很明显感知器学习了一个决策边界，形式为 $2.2x_1 - 0.48x_2 + 0.2 \geq 0$。

9.4.3　评估感知器分类器

在以下步骤中，我们将在测试数据上评估训练过的感知器：

1）为了获得感知器执行的性能，我们可以在所有的数据样本上计算准确率得分：

```
In [10]: from sklearn.metrics import accuracy_score
...        accuracy_score(p.predict(X), y)
Out[10]: 1.0
```

完美的得分！

2）让我们回到前几章的 plot_decision_boundary，看看决策过程：

```
In [10]: def plot_decision_boundary(classifier, X_test, y_test):
...          # create a mesh to plot in
...          h = 0.02 # step size in mesh
...          x_min, x_max = X_test[:, 0].min() - 1, X_test[:,
0].max() + 1
...          y_min, y_max = X_test[:, 1].min() - 1, X_test[:,
1].max() + 1
...          xx, yy = np.meshgrid(np.arange(x_min, x_max, h),
...                               np.arange(y_min, y_max, h))
...
...          X_hypo = np.c_[xx.ravel().astype(np.float32),
...                         yy.ravel().astype(np.float32)]
...          zz = classifier.predict(X_hypo)
...          zz = zz.reshape(xx.shape)
...
...          plt.contourf(xx, yy, zz, cmap=plt.cm.coolwarm,
alpha=0.8)
...          plt.scatter(X_test[:, 0], X_test[:, 1], c=y_test,
s=200)
```

3）我们可以绘制决策区域。

4）传递感知器对象（p）、数据（X）以及对应的目标标签（y）：

```
In [11]: plot_decision_boundary(p, X, y)
```

产生的结果如图 9-5 所示。

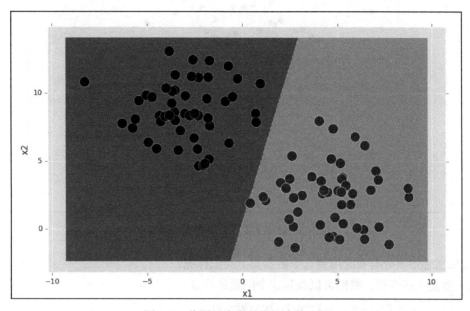

图 9-5　分隔两个类的线性决策边界

当然，这个问题相当简单，即使对于一个简单的线性分类器也是如此。更重要的是，你可能已经注意到我们没有把数据拆分成训练集和测试集。如果数据不是线性可分的，那么情况可能会有一些不同。

9.4.4　将感知器应用于非线性可分的数据

在以下步骤中，我们将学习构建一个感知器以拆分非线性数据：

1）因为感知器是一个线性分类器，你可以认为它很难对非线性可分的数据进行分类。我们可以通过增加玩具数据集的两个团块的散布（cluster_std）来测试一下，这样两个团块开始重叠：

```
In [12]: X, y = make_blobs(n_samples=100, centers=2,
...      cluster_std=5.2, random_state=42)
...      y = 2 * y - 1
```

2）我们可以使用 matplotlib 的 scatter 函数来再次绘制数据集：

```
In [13]: plt.scatter(X[:, 0], X[:, 1], s=100, c=y);
...      plt.xlabel('x1')
...      plt.ylabel('x2')
```

如图 9-6 所示，该数据不再线性可分，因为没有直线完美地分离这两个团块。

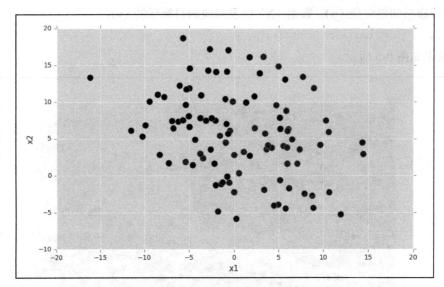

图 9-6 数据非线性可分的一个例子

如果把感知器分类器应用到这个数据集上会怎样呢?

3）重复上述步骤，我们可以找到这个问题的答案:

```
In [14]: p = Perceptron(lr=0.1, n_iter=10)
...      p.fit(X, y)
```

4）接下来，我们发现一个准确率得分为 81%:

```
In [15]: accuracy_score(p.predict(X), y)
Out[15]: 0.81000000000000005
```

5）为了找出哪些数据点是误分类的，我们可以使用辅助函数再次可视化决策区域:

```
In [16]: plot_decision_boundary(p, X, y)
...      plt.xlabel('x1')
...      plt.ylabel('x2')
```

图 9-7 显示了感知器分类器的局限性。作为一个线性分类器，它试图用一条直线来分离数据，但最终还是失败了。失败的主要原因是，尽管我们实现了 81% 的准确率，但是数据不是线性可分的。因此，与感知器不同，我们需要一个非线性算法，它可以创建一个非线性（圆形）决策边界，而不是一条直线决策边界:

幸运的是，有一些方法可以使感知器更强大，并最终创建非线性决策边界。

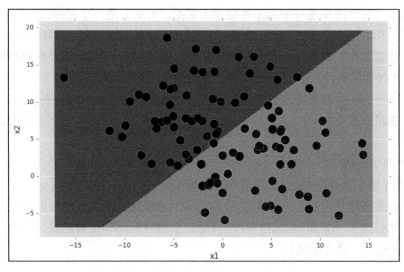

图 9-7　线性感知器分类失败的例子

9.5　理解多层感知器

为了创建非线性决策边界，我们可以把多个感知器组合形成一个更大的网络。这也被称为**多层感知器**（multilayer perceptron，MLP）。通常，多层感知器至少由三层组成，第一层为数据集的每个输入特征都有一个节点（或神经元），最后一层为每个类标签都有一个节点。中间层称为**隐藏层**。

前馈神经网络结构的一个例子如图 9-8 所示。

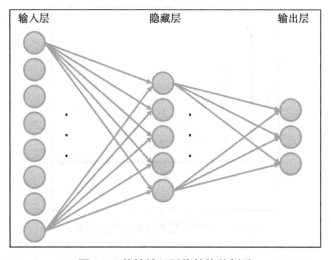

图 9-8　前馈神经网络结构的例子

在这个网络中，每个圆都是一个人工神经元（或者，本质上是一个感知器），一个人工神经元的输出可以作为下一个人工神经元的输入，就像大脑中真正的生物神经元一样。通过把感知器并排放置，我们得到了一个单层神经网络。类似地，将一层神经网络叠加在另一层上，逐层叠加神经网络，我们就得到多层神经网络——MLP。

多层感知器的一个显著特性是，如果网络足够大，那么它们就可以表示任何数学函数。这也被称为**通用近似属性**。例如，一个隐藏层多层感知器（如图 9-8 所示）能够准确地表示以下内容：

- ❑ 任意布尔函数（如 AND、OR、NOT、NAND 等）
- ❑ 任意有界连续函数（如正弦或者余弦函数）

更好的是，如果再增加一层，一个多层感知器可以近似任何函数。你可以看到为什么这些神经网络如此强大——如果你给这些神经网络足够的神经元和足够的层，那么它们基本上可以学习任何输入 – 输出函数！

9.5.1 理解梯度下降

我们在本章前面讨论感知器时，确定了训练时需要的三个基本要素：训练数据、一个代价函数以及一个学习规则。虽然学习规则在单个感知器上工作得很好，但是却不能推广到多层感知器上，因此必须找到一个更普遍的规则。

如何衡量一个分类器是成功的，我们通常借助代价函数来实现。一个典型的例子是网络的误分类数或者均方误差。这个函数（也称为**损失函数**）通常依赖于我们正在试着去调整的参数。在神经网络中，这些参数就是权重系数。

让我们假设一个简单的神经网络只有一个权值 w 要调整。那么我们可以把代价看成权重的一个函数，见图 9-9。

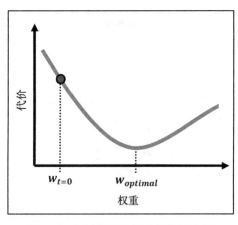

图 9-9　代价函数和权重系数的关系

训练开始时，在 0 时刻，我们可以从图 9-9 的左边开始（$w_{t=0}$）。但是从图 9-9 中，我

们知道 w 会有一个更好的值，即 $w_{optimal}$，它会最小化代价函数。最小代价意味着最低误差，因为通过学习达到最优 $w_{optimal}$ 应该是我们的最高目标。

这就是梯度下降的作用。你可以把梯度想象成指向山顶的一个矢量。在梯度下降过程中，我们试着沿梯度相反的方向行进，有效地沿着山峰向山谷，走下山（图9-10）。

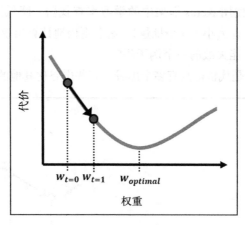

图 9-10　梯度下降方向

一旦你到达了山谷，梯度就会变为 0，这样训练就完成了。

有多条路可以到山谷——我们可以从左边开始，也可以从右边开始。下降的起点由初始权值决定。此外，我们必须要小心，不要走的步子太大，否则我们可能会错过山谷（图9-11）。

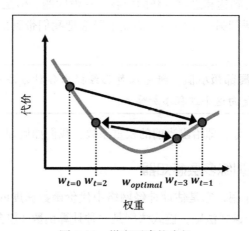

图 9-11　梯度下降的步长

因此，在随机梯度下降（有时也称为迭代或在线梯度下降）中，目标是取小步长，但取尽可能多的步长。算法的学习率决定了步长的有效性。

具体地说，我们将重复执行以下过程：

1）向网络提供少量的训练样本（称为**批处理大小**）。

2）在这个小批量数据上计算代价函数的梯度。

3）通过在梯度的反方向上朝着山谷取一个小步长，更新权重系数。

4）重复步骤（1）~（3），直到权重代价不再下降。这表示我们已经到达了山谷。

改进 SGD 的其他方法是使用 Keras 框架中的学习率查找器，降低迭代中的步长（学习率），如前所述，使用一个批处理大小（或小批量），这会更快地计算出权重更新。

你能想出这个过程可能失败的一个例子吗？

我们想到的一个场景是代价函数有多个山谷，有些山谷比其他的更深，如图 9-12 所示。

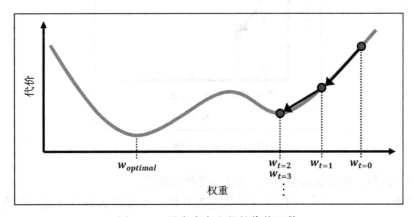

图 9-12　具有多个山谷的代价函数

如果我们从左边出发，会到达和之前一样的山谷——没问题。但是，如果我们从右边出发，那么我们可能会在途中遇到另一个山谷。梯度下降会把我们带到山谷，但是没有任何办法从山谷中爬出来。

> 注意　这也称为是**陷入局部极小值**。研究人员已经提出各种方法来尝试和避免这个问题，其中的一种方法是向这个过程添加噪声。

这个难题还剩下一部分，即给出当前的权重系数，我们如何知道代价函数的斜率呢？

9.5.2　基于反向传播训练多层感知器

这就是反向传播的作用，它是估计神经网络中代价函数梯度的一种算法。有些人可能会说，这实际上就是一个链式法则，链式法则是一种计算函数（包含不止一个变量）偏导数的方法。尽管如此，这是帮助人工神经网络领域重现生机的一种方法，所以我们应该对此表示感谢。

理解反向传播涉及相当多的微积分知识，因此我们在这里只做一个简单的介绍。

让我们回忆一下代价函数，它的梯度依赖于每个数据样本 i 的真实输出（y_i）和当前输出（$\hat{y}_i$）之间的差异。如果我们选择把代价函数定义为均方误差，对应的方程是：

$$E = \frac{1}{2}\sum_i (y_i - \hat{y}_i)^2 \qquad (4.6)$$

这里，对所有的数据样本 i 求和。当然，一个神经元的输出（$\hat{y}$）依赖于其输入（z），反之，依赖于输出特征（x_j）和权重（w_j）：

$$\hat{y} = \phi(z)$$
$$z = \sum_j x_j w_j \qquad (4.7)$$

因此，为了计算方程（4.6）和（4.7）中代价函数的斜率，我们必须计算 E 关于某个权重 w_j 的导数。这个计算涉及很多数学知识，因为 E 依赖于 $\hat{y}$，$\hat{y}$ 依赖于 z，z 依赖于 w_j。但是，幸好有链式规则，我们知道可以用（4.8）来分解这个计算：

$$\frac{\partial E}{\partial w_j} = \frac{\partial E}{\partial \hat{y}}\frac{\partial \hat{y}}{\partial z}\frac{\partial z}{\partial w_j} \qquad (4.8)$$

这里，左边的项是 E 关于 w_j 的偏导数，它就是我们要计算的。如果我们的网络中有更多的神经元，那么这个等式就不会结束于 w_j，而是可能包括一些额外的项来描述错误如何流经不同的隐藏层。

这就是反向传播名称的由来：类似于活动从输入层经过隐藏层流向输出层，误差梯度通过网络反向流动。或者说，隐藏层的误差梯度依赖于输出层的误差梯度，等等。你可以看到，这就好像误差是通过网络反向传播的。

你可能会说，这还是有点复杂。但好消息是，方程（4.8）中最右边的项是唯一依赖于 w_j 的项，这至少使数学运算简单了一些。但如你所说，这确实是有点复杂，这里我们不再进行更深入地研究。

> 注意 要了解更多有关反向传播的内容，强烈推荐你阅读 Ian Goodfellow, Yoshua Bengio, and Aaron Courville (2016), *Deep Learning (Adaptive Computation and Machine Learning series)*, MIT Press, ISBN 978-026203561-3。

毕竟，我们真正感兴趣的是这些内容在实践中是如何工作的。

9.5.3 用 OpenCV 实现一个多层感知器

用 OpenCV 实现一个多层感知器，使用的语法和我们之前见到的语法（至少见过 10 多次）相同。为了比较多层感知器和单个感知器，我们会在与之前相同的玩具数据上执行操作：

```
In [1]: from sklearn.datasets.samples_generator import make_blobs
...     X_raw, y_raw = make_blobs(n_samples=100, centers=2,
...                               cluster_std=5.2, random_state=42)
```

1. 数据预处理

但是，因为我们使用 OpenCV，所以这次我们希望确保输入矩阵是由 32 位浮点数组成，否则代码就会中断：

```
In [2]: import numpy as np
... X = X_raw.astype(np.float32)
```

此外，我们需要回到第 4 章，并记住如何表示类别变量。我们需要找到一种方式来表示目标标签，不是用整数，而是用一位有效编码。实现这个任务的最简单方式是使用 scikit-learn 的 preprocessing 模块：

```
In [3]: from sklearn.preprocessing import OneHotEncoder
...     enc = OneHotEncoder(sparse=False, dtype=np.float32)
...     y = enc.fit_transform(y_raw.reshape(-1, 1))
```

2. 用 OpenCV 创建一个多层感知器分类器

用 OpenCV 创建一个多层感知器的语法与所有其他分类器相同：

```
In [4]: import cv2
...     mlp = cv2.ml.ANN_MLP_create()
```

但是，现在我们需要指定网络中有多少层，以及每一层有多少个神经元。我们用一个指定每一层神经元数的整数列表来完成这个任务。因为数据矩阵 X 有两个特征，所以第一层也应该有两个神经元（n_input）。因为输出有两个不同的值，所以最后一层也应该有两个神经元（n_output）。

在这两层之间，我们可以放置任意多个隐藏层以及任意多的神经元。让我们选择一个有 10 个神经元（n_hidden）的隐藏层：

```
In [5]: n_input = 2
...     n_hidden = 10
...     n_output = 2
...     mlp.setLayerSizes(np.array([n_input, n_hidden, n_output]))
```

3. 自定义多层感知器分类器

在我们继续训练分类器之前，我们可以通过一些可选设置来自定义多层感知器分类器：

❑ mlp.setActivationFunction：这个设置定义了网络中每个神经元所使用的激活函数。

❑ mlp.setTrainMethod：这个设置定义了一个合适的训练方法。

❑ mlp.setTermCriteria：这设置了训练阶段的终止条件。

虽然我们自定义的感知器分类器使用的是一个线性激活函数，但是 OpenCV 提供了另外两个选项：

❑ cv2.ml.ANN_MLP_IDENTITY：这是线性激活函数 $f(x) = x$。

❑ cv2.ml.ANN_MLP_SIGMOID_SYM：这是对称的 S 型函数（也称为**双曲正切函数**）$f(x) = \beta(1-\exp(-\alpha x))/(1+\exp(-\alpha x))$，其中 α 控制函数的斜率，β 定义输出的上界和下界。

❑ **cv2.ml.ANN_GAUSSIAN**：这是高斯函数（也称为**钟形曲线**）$f(x) = \beta \exp(-\alpha x^2)$。其中 α 控制函数的斜率，β 定义了输出的上界。

> 🎯 **提示** 请注意，OpenCV 在这里真的很混乱！所谓的对称 S 型函数实际上是双曲正切函数。在其他软件中，S 型函数的响应通常在 [0, 1] 范围内，而双曲正切的响应范围是 [−1, +1]。更糟糕的是，如果使用对称的 S 型函数及其默认参数，那么输出将在 [−1.7159, 1.7159] 范围内！

在本例中，我们将使用一个合适的 S 型函数，它将输入值压缩到 [0, 1] 范围内。我们选择 $\alpha = 2.5$ 和 $\beta = 1.0$ 来实现这一任务，α 和 β 是激活函数的两个参数，它们的默认值设置为 0：

```
In [6]: mlp.setActivationFunction(cv2.ml.ANN_MLP_SIGMOID_SYM, 2.5, 1.0)
```

如果你想知道这个激活函数的形状，我们可以用 matplotlib 来做一个简单的尝试：

```
In [7]: import matplotlib.pyplot as plt
...     %matplotlib inline
...     plt.style.use('ggplot')
```

为了看一下激活函数的形状，我们可以创建一个 NumPy 数组，在 [−1, +1] 范围内密集采样 x 值，然后用前面的数学表达式计算对应的 y 值：

```
In [8]: alpha = 2.5
...     beta = 1.0
...     x_sig = np.linspace(-1.0, 1.0, 100)
...     y_sig = beta * (1.0 - np.exp(-alpha * x_sig))
...     y_sig /= (1 + np.exp(-alpha * x_sig))
...     plt.plot(x_sig, y_sig, linewidth=3);
...     plt.xlabel('x')
...     plt.ylabel('y')
```

如图 9-13 所示，这将创建一个很好的压缩函数，其输出值位于 [−1, +1] 范围内。

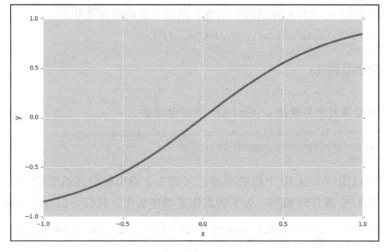

图 9-13　利用 NumPy 数组绘制一个 S 型激活函数

图 9-13 显示了一个对称 S 型函数的例子，其中 $\alpha = 2.5$ 以及 $\beta = 1.0$。如前所述，可以通过 mlp.setTrainMethod 设置一个训练方法。以下方法可以使用：

- ❑ cv2.ml.ANN_MLP_BACKPROP：这是我们之前介绍过的反向传播算法。你可以通过 mlp.setBackpropMomentumScale 和 mlp.setBackpropWeightScale 来设置另外的缩放因子。

- ❑ cv2.ml.ANN_MLP_RPROP：这是 Rprop（resilient backpagation）算法。我们不会讨论这个算法，但是你可以通过 mlp.setRpropDW0、mlp.setRpropDWMax、mlp.setRpropDWMin、mlp.setRpropDWMinus 以及 mlp.setRpropDWPlus 来设置这个算法的其他参数。

在本例中，我们将选择反向传播：

```
In [9]: mlp.setTrainMethod(cv2.ml.ANN_MLP_BACKPROP)
```

最后，我们可以通过 mlp.setTermCriteria 指定训练结束必须满足的条件。这对于 OpenCV 中的每个分类器都是相同的，并且与底层 C++ 功能密切相关。我们先告诉 OpenCV 我们要指定哪些条件（例如，最大迭代次数）。然后我们再为这个条件指定值。所有值都必须以元组的形式传递。

因此，为了使我们的多层感知器分类器运行到迭代次数达到 300 次或者误差不再增加，以至超出一些小范围的值，我们可以编写以下内容：

```
In [10]: term_mode = cv2.TERM_CRITERIA_MAX_ITER + cv2.TERM_CRITERIA_EPS
...       term_max_iter = 300
...       term_eps = 0.01
...       mlp.setTermCriteria((term_mode, term_max_iter, term_eps))
```

接下来，我们准备训练分类器！

4. 训练和测试 MLP 分类器

这部分内容很简单。MLP 分类器的训练和其他分类器的训练相同：

```
In [11]: mlp.train(X, cv2.ml.ROW_SAMPLE, y)
Out[11]: True
```

目标标签的预测也是如此：

```
In [12]: _, y_hat = mlp.predict(X)
```

度量准确率的最简单方法是使用 scikit-learn 的辅助函数：

```
In [13]: from sklearn.metrics import accuracy_score
...       accuracy_score(y_hat.round(), y)
Out[13]: 0.88
```

这看上去我们可以用一个由 10 个隐藏层神经元和 2 个输出神经元组成的一个 MLP 将单个感知器的性能从 81% 提升到 88%。为了解发生了哪些变化，我们可以再看看决策边界：

```
In [14]: def plot_decision_boundary(classifier, X_test, y_test):
...  # create a mesh to plot in
...  h = 0.02 # step size in mesh
```

```
... x_min, x_max = X_test[:, 0].min() - 1, X_test[:, 0].max() + 1
... y_min, y_max = X_test[:, 1].min() - 1, X_test[:, 1].max() + 1
... xx, yy = np.meshgrid(np.arange(x_min, x_max, h),
... np.arange(y_min, y_max, h))
...
... X_hypo = np.c_[xx.ravel().astype(np.float32),
... yy.ravel().astype(np.float32)]
... _, zz = classifier.predict(X_hypo)
```

但是，这里刚好有一个问题，**zz** 现在是独热编码矩阵。为了将独热编码转换为对应于类标签的一个数字（0 或者 1），我们可以使用 NumPy 的 argmax 函数：

```
...             zz = np.argmax(zz, axis=1)
```

其余内容保持不变：

```
...             zz = zz.reshape(xx.shape)
...             plt.contourf(xx, yy, zz, cmap=plt.cm.coolwarm, alpha=0.8)
...             plt.scatter(X_test[:, 0], X_test[:, 1], c=y_test, s=200)
```

接下来，我们可以这样调用函数：

```
In [15]: plot_decision_boundary(mlp, X, y_raw)
```

输出结果如图 9-14 所示。

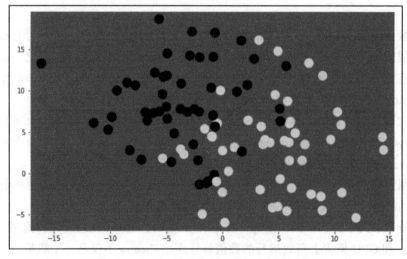

图 9-14　拥有一个隐藏层的 MLP 的决策边界

瞧！决策边界不再是一条直线了。也就是说，你的性能得到了很大的提升，而且预期的性能可能会有更大幅度的提升。但是，我们不会止步于此！

从现在开始，我们至少可以尝试两种不同的方法：

❑ 我们可以在隐藏层添加更多的神经元。你可以把第 6 行中的 **n_hidden** 替换为一个更大的值，并再次运行代码来实现该任务。一般来说，放入网络的神经元越多，MLP 的功能就越强大。

❑ 我们可以添加更多的隐藏层。事实证明，这就是神经网络真正发挥作用的地方。因此，我们将向你介绍深度学习。

9.6 结识深度学习

在还没有"深度学习"这个名称之前，我们将其称为"人工神经网络"。因此你实际上已经对深度学习有所了解了！

当 David Rumelhart、Geoffrey Hinton 和 Ronald Williams 参与了上述反向传播算法的研究和推广后，最终，在 1986 年人们重燃了对神经网络的兴趣。但是，直到最近，计算机才变得足够强大，能够在大规模网络上实际执行反向传播算法，这才使得深度学习研究迅猛发展。

注意　你可以在 Wang and Raj (2017), *On the Origin of Deep Learning*, arXiv:1702.07800 这篇科学文献中找到有关深度学习历史和起源的更多内容。

目前，随着深度学习在工业界和学术界的流行，我们非常幸运地拥有一整套开源深度学习框架：

❑ **谷歌大脑的 TensorFlow**（http://www.tensorflow.org）：这是一个把计算描述为数据流图的一个机器学习库。到目前为止，这是最常用的深度学习库之一。因此，它也在快速发展，所以你可能必须要经常查看软件更新。TensorFlow 提供了包括 Python、C++ 和 Java 接口在内的一系列用户接口。

❑ **微软研究院的认知工具包**（Microsoft Research's Cognitive Toolkit，CNTK，https://www.microsoft.com/en-us/research/product/cognitive-toolkit）：这是一个深度学习框架，通过一个有向图将神经网络描述为一系列计算步骤。

❑ **加州大学伯克利分校的 Caffe**（http://caffe.berkeleyvision.org）：这是一个用 C++ 编写的纯深度学习框架，附加了一个 Python 接口。

❑ **蒙特利尔大学的 Theano**（http://deeplearning.net/software/theano）：这是一个可以在 CPU 和 GPU 架构上高效运行的数值计算库。Theano 不仅是一个机器学习库，而且可以用专门的计算机代数系统来表示任何计算。因此，它最适合希望从头开始编写机器学习算法的人员。

❑ **Torch**（http://www.torch.ch）：这是基于 Lua 编程语言的一个科学计算框架。和 Theano 一样，Torch 不仅是一个机器学习库，而且也被 Facebook、IBM 和 Yandex 等公司广泛应用于深度学习。

❑ **PyTorch**（https://pytorch.org）：PyTorch 是一个面向 Python 的开源机器学习库，基于 Torch，广泛用于深度学习等研究领域。PyTorch 最初是由 Facebook 的人工智能研究小组开发的，用 Python、C++ 和 CUDA 编写而成。工具和库的丰富生态系统扩展了 PyTorch，并支持**计算机视觉**（Computer Vision，CV）、**自然语言处理**（Natural Language Processing，NLP）等方面的开发。

最后，还有 Keras，我们将在下面几个小节中使用 Keras。与之前的框架相比，Keras 将自己理解为一个接口，而不是一个端到端的深度学习框架。这就允许你使用易于理解的 API 来指定深度神经网络，之后就可以在 TensorFlow、CNTK 或 Theano 等后端运行 API 了。

结识 Keras

Keras 的核心数据结构是一个模型，类似于 OpenCV 的分类器对象，只是 Keras 只关注神经网络。最简单的模型类型是顺序模型，其将神经网络的不同层排列成一个线性堆栈，就像我们在 OpenCV 中对 MLP 所做的那样：

```
In [1]: from keras.models import Sequential
...     model = Sequential()
Out[1]: Using TensorFlow backend.
```

接下来，可以将不同的层一个一个地添加到模型中。在 Keras 中，层不仅包含神经元，它们还执行一个函数。一些核心层类型包括：

- **Dense**：这是一个密集连接层。这正是我们在设计 MLP 时所使用的：与前一层的每个神经元相连接的一层神经元。
- **Activation**：对输出应用一个激活函数。Keras 提供了各种激活函数，包括 OpenCV 的识别函数（linear）、双曲正切函数（tanh）、S 型压缩函数（sigmoid）、softmax 函数（softmax）等。
- **Reshape**：把输出重新调整为某种形状。

还有其他层计算输入上的算术或者几何运算：

- **卷积层**：这些层允许你指定与输入层进行卷积的核。这允许你执行 Sobel 之类的滤波或者应用 1D、2D 或 3D 的高斯核之类的运算。
- **池化层**：这些层在输入上执行一个最大池化运算，其中输出神经元的活动是由最活跃的输入神经元给出的。

深度学习中的一些其他流行层包括：

- **Dropout**：这个层在每次更新时随机地将一部分输入单元设置为零。这是一种向训练过程中注入噪声的方法，使其更加鲁棒。
- **嵌入层**：这一层编码类别数据，类似于 scikit-learn 的 preprocessing 模块的一些函数。
- **高斯噪声**：这一层应用了加性的零中心高斯噪声。这是在训练过程中注入噪声的另一种方法，使其更加鲁棒。

与上一个感知器类似的一个感知器可以使用有 2 个输入和 1 个输出的密集层来实现。与前面的示例一样，我们将权重初始化为零，并使用双曲正切作为激活函数：

```
In [2]: from keras.layers import Dense
...     model.add(Dense(1, activation='tanh',
input_dim=2,
...                    kernel_initializer='zeros'))
```

最后，我们要指定训练方法。Keras 提供了许多优化器，包括：

- ❑ **随机梯度下降**（Stochastic Gradient Descent，SGD）：我们之前讨论过它。
- ❑ **均方根传播**（Root Mean Square propagation，RMSprop）：这是一种学习率适用于每个参数的方法。
- ❑ **自适应矩估计**（Adaptive moment estimation，Adam）：这是对均方根传播的更新。

此外，Keras 还提供了各种损失函数：

- ❑ **均方误差**（mean_squared_error）：我们之前讨论过它。
- ❑ **铰链损失**（hinge）：这是支持向量机最常用的最大边缘分类器，如第 6 章所述。

你可以看到，需要指定的参数和可供选择的方法太多了。为了忠实于我们前面介绍的感知器实现，我们将选择 SGD 作为优化器，均方误差作为代价函数，准确率作为评分函数：

```
In [3]: model.compile(optimizer='sgd',
...                   loss='mean_squared_error',
...                   metrics=['accuracy'])
```

为了比较 Keras 实现和我们自定义版本的性能，我们将把分类器应用到同一个数据集：

```
In [4]: from sklearn.datasets.samples_generator import make_blobs
...     X, y = make_blobs(n_samples=100, centers=2,
...     cluster_std=2.2, random_state=42)
```

最后，Keras 模型用一个非常熟悉的语法拟合数据。这里，我们还可以选择训练的迭代次数（epochs），在计算误差梯度（batch_size）之前需要提供多少个样本，是否打乱数据集（shuffle）以及是否更新输出进度（verbose）：

```
In [5]: model.fit(X, y, epochs=400, batch_size=100, shuffle=False,
...               verbose=0)
```

在完成训练之后，我们可以评估分类器，如下所示：

```
In [6]: model.evaluate(X, y)
Out[6]: 32/100 [========>.....................] - ETA: 0s
        [0.040941802412271501, 1.0]
```

这里第一个报告的值是均方误差，而第二个值表示准确率。这意味着最终的均方误差是 0.04，准确率是 100%。比我们自己的实现要好很多！

📷 注
意
你可以在 http://keras.io 上找到有关 Keras、与源代码文档相关的更多内容，以及大量的教程。

有了这些工具，现在我们就可以处理真实的数据集了！

9.7　分类手写数字

在 9.7 节中，我们介绍了一些有关神经网络的理论，如果你对这个主题不熟悉，可能会觉得难以应对。在这一节中，我们将使用著名的 MNIST 数据集，它包含 60 000 个手写数字样本及其标签。

我们将在该数据集上训练两个不同的网络：

❑ 一个基于 OpenCV 的 MLP

❑ 一个基于 Keras 深度神经网络

9.7.1　加载 MNIST 数据集

获得 MNIST 数据集的最简单方法是使用 Keras：

```
In [1]: from keras.datasets import mnist
...     (X_train, y_train), (X_test, y_test) = mnist.load_data()
Out[1]: Using TensorFlow backend.
        Downloading data from
        https://s3.amazonaws.com/img-datasets/mnist.npz
```

这将从 Amazon 云下载数据（这可能需要一段时间，取决于你的互联网连接），并自动将数据拆分成训练集和测试集。

📷 **注意**　MNIST 提供了自己预定义的训练 - 测试拆分。这样比较不同分类器的性能就会很容易，因为它们都将使用相同的数据进行训练，并使用相同的数据进行测试。

我们已经很熟悉这些数据的格式了：

```
In [2]: X_train.shape, y_train.shape
Out[2]: ((60000, 28, 28), (60000,))
```

我们应该注意到，标签是 0 到 9 之间的整数值（对应数字 0 ~ 9）：

```
In [3]: import numpy as np
...     np.unique(y_train)
Out[3]: array([0, 1, 2, 3, 4, 5, 6, 7, 8, 9], dtype=uint8)
```

我们可以看一些示例数字：

```
In [4]: import matplotlib.pyplot as plt
...     %matplotlib inline
In [5]: for i in range(10):
...         plt.subplot(2, 5, i + 1)
...         plt.imshow(X_train[i, :, :], cmap='gray')
...         plt.axis('off')
```

这些数字如图 9-15 所示。

事实上，MNIST 数据集是 NIST 数字数据集的后继，NIST 数字数据集由我们之前使用过的 scikit-learn 提供（sklearn.datasets.load_digits，请查阅第 2 章）。一些显著的区别如下所述：

❑ MNIST 图像（28×28 像素）比 NIST 图像（8×8 像素）大得多，因此更加关注细节，比如同一个数字的图像之间的失真和个体差异。

❑ MNIST 数据集比 NIST 数据集更大，提供了 60 000 个训练样本以及 10 000 个测试样本（与总共 5620 个 NIST 图像相比）。

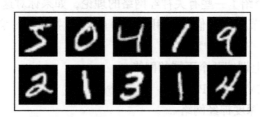

图 9-15　MNIST 数据集中的示例数字

9.7.2　预处理 MNIST 数据集

正如我们在第 4 章中所学的，这里有许多我们可能会应用的预处理步骤：

❑ **居中**：重要的是，图像中所有的数字都是居中的。例如，看一下图 9-15 中的数字 "1" 的所有示例图像，它们几乎都是垂直笔画的。如果不对齐图像，那么笔画会出现在图像中的任何位置，使得神经网络很难发现训练样本的共性。幸运的是，MNIST 中的图像都已经居中了。

❑ **缩放**：同样的道理也适用于缩放数字，以使数字具有相同的大小。这样，笔画、曲线以及环的位置都很重要。否则，神经网络很容易混淆 8 和 0，因为它们都是由一个或者两个闭环组成的。幸运的是，MNIST 中的图像都已经被缩放了。

❑ **类别特征的表示**：重要的是目标标签是独热编码，这样我们可以在输出层有 10 个神经元对应于 0 到 9 的 10 个不同的类。这一步我们还得自己完成。

变换 y_train 和 y_test 的最简单方法是 scikit-learn 的独热编码：

```
In [6]: from sklearn.preprocessing import OneHotEncoder
...     enc = OneHotEncoder(sparse=False, dtype=np.float32)
...     y_train_pre = enc.fit_transform(y_train.reshape(-1, 1))
```

这将把训练集的标签从整数 0 ~ 9 的一个 <n_samples x 1> 向量转换为浮点数 0.0 或者 1.0 的一个 <n_samples x 10> 的矩阵。类似地，我们可以使用相同的过程转换 y_test：

```
In [7]: y_test_pre = enc.fit_transform(y_test.reshape(-1, 1))
```

此外，为了使用 OpenCV，我们需要预处理 X_train 和 X_test。当前，X_train 和 X_test 是整数值在 0 到 255 之间的三维矩阵 <n_samples x 28 x 28>。最好是浮点数的一个二维矩阵 <n_samples x n_features>，其中 n_features 是 784，它基本上是将 28 × 28 的图像展开成一个 784 维的向量：

```
In [8]: X_train_pre = X_train_pre.reshape((X_train.shape[0], -1))
...     X_train_pre = X_train.astype(np.float32) / 255.0
...     X_test_pre = X_test_pre.reshape((X_test.shape[0], -1))
...     X_test_pre = X_test.astype(np.float32) / 255.0
```

接下来，我们准备训练网络。

9.7.3　使用 OpenCV 训练一个多层感知器

我们可以用 OpenCV 建立并训练一个多层感知器，方法如下所示：

1）实例化一个新的 MLP 对象：

```
In [9]: import cv2
...     mlp = cv2.ml.ANN_MLP_create()
```

2）指定网络中每一层的大小。我们可以随意添加任意个层，但是需要确保第一层的神经元数量和输入特征的数量相同（在我们的例子中是 784），最后一层的神经元数与类标签相同（在我们的例子中是 10），有两个隐藏层，每个隐藏层有 512 个节点：

```
In [10]: mlp.setLayerSizes(np.array([784, 512, 512, 10]))
```

3）指定一个激活函数。这里，我们使用之前的 S 型激活函数：

```
In [11]: mlp.setActivationFunction(cv2.ml.ANN_MLP_SIGMOID_SYM,
...                                 2.5, 1.0)
```

4）指定训练方法。这里，我们使用之前描述的反向传播算法。我们还需要确保选择一个足够小的学习率。因为我们有 10^5 指数级的训练样本，最好将学习率设置为最多 10^{-5}：

```
In [12]: mlp.setTrainMethod(cv2.ml.ANN_MLP_BACKPROP)
...      mlp.setBackpropWeightScale(0.00001)
```

5）指定终止条件。这里，我们使用和之前一样的条件：运行训练 10 次（term_max_iter）或者直到误差不再显著增加（term_eps）：

```
In [13]: term_mode = (cv2.TERM_CRITERIA_MAX_ITER +
...                    cv2.TERM_CRITERIA_EPS)
...      term_max_iter = 10
...      term_eps = 0.01
...      mlp.setTermCriteria((term_mode, term_max_iter,
...                           term_eps))
```

6）在训练集（X_train_pre）上训练网络：

```
In [14]: mlp.train(X_train_pre, cv2.ml.ROW_SAMPLE, y_train_pre)
Out[14]: True
```

> 提示　在你调用 mlp.train 之前，这里有一个警告：这可能需要几个小时来运行，取决于你的计算机设置！相比之下，在作者自己的笔记本电脑上只用了不到 1 个小时的时间。现在，我们正在处理 60 000 个样本的一个真实数据集：如果我们运行 100 次训练，则必须计算 600 万个梯度！所以要小心一些。

在完成训练时，我们可以在训练集上计算准确率得分，看看我们的执行结果如何：

```
In [15]: _, y_hat_train = mlp.predict(X_train_pre)
In [16]: from sklearn.metrics import accuracy_score
...      accuracy_score(y_hat_train.round(), y_train_pre)
Out[16]: 0.92976666666666663
```

但是，真正重要的当然是我们在训练过程中没有考虑到的留出测试数据的准确率得分：

```
In [17]: _, y_hat_test = mlp.predict(X_test_pre)
...      accuracy_score(y_hat_test.round(), y_test_pre)
Out[17]: 0.91690000000000005
```

我们认为 91.7% 的准确率还不错！你应该尝试的第一件事是改变前面 In [10] 中层的大小，看看测试得分是如何变化的。当你向网络中添加更多的神经元时，你应该会看到训练得分增加了——但愿测试得分也会随之增加。但是，在单个层中有 N 个神经元和让这 N 个神经元分散在几个层上是不一样的！你能证实这个观测吗？

9.7.4　使用 Keras 训练深度神经网络

虽然我们在之前的 MLP 中实现了一个满意的得分，但是我们的结果并没有达到最佳性能。目前，最佳结果的准确率接近于 99.8%——比人类的性能还要好！这就是为什么我们认为手写数字分类问题在很大程度上得到了解决。

为了更接近最佳性能，需要使用更先进的技术。因此，我们回到 Keras。

1. 预处理 MNIST 数据集

在以下步骤中，我们将学习在数据送入神经网络之前对其进行预处理：

1）为了确保每次实验都得到相同的结果，我们将为 NumPy 的随机数生成器选取一个随机种子。这样，打乱 MNIST 数据集的训练样本的顺序总是相同的：

```
In [1]: import numpy as np
...     np.random.seed(1337)
```

2）Keras 提供了一个加载函数，类似于 scikit-learn 的 model_selection 模块的 train_test_split。它的语法看起来非常熟悉：

```
In [2]: from keras.datasets import mnist
...     (X_train, y_train), (X_test, y_test) = mnist.load_data()
```

> 📷 **注**
> **意**　与我们到目前为止遇到的其他数据集相比，MNIST 拥有一个预定义的训练 - 测试折分。这允许把数据集作为一个基准，因为不同算法报告的测试得分总是适用于相同的测试样本。

3）Keras 中的神经网络作用于特征矩阵，与标准 OpenCV 和 scikit-learn 估计器稍有不同。而 Keras 中特征矩阵的行仍然与样本个数（在下面的代码中是 X_train.shape[0]）相对应，我们可以通过增加特征矩阵的维数来保持输入图像的二维属性：

```
In [3]: img_rows, img_cols = 28, 28
...     X_train = X_train.reshape(X_train.shape[0], img_rows,
img_cols, 1)
...     X_test = X_test.reshape(X_test.shape[0], img_rows,
img_cols, 1)
...     input_shape = (img_rows, img_cols, 1)
```

4）这里，我们已经把特征矩阵变形为维度是 n_features × 28 × 28 × 1 的一个 4 维矩阵。我们还需要确保我们的运算是在 [0,1] 范围内的 32 位浮点数上进行的，而不是在 [0,255] 范围内的无符号整数上进行的运算：

```
...      X_train = X_train.astype('float32') / 255.0
...      X_test = X_test.astype('float32') / 255.0
```

5）接下来，我们可以像之前那样对训练标签进行独热编码。这会确保目标标签的每个类别都被分配给输出层中的一个神经元。我们可以通过 scikit-learn 的 preprocessing 来实现这个任务，但是在本例中，使用 Keras 自己的实用函数会更容易：

```
In [4]: from keras.utils import np_utils
...      n_classes = 10
...      Y_train = np_utils.to_categorical(y_train, n_classes)
...      Y_test = np_utils.to_categorical(y_test, n_classes)
```

2. 创建一个卷积神经网络

在以下步骤中，我们将创建一个神经网络，并在之前预处理过的数据上进行训练：

1）一旦我们完成了数据的预处理，就该定义实际的模型了。这里，我们将再次依赖 Sequential 模型来定义一个前馈神经网络：

```
In [5]: from keras.model import Sequential
... model = Sequential()
```

2）但是，这次我们将更加智能地处理各个层。我们将围绕一个卷积层设计神经网络，核函数是一个 3×3 像素的二维卷积：

```
In [6]: from keras.layers import Convolution2D
...      n_filters = 32
...      kernel_size = (3, 3)
...      model.add(Convolution2D(n_filters, kernel_size[0],
kernel_size[1],
...                              border_mode='valid',
...                              input_shape=input_shape))
```

> 注意　一个二维卷积层运算类似于 OpenCV 中的图像滤波，输入数据中的每个图像都与一个小的二维核进行卷积。在 Keras 中，我们可以指定核的大小和步长。有关卷积层的更多内容建议参阅以下书籍：John Hearty (2016), *Advanced Machine Learning with Python*, Packt Publishing, ISBN 978-1-78439-863-7。

3）在此之后，我们将把一个线性修正单元作为激活函数：

```
In [7]: from keras.layers import Activation
...      model.add(Activation('relu'))
```

4）在一个深度卷积神经网络中，我们可以有任意多个层。应用于 MNIST 的这种结构的一个流行版本包括进行两次卷积和修正：

```
In [8]: model.add(Convolution2D(n_filters, kernel_size[0],
kernel_size[1]))
...      model.add(Activation('relu'))
```

5）我们将对激活函数进行池化操作，并添加一个 dropout 层：

```
In [9]: from keras.layers import MaxPooling2D, Dropout
...     pool_size = (2, 2)
...     model.add(MaxPooling2D(pool_size=pool_size))
...     model.add(Dropout(0.25))
```

6）接下来，我们将平展模型，并最终通过一个 softmax 函数将其传递到输出层：

```
In [10]: from keras.layers import Flatten, Dense
...      model.add(Flatten())
...      model.add(Dense(128))
...      model.add(Activation('relu'))
...      model.add(Dropout(0.5))
...      model.add(Dense(n_classes))
...      model.add(Activation('softmax'))
```

7）这里，我们将使用交叉熵损失以及 adadelta 算法：

```
In [11]: model.compile(loss='categorical_crossentropy',
...      optimizer='adadelta',
...      metrics=['accuracy'])
```

3. 模型概要

你还可以可视化模型的概要，这将列出所有层、各层的维度以及每一层包含的权重数。它还将向你提供网络中参数（权重和偏置）的总数（图 9-16）。我们可以看到一共训练了600 810 个参数，而且将需要大量的计算力！请注意，我们如何计算每一层的参数数量不在本书的讨论范围内。

```
Layer (type)                  Output Shape              Param #
=================================================================
conv2d_4 (Conv2D)             (None, 26, 26, 32)        320

activation_5 (Activation)     (None, 26, 26, 32)        0

conv2d_5 (Conv2D)             (None, 24, 24, 32)        9248

activation_6 (Activation)     (None, 24, 24, 32)        0

max_pooling2d_3 (MaxPooling2  (None, 12, 12, 32)        0

dropout_3 (Dropout)           (None, 12, 12, 32)        0

flatten_3 (Flatten)           (None, 4608)              0

dense_3 (Dense)               (None, 128)               589952

activation_7 (Activation)     (None, 128)               0

dropout_4 (Dropout)           (None, 128)               0

dense_4 (Dense)               (None, 10)                1290

activation_8 (Activation)     (None, 10)                0
=================================================================
Total params: 600,810
Trainable params: 600,810
Non-trainable params: 0
_____
```

图 9-16 网络中的参数

4. 拟合模型

与我们对所有其他分类器所做的一样，我们拟合该模型（注意，这可能需要一些时间）：

```
In [12]: model.fit(X_train, Y_train, batch_size=128, nb_epoch=12,
...                     verbose=1, validation_data=(X_test, Y_test))
```

训练完成后，我们可以评估分类器：

```
In [13]: model.evaluate(X_test, Y_test, verbose=0)
Out[13]: 0.99
```

我们实现了 99% 的准确率！这与我们之前实现的 MLP 分类器完全不同。这只是完成任务的一种方式而已。正如你所看到的那样，神经网络提供了大量的参数调优，我们根本不清楚哪些参数将产生最优性能。

9.8　本章小结

在这一章中，我们向机器学习实践人员介绍了一大堆技能。我们不仅涵盖了包含感知器和 MLP 在内的人工神经网络基础知识，还接触到了一些高级深度学习软件。我们学习了如何从零开始构建一个简单的感知器，以及如何使用 Keras 构建最先进的网络。此外，我们还学习了神经网络的所有细节：激活函数、损失函数、层类型以及训练方法。总之，这可能是之前章节中最重要的一章了。

既然你已经了解了大多数重要的监督学习器，是时候讨论如何将不同的算法组合成一个更强大的算法了。因此，在第 10 章，我们将讨论如何建立集成分类器。

集成分类方法

至此，我们已经看到了许多有趣的机器学习算法，从线性回归等经典方法到深度卷积网络等更高级技术。在不同角度，我们指出每种算法都有自己的优缺点——我们留意如何发现并克服这些弱点。

可是，如果我们把一堆普通的分类器堆叠在一起，形成一个更强大的分类器**集成**，这不是很好吗？

在这一章，我们将完成这个任务。集成方法是把多个不同的模型绑定在一起，以解决一个共同问题的技术。集成方法的使用已经成为竞争性机器学习中的一种常见做法——利用一个集成通常对单个分类器性能的提升很小。

在这些技术中有所谓的 **bagging 方法**（多个分类器的平均投票进行最终决策）和 **boosting 方法**（一个分类器试着纠正另一个分类器的错误）。其中一种方法是**随机森林**，它把多棵决策树组合在一起。另外，你可能已经熟悉**自适应提升**（Adaptive Boosting，简写为 **AdaBoost**），一种强大的提升技术，也是 OpenCV 的主流特征。

本章将介绍以下主题：

- ☐ 组合多种模型以形成一个集成分类器。
- ☐ 随机森林和决策树。
- ☐ 使用随机森林进行人脸识别。
- ☐ 实现 AdaBoost。
- ☐ 把各种模型组合成一个投票分类器。
- ☐ bagging 和 boosting 之间的区别。

让我们直接开始吧！

10.1　技术需求

我们可以在 https://github.com/PacktPublishing/Machine-Learning-for-OpenCV-Second-Edition/tree/master/Chapter10 查看本章的代码。

软件和硬件需求总结如下：

❑ OpenCV 4.1.x 版本（4.1.0 版本或 4.1.1 版本都可以）。

❑ Python 3.6 版本（Python 3.x 的所有版本都可以）。

❑ Anaconda Python 3，用于安装 Python 及其所需模块。

❑ 在本书中，你可以使用任意一款操作系统——macOS、Windows 以及基于 Linux 的操作系统。我们建议你的系统中至少有 4GB 的内存。

❑ 你不需要一个 GPU 来运行本书提供的代码。

10.2　理解集成方法

集成方法的目标是把一些单个估计器的预测和一个给定的学习算法组合到一起，以解决一个共同的问题。通常，一个集成由两个主要组件组成：

❑ 一组模型。

❑ 一组决策规则，用于管理如何把这些模型的结果组合成单个输出。

> **注意**　集成方法背后的思想与群众的智慧一致。我们考虑的不是某一个专家的意见，而是一群人的集体意见。在机器学习的背景下，这些个体可能是分类器，也可能是回归器。这个思想是，如果我们只要求足够多的分类器，那么它们中应该有一个是正确的。

这个过程的结果是，对于任何给定的问题，我们都会得到各种各样的意见。那么，我们怎么知道哪个分类器是正确的呢？

这就是为什么我们需要一个决策规则。也许我们认为每个人的观点同等重要；也许我们可能希望根据他们的专家地位来权衡他们的观点。根据我们决策规则的性质，集成方法可以分为以下几类：

❑ **平均方法**：并行开发模型，然后使用平均或者投票技术形成一个联合估计器。这是可以得到的最接近民主的集成方法。

❑ **增强方法**：这包括按顺序构建模型，其中每个添加的模型都旨在提高联合估计器的得分。这类似于调试实习生的代码或者阅读本科生的报告：他们难免会出错，而每一位随后关注这个主题的专家的任务是找出前一位专家出错的特例。

❑ **叠加方法**：也称为混合方法，使用多个分类器的加权输出作为模型下一层的输入。这类似于一个专家组把他们的决策传递给下一个专家组。

这 3 类集成方法如图 10-1 所示。

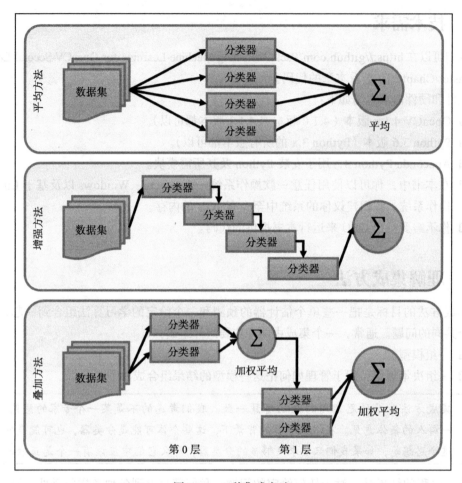

图 10-1 3 种集成方法

集成分类器为我们提供了从每个提出的解决方案中选出最优元素的机会，从而得到一个最终的结果。因此，我们通常会押注更准确、更鲁棒的结果。

> 提示　在构建一个集成分类器时，我们应该注意，我们的目标是调优集成的性能，而不是调优组成它的模型性能。因此，单个模型的性能不如模型的整体性能重要。

让我们简要讨论一下这 3 种不同类型的集成方法，并看看如何使用它们对数据进行分类。

10.2.1　理解平均集成

平均方法在机器学习中有着悠久的历史，通常应用于分子动力学和音频信号处理等领域。通常将这种集成看成是一个给定系统的精确副本。

一个平均集成本质上是在同一个数据集上训练的模型的一个集合。然后，以多种方式聚合这些模型的结果。

一个常见的方法涉及创建多个模型配置，这些配置把不同参数子集作为输入。采用这种方法的技术统称为 bagging 方法。

bagging 方法有很多不同的风格。但是，它们通常只在绘制训练集的随机子集方式上有所不同：

❑ pasting 方法抽取样本的随机子集，无须放回数据样本。

❑ bagging 方法抽取样本的随机子集，放回数据样本。

❑ 随机子空间方法抽取特征的随机子集，但在所有数据样本上进行训练。

❑ 随机块方法抽取样本和特征的随机子集。

> 提示　平均集成可用于降低一个模型性能的差异性。

在 scikit-learn 中可以使用 BaggingClassifier 和 BaggingRegressor 元估计器来实现 bagging 方法。这些元估计器允许我们从所有其他基础估计器中构建一个集成。

1. 实现一个 bagging 分类器

比如，我们可以用 10 个 *k*-NN 分类器构建一个集成，如下所示：

```
In [1]: from sklearn.ensemble import BaggingClassifier
...     from sklearn.neighbors import KNeighborsClassifier
...     bag_knn = BaggingClassifier(KNeighborsClassifier(),
...                                 n_estimators=10)
```

BaggingClassifier 类提供了许多选项，用来自定义集成：

❑ n_estimators：如上述代码所示，这个选项指定了集成中基础估计器的数量。

❑ max_samples：这个选项表示从数据集中抽取用于训练每个基础估计器的样本数量（或者比例）。我们可以设置 bootstrap=True 有放回地抽取样本（有效地实现了 bagging），或者我们可以设置 bootstrap=False 来实现 pasting。

❑ max_features：这个选项表示从特征矩阵中抽取用于训练每个基础估计器的特征数量（或者比例）。我们可以设置 max_samples=1.0 和 max_features<1.0 来实现随机子空间方法。或者，我们可以设置 max_samples<1.0 和 max_features<1.0 来实现随机块方法。

这给了我们实现任何类型的平均集成的自由。然后，使用集成的 fit 方法，一个集成可以像任何其他估计器一样拟合数据。

例如，如果我们想要用 10 个 *k* = 5 的 *k*-NN 分类器实现 bagging，每个 k-NN 分类器都是在数据集中 50% 的样本上进行训练的，我们将对上述命令进行如下修改：

```
In [2]: bag_knn = BaggingClassifier(KNeighborsClassifier(n_neighbors=5),
...                                  n_estimators=10, max_samples=0.5,
...                                  bootstrap=True, random_state=3)
```

为了观察性能的提升，我们必须把集成应用到一个特定的数据集，比如第 5 章中的乳腺癌数据集：

```
In [3]: from sklearn.datasets import load_breast_cancer
   ...      dataset = load_breast_cancer()
   ...      X = dataset.data
   ...      y = dataset.target
```

通常，我们应该遵循将数据分解为训练集和测试集的最佳实践：

```
In [4]: from sklearn.model_selection import train_test_split
   ...      X_train, X_test, y_train, y_test = train_test_split(
   ...          X, y, random_state=3
   ...      )
```

然后，我们可以使用 fit 方法训练集成，并使用 score 方法对集成的泛化性能进行评估：

```
In [5]: bag_knn.fit(X_train, y_train)
   ...      bag_knn.score(X_test, y_test)
Out[5]: 0.93706293706293708
```

一旦我们在数据上还训练了一个 k-NN 分类器，性能的提升就会显而易见了：

```
In [6]: knn = KNeighborsClassifier(n_neighbors=5)
   ...      knn.fit(X_train, y_train)
   ...      knn.score(X_test, y_test)
Out[6]: 0.91608391608391604
```

在不更改底层算法的情况下，通过简单地让 10 个 k-NN 分类器而不是一个 k-NN 分类器来完成这项任务，我们能够把测试得分从 91.6% 提升到 93.7%。

欢迎你使用其他 bagging 集成进行实验。例如，如何调整前面的代码片段来实现随机块方法？

 提示 在 Jupyter Notebook 中你可以找到答案，即 GitHub 上的 10.00-Combining-Different-Algorithms-Into-an-Ensemble.ipynb。

2. 实现一个 bagging 回归器

类似地，我们可以使用 BaggingRegressor 类组成一个回归器的集成。

例如，我们可以构建一棵决策树的集成来预测第 3 章中的波士顿数据集的房价。

在下列步骤中，你将学习如何使用一个 bagging 回归器组成一个集成回归器：

1）语法几乎与 bagging 分类器相同：

```
In [7]: from sklearn.ensemble import BaggingRegressor
   ...      from sklearn.tree import DecisionTreeRegressor
   ...      bag_tree = BaggingRegressor(DecisionTreeRegressor(),
   ...                                  max_features=0.5,
n_estimators=10,
   ...                                  random_state=3)
```

2）当然，我们需要加载和拆分数据集，就像我们在乳腺癌数据集上所做的那样：

```
In [8]: from sklearn.datasets import load_boston
```

```
...        dataset = load_boston()
...        X = dataset.data
...        y = dataset.target
In [9]: from sklearn.model_selection import train_test_split
...        X_train, X_test, y_train, y_test = train_test_split(
...            X, y, random_state=3
...        )
```

3）然后，我们在 X_train 上拟合 bagging 回归器，在 X_test 上对其进行评分：

```
In [10]: bag_tree.fit(X_train, y_train)
...         bag_tree.score(X_test, y_test)
Out[10]: 0.82704756225081688
```

在上述示例中，我们发现对于单棵决策树，准确率从 77.3% 提升到 82.7%，性能大约提升了 5%。

当然，我们不能止步于此。没有人说这个集成需要由 10 个独立的估计器组成，因此我们可以自由地探索各种大小的集成。最重要的是，max_samples 和 max_features 参数允许进行大量定制。

> 注意　集成决策树的一个更复杂版本称为随机森林，我们将 10.3 节对其进行介绍。

10.2.2　理解 boosting 集成

构建集成的另一种方法是通过 boosting。boosting 模型使用多个单个学习器，按顺序迭代增强集成的性能。

通常，在 boosting 中使用的学习器相对简单。一个很好的例子是只有一个节点的决策树——决策桩。另一个例子是一个简单的线性回归模型。这个想法并不是要有最强的单个学习器，而是恰恰相反——我们希望个体是弱学习器，这样在我们考虑大量个体时，才能获得优越的性能。

在每次迭代过程中，调整训练集，使下一个分类器应用到前一个分类器出错的数据点上。在多次迭代中，在每次迭代中用一棵新树（无论哪棵树优化了集成性能得分）扩展集成。

> 提示　在 scikit-learn 中，使用 GradientBoostingClassifier 和 GradientBoostingRegressor 对象可以实现 boosting 方法。

1. 弱学习器

弱学习器是与实际分类稍有关联的分类器；它们比随机预测要好一些。相反，强学习器与正确分类是任意关联的。

这里的想法是，你使用的不是一个弱学习器，而是使用一组弱学习器，每一个弱学习器都比随机稍微好一点。使用 boosting、bagging 等方法把弱学习器的多个实例集合在一起，创建一个强集成分类器。这样做的好处是，最终的分类器在训练数据上不会产生过拟合。

例如，AdaBoost 在不同加权训练数据上拟合一系列弱学习器。首先，它从预测训练数据集开始，给每个观测 / 样本相等的权重。如果第一个学习器预测是不正确的，那么就给错误预测的观测 / 样本更高的权重。因为这是一个迭代的过程，不断增加学习器，直到模型数量或者准确率达到一个极限。

2. 实现一个 boosting 分类器

例如，我们用 10 棵决策树构建一个 boosting 学习器，如下所示：

```
In [11]: from sklearn.ensemble import GradientBoostingClassifier
...        boost_class = GradientBoostingClassifier(n_estimators=10,
...                                                  random_state=3)
```

这些分类器既支持二值分类又支持多类分类。

类似于 BaggingClasssifier 类，GradientBoostingClassifier 类提供了许多选项来自定义集成：

- ❑ n_estimators：这个选项表示集成中基础估计器的数量。估计器数量越多，其产生的性能通常也就越好。
- ❑ loss：这个选项表示优化的损失函数（或者代价函数）。设置 loss='deviance' 实现基于概率输出的分类逻辑回归。设置 loss='exponential' 实际上产生 AdaBoost，我们稍后会讲到。
- ❑ learning_rate：这个选项表示每棵树的贡献缩小的比例。在 learning_rate 和 n_estimators 之间进行权衡。
- ❑ max_depth：这个选项表示集成中单棵树的最大深度。
- ❑ criterion：这个选项表示用于度量一个节点拆分质量的函数。
- ❑ min_samples_split：这个选项表示拆分一个内部节点所需的样本数。
- ❑ max_leaf_nodes：这个选项表示每棵树允许的最大叶节点数。

我们可以把 boosted 分类器应用于乳腺癌数据集的预测，以了解与 bagged 分类器相比这个集成的性能如何。但是，首先我们需要重新加载数据集：

```
In [12]: dataset = load_breast_cancer()
...        X = dataset.data
...        y = dataset.target
In [13]: X_train, X_test, y_train, y_test = train_test_split(
...           X, y, random_state=3
...        )
```

接下来，我们发现在测试集上 boosted 分类器实现了 94.4% 的准确率——比之前的 bagged 分类器只好不到 1%：

```
In [14]: boost_class.fit(X_train, y_train)
...        boost_class.score(X_test, y_test)
Out[14]: 0.94405594405594406
```

如果我们把基础估计器的数量从 10 增加到 100，会得到更好的得分。此外，我们可能想试一下学习率和树的深度。

3. 实现一个 boosting 回归器

实现一个 boosted 回归器和实现一个 boosted 分类器的语法相同：

```
In [15]: from sklearn.ensemble import GradientBoostingRegressor
...      boost_reg = GradientBoostingRegressor(n_estimators=10,
...                                             random_state=3)
```

我们之前已经看到，在波士顿数据集上，单棵决策树可以实现 79.3% 的准确率。由 10 棵回归树组成的一棵 bagged 决策树分类器实现了 82.7% 的准确率。可是，如何比较一个 boosted 回归器呢？

让我们重新加载波士顿数据集，并拆分成训练集和测试集。我们希望确保对 random_state 使用相同的值，这样我们就可以在相同的数据子集上进行训练和测试了：

```
In [16]: dataset = load_boston()
...      X = dataset.data
...      y = dataset.target
In [17]: X_train, X_test, y_train, y_test = train_test_split(
...          X, y, random_state=3
...      )
```

事实证明，boosted 决策树集成实际上比之前的代码执行得更差：

```
In [18]: boost_reg.fit(X_train, y_train)
...      boost_reg.score(X_test, y_test)
Out[18]: 0.71991199075668488
```

这个结果一开始可能令人困惑。毕竟，我们使用的分类器是单棵决策树的 10 倍。为什么我们的数据会变得更糟糕？

我们可以看到，这是一个很好的例子，一个专业的分类器比一组弱学习器更聪明。一种可能的解决办法是把集成做得更大。实际上，我们通常在一个 boosted 集成中按顺序使用 100 个弱学习器：

```
In [19]: boost_reg = GradientBoostingRegressor(n_estimators=100)
```

接下来，在波士顿数据集上我们重新训练集成器，得到一个测试得分 89.8%：

```
In [20]: boost_reg.fit(X_train, y_train)
...      boost_reg.score(X_test, y_test)
Out[20]: 0.89984081091774459
```

当把数量增加到 n_estimators=500 时会发生什么？通过使用可选参数，我们可以做更多的事情。

如你所见，boosting 是一个强大的过程，允许你通过组合大量相对简单的学习器来获得性能的巨大提升。

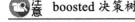 boosted 决策树的一个具体实现是 AdaBoost 算法，我们将在 10.5 节介绍它。

10.2.3　理解叠加集成

到目前为止，我们看到的所有集成方法都有一个共同的设计原理：多个分类器拟合数据，并在一些简单决策规则（如平均或者增强）的帮助下将它们的预测合并成一个最终预测。

另一方面，叠加集成构建具有层次结构的集成。这里，将单个学习器组织成多层，其中学习器一层的输出用于模型下一层的数据训练。这样，就有可能成功地混合数百种不同的模型。

可是，本书不会详细讨论叠加集成。

但是，这些模型非常强大，例如，这在 Netflix 竞赛中就可以看到。竞赛中最成功的模型通常包括叠加集成，不仅组合不同的层，而且还从每一层提取最有效的参数，将其作为下一层训练的元特征。

> 📝 **注意** 在 http://www.netflixprize.com 上你可以学习更多有关 Netflix 竞赛的内容。在科学论文 *Feature-Weighted Linear Stacking*, Joseph Sill, Gabor Takacs, Lester Mackey, David Lin (2009)(https://arxiv.org/abs/0911.0460) 中还介绍了其中一个在竞赛中获得二等奖的叠加模型。

现在，让我们继续讨论一些流行的 bagging 和 boosting 技术，如随机森林和 AdaBoost。

10.3　将决策树组合成随机森林

bagged 决策树的一个流行变体是随机森林。它本质上是一个决策树集合，其中每棵树都与其他树略有不同。与 bagged 决策树相比，随机森林中的每棵树都在稍有不同的数据特征子集上进行训练。

尽管一棵无限深的树可能在预测数据方面做得相对较好，但是它也容易过拟合。随机森林背后的思想是构建大量的树，每棵树都在随机数据样本和特征子集上进行训练。因为过程的随机性，森林中的每棵树都会以略微不同的方式对数据产生过拟合。然后，可以通过对单棵树的预测进行平均，以降低过拟合的影响。

10.3.1　理解决策树的缺点

过拟合数据集（这是决策树经常遇到的问题）的影响可以通过一个简单的示例得到很好的证明。

为此，我们将回到 scikit-learn 中 datasets 模块的 make_moons 函数（我们在第 8 章中使用过它），把数据组织成两个相互重叠的半圆。这里，我们选择生成 100 个属于两个半圆的数据样本，并添加一些标准差为 0.25 的高斯噪声：

```
In [1]: from sklearn.datasets import make_moons
...     X, y = make_moons(n_samples=100, noise=0.25,
...                       random_state=100)
```

使用 matplotlib 和 scatter 函数，我们可以可视化数据：

```
In [2]: import matplotlib.pyplot as plt
...     %matplotlib inline
...     plt.style.use('ggplot')
In [3]: plt.scatter(X[:, 0], X[:, 1], s=100, c=y)
...     plt.xlabel('feature 1')
...     plt.ylabel('feature 2');
```

根据数据所属的类为这些数据着色，生成的结果如图 10-2 所示。

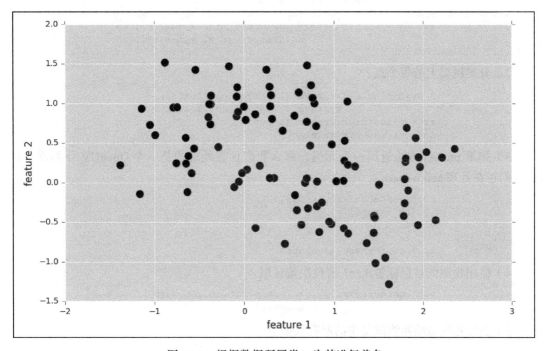

图 10-2　根据数据所属类，为其进行着色

因为我们添加了噪声，所以可能一眼看不出来这两个半圆。就我们目前的意图来说，这是一个完美的场景，这显示了决策树倾向于忽略数据点的一般排列（即实际上将其组织成半圆），而专注于数据中的噪声。

为此，我们需要先把数据拆分成训练集和测试集。我们选择一个合适的拆分 75-25（不指定 train_size），就像我们之前做了很多次一样：

```
In [4]: from sklearn.model_selection import train_test_split
...     X_train, X_test, y_train, y_test = train_test_split(
...         X, y, random_state=100
...     )
```

现在，让我们做一些有趣的事情。我们要做的是研究一棵决策树的决策边界是如何随着深度的变化而变化的。

为此，我们将返回到第 6 章中的 plot_decision_boundary 函数，包括：

```
In [5]: import numpy as np
...        def plot_decision_boundary(classifier, X_test, y_test):
```

这个函数本身包含了许多预处理步骤：

1）在（x_min, y_min）和（x_max, y_max）之间创建数据点的一个密集二维网格：

```
...        h = 0.02 # step size in mesh
...        x_min = X_test[:, 0].min() - 1,
...        x_max = X_test[:, 0].max() + 1
...        y_min = X_test[:, 1].min() - 1
...        y_max = X_test[:, 1].max() + 1
...        xx, yy = np.meshgrid(np.arange(x_min, x_max, h),
...                             np.arange(y_min, y_max, h))
...
```

2）分类网格上的每个点：

```
...        X_hypo = np.c_[xx.ravel().astype(np.float32),
...                       yy.ravel().astype(np.float32)]
...        zz = classifier.predict(X_hypo)
...        zz = zz.reshape(xx.shape)
```

3）如果 predict 方法返回一个元组，那么我们正在处理的是一个 OpenCV 分类器，否则我们正在处理 scikit-learn：

```
...        if isinstance(ret, tuple):
...            zz = ret[1]
...        else:
...            zz = ret
...        zz = zz.reshape(xx.shape)
```

4）使用预测的目标标签（zz）着色决策区域：

```
...        plt.contourf(xx, yy, zz, cmap=plt.cm.coolwarm,
...                     alpha=0.8)
```

5）在彩色区域绘制测试集中的所有数据点：

```
...        plt.scatter(X_test[:, 0], X_test[:, 1], c=y_test,
...                    s=200)
```

接下来，我们可以编写一个 for 循环，在每次迭代时，我们拟合不同深度的一棵树：

```
In [6]: from sklearn.tree import DecisionTreeClassifier
...        for depth in range(1, 9):
```

为了给每棵创建的决策树绘制决策区域，我们需要创建一个共有 8 个子图的图。然后，depth 迭代器可以作为当前子图的一个索引：

```
...        plt.subplot(2, 4, depth)
```

在拟合树和数据之后，我们把预测的测试标签传递给 plot_decision_boundary 函数：

```
...        tree = DecisionTreeClassifier(max_depth=depth)
...        tree.fit(X_train, y_train)
...        y_test = tree.predict(X_test)
...        plot_decision_boundary(tree, X_test, y_test)
```

为了清晰起见，我们还关闭了坐标轴，并用一个标题装饰每个图：

```
...            plt.axis('off')
...            plt.title('depth = %d' % depth)
```

生成的结果如图 10-3 所示。

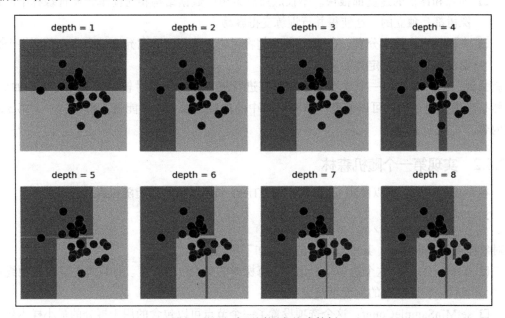

图 10-3　生成不同深度的决策树

回忆一下决策树的过程：在树的每个节点上，算法会选择一个特征沿着 x 轴或沿着 y 轴来拆分。例如，depth=1 的树只有一个节点，因此只进行一次决策。这棵特殊的树（上一行最左边的窗格）选择把第二个特征从中间一分为二，产生一个水平决策边界，将决策区域分成上下两个部分。

类似地，depth=2 的一棵决策树会更进一步。在做出第一个决策，拆分第 1 层的第二个特征后，该算法在第 2 层中最终增加了两个节点。这棵特殊的树（上一行左起第二个窗格）选择拆分在第 2 层的第一个特征，产生另外两条垂直线。

在我们继续构建越来越深的树时，我们注意到一些奇怪的事情：树越深，就越有可能得到形状奇怪的决策区域，比如下一行最右边窗口中的那个高且窄的块。很明显，这些块更多的是由数据中的噪声产生的，而不是底层数据分布的某些特征。这表明大多数树对数据都是过拟合的。毕竟，我们知道实际上把数据组织成两个半圆！因此，depth=3 或 depth=5 的树可能更接近真实的数据分布。

至少有两种不同的方法可以降低决策树的功能：

❑ 只在数据的一个子集上训练树。
❑ 只在特征的一个子集上训练树。

随机森林就是这样的。此外，它们通过构建树的一个集成多次重复这个实验，每棵树都在

数据样本和 / 或特征的一个随机选取的子集上进行训练。

随机森林是一个强集成分类器，优点包括：

- ❑ 训练和评估的速度都很快。不仅底层决策树的数据结构相对简单，而且森林中的每棵树都是独立的，这使得并行训练变得容易。
- ❑ 多棵树允许概率分类。在 10.6 节我们将讨论投票程序，它允许一个集成预测一个数据点属于一个特定类的概率。

也就是说，随机森林的一个缺点是很难对其进行解释，对于相对较深的单棵树也是如此。虽然很麻烦，但是仍然可以研究一棵特定树中的决策路径。你可能需要再阅读一下第 5 章的内容。

10.3.2 实现第一个随机森林

在 OpenCV 中，可以使用 ml 模块中的 RTress_create 函数构建随机森林：

```
In [7]: import cv2
...      rtree = cv2.ml.RTrees_create()
```

树对象提供了许多选项，其中最重要的选项如下所述：

- ❑ setMaxDepth：这个选项设置集成中每棵树的最大可能深度。如果首先满足其他终止条件，实际获得的深度可能更小。
- ❑ setMinSampleCount：这个选项设置了一个节点可以包含的用于拆分的最小样本数。
- ❑ setMaxCategories：这个选项设置了允许的类别最大数量。将类别数量设置为小于数据中实际类数量的值会产生子集估计。
- ❑ setTermCriteria：这个选项将设置算法的终止条件。这也是你设置森林中树的数量的地方。

🔟 **注意** 尽管我们可能希望使用 setNumTrees 方法来设置森林中树的数量（这是所有树中最重要的参数，不是吗？），但是我们需要依赖 setTermCriteria 方法。令人困惑的是，树的数量与 cv2.TERM_CRITERA_MAX_ITER 冲突，cv2.TERM_CRITERA_MAX_ITER 通常用于一个算法运行的迭代次数，而不是表示一个集成中估计器的数量。

我们通过将一个整数 n_trees 传递给 setTermCriteria 方法，来指定森林中树的数量。这里，我们还想告诉算法从一次迭代到下一次迭代的得分只要没有至少增加 eps，就退出：

```
In [8]: n_trees = 10
...      eps = 0.01
...      criteria = (cv2.TERM_CRITERIA_MAX_ITER + cv2.TERM_CRITERIA_EPS,
...                   n_trees, eps)
...      rtree.setTermCriteria(criteria)
```

然后，我们用前面的代码中的数据准备训练分类器：

```
In [9]: rtree.train(X_train.astype(np.float32), cv2.ml.ROW_SAMPLE,
                     y_train);
```

可以用 predict 方法预测测试标签：

```
In [10]: _, y_hat = rtree.predict(X_test.astype(np.float32))
```

使用 scikit-learn 的 accuracy_score，我们可以在测试集上评估模型：

```
In [11]: from sklearn.metrics import accuracy_score
...         accuracy_score(y_test, y_hat)
Out[11]: 0.83999999999999997
```

训练之后，我们可以把预测标签传递给 plot_decision_boundary 函数：

```
In [12]: plot_decision_boundary(rtree, X_test, y_test)
```

生成的结果如图 10-4 所示。

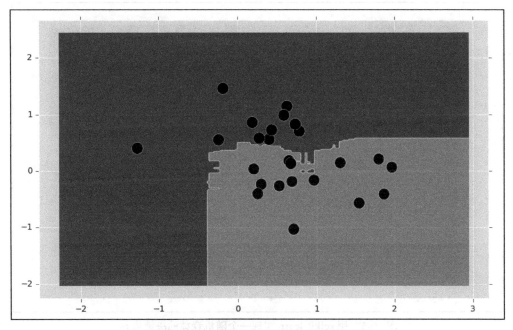

图 10-4　一个随机森林分类器的决策区域

10.3.3　用 scikit-learn 实现一个随机森林

或者，我们可以使用 scikit-learn 来实现随机森林：

```
In [13]: from sklearn.ensemble import RandomForestClassifier
...         forest = RandomForestClassifier(n_estimators=10, random_state=200)
```

这里，我们有许多选项来自定义集成：

- ❑ n_estimators：这个选项指定了森林中树的数量。
- ❑ criterion：这个选项指定了节点拆分条件。设置 criterion='gini' 实现了基尼不纯度，而设置 criterion='entropy' 实现了信息增益。
- ❑ max_features：这个选项指定了在每个节点拆分时要考虑的特征数量（或分数）。

❑ max_depth：这个选项指定了每棵树的最大深度。

❑ min_samples：这个选项指定了拆分一个节点所需的最小样本数。

然后，我们可以拟合随机森林与数据，并像其他任何估计器一样给它评分：

```
In [14]: forest.fit(X_train, y_train)
...      forest.score(X_test, y_test)
Out[14]: 0.83999999999999997
```

这与 OpenCV 中的结果大致相同，我们可以使用辅助函数来绘制决策边界：

```
In [15]: plot_decision_boundary(forest, X_test, y_test)
```

输出如图 10-5 所示。

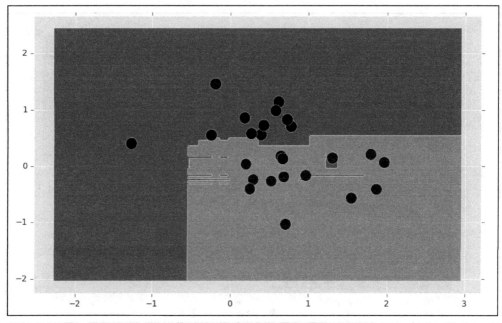

图 10-5　用 scikit-learn 实现一个随机森林的决策边界

10.3.4　实现超随机树

随机森林已经很随意了。如果我们想把随机性发挥到极致呢？

在超随机树（参见 ExtraTreesClassifier 类和 ExtraTreesRegressor 类）中，这种随机性比在随机森林中更为明显。还记得通常决策树如何为每个特征选择一个阈值，以便最大化节点拆分的纯度吗？另一方面，超随机树随机选择这些阈值。然后，使用这些随机生成的阈值中最好的一个作为拆分规则。

我们可以构建一棵超随机树，如下所示：

```
In [16]: from sklearn.ensemble import ExtraTreesClassifier
...      extra_tree = ExtraTreesClassifier(n_estimators=10,
random_state=100)
```

要说明单棵决策树、随机森林和超随机树之间的区别，让我们考虑一个简单的数据集，比如 Iris 数据集：

```
In [17]: from sklearn.datasets import load_iris
...        iris = load_iris()
...        X = iris.data[:, [0, 2]]
...        y = iris.target
In [18]: X_train, X_test, y_train, y_test = train_test_split(
...            X, y, random_state=100
...        )
```

然后，我们可以像之前那样对树的对象进行拟合和评分：

```
In [19]: extra_tree.fit(X_train, y_train)
...        extra_tree.score(X_test, y_test)
Out[19]: 0.92105263157894735
```

为了进行比较，使用一个随机森林可以得到相同的性能：

```
In [20]: forest = RandomForestClassifier(n_estimators=10,
                                          random_state=100)
...        forest.fit(X_train, y_train)
...        forest.score(X_test, y_test)
Out[20]: 0.92105263157894735
```

事实上，对于单棵树也是如此：

```
In [21]: tree = DecisionTreeClassifier()
...        tree.fit(X_train, y_train)
...        tree.score(X_test, y_test)
Out[21]: 0.92105263157894735
```

那么，它们之间有什么区别呢？要回答这个问题，我们必须看看决策边界。幸运的是，我们已经在上一节导入了 plot_decision_boundary 辅助函数，因此我们所需要做的就是将不同的分类器对象传递给它。

我们将构建一个分类器列表，列表中每一项都是一个元组，其中包含索引、分类器名称和分类器对象：

```
In [22]: classifiers = [
...            (1, 'decision tree', tree),
...            (2, 'random forest', forest),
...            (3, 'extremely randomized trees', extra_tree)
...        ]
```

然后，我们很容易将分类器列表传递给我们的辅助函数，这样就会在其子图中绘制每个分类器的决策图：

```
In [23]: for sp, name, model in classifiers:
...        plt.subplot(1, 3, sp)
...        plot_decision_boundary(model, X_test, y_test)
...        plt.title(name)
...        plt.axis('off')
```

结果如图 10-6 所示。

现在，这三个分类器之间的区别变得更加清晰了。我们看到这棵树画出了迄今为止最简单的决策边界，使用水平决策边界拆分场景。随机森林能够更清晰地拆分决策场景左下角的数据点云。但是，只有超随机树才能将数据点从四面八方集中到场景中心。

现在，我们了解了树集合的所有不同变体，那么接下来我们看一个真实的数据集。

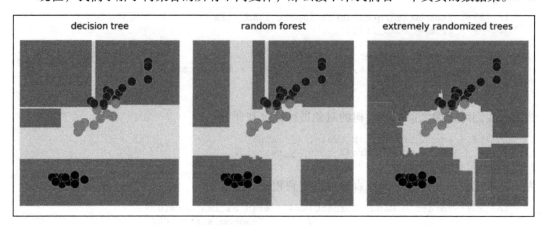

图 10-6　生成的超随机树

10.4　利用随机森林进行人脸识别

我们还没有讨论过的一个流行的数据集是 Olivetti 人脸数据集。

Olivetti 人脸数据集是在 1990 年由剑桥的 AT&T 实验室采集的。该数据集包括在不同时间和不同光照条件下拍摄的 40 个不同受试者的面部图像。此外，研究对象的面部表情（睁开眼睛 / 闭上眼睛、微笑 / 不笑）和面部细节（戴眼镜 / 不戴眼镜）也有所不同。

图像量化成 256 灰度级，存储为无符号的 8 位整数。因为有 40 个不同的主题，所以数据集有 40 个不同的目标标签。因此，识别人脸构成了多类分类任务的一个示例。

10.4.1　加载数据集

像许多其他经典数据集一样，Olivetti 人脸数据集使用 scikit-learn 加载：

```
In [1]: from sklearn.datasets import fetch_olivetti_faces
...     dataset = fetch_olivetti_faces()
In [2]: X = dataset.data
...     y = dataset.target
```

尽管原始图像由 92×112 个像素的图像组成，但是 scikit-learn 提供的版本包含了缩小到 64×64 像素的图像。

为了了解数据集，我们可以绘制一些示例图像。让我们从数据集中随机挑选 8 个索引：

```
In [3]: import numpy as np
...     np.random.seed(21)
...     idx_rand = np.random.randint(len(X), size=8)
```

我们可以使用 matplotlib 绘制这些示例图像，但是在绘制之前，我们需要确保将列向量变维成 64 × 64 像素的图像：

```
In [4]: import matplotlib.pyplot as plt
...     %matplotlib inline
...     for p, i in enumerate(idx_rand):
...         plt.subplot(2, 4, p + 1)
... plt.imshow(X[i, :].reshape((64, 64)), cmap='gray')
...         plt.axis('off')
```

以上代码产生的输出结果如图 10-7 所示。

图 10-7　利用 matplotlib 绘制出来的示例图像

你可以看到所有脸部的背景都是深色而且所有的面部都是人脸肖像。不同图像的面部表情差异很大，这就使其成为一个有趣的分类问题。

10.4.2　预处理数据集

在我们把数据集传递给分类器之前，我们需要按照第 4 章中的最佳实践对其进行预处理。

具体来说，我们要确保所有示例图像都具有相同的平均灰度级：

```
In [5]: n_samples, n_features = X.shape[:2]
...     X -= X.mean(axis=0)
```

我们对每幅图像都重复这个过程，以确保每个数据点（即 X 中的一行）的特征值都以 0 为中心：

```
In [6]: X -= X.mean(axis=1).reshape(n_samples, -1)
```

使用以下代码可以可视化预处理数据：

```
In [7]: for p, i in enumerate(idx_rand):
```

```
...            plt.subplot(2, 4, p + 1)
...            plt.imshow(X[i, :].reshape((64, 64)), cmap='gray')
...            plt.axis('off')
```

生成的输出如图 10-8 所示。

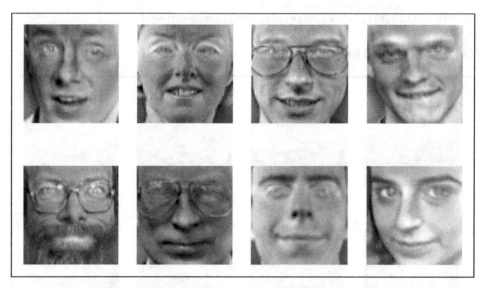

图 10-8 数据预处理后生成的图像

10.4.3 随机森林的训练和测试

我们继续遵循我们的最佳实践，将数据拆分为训练集和测试集：

```
In [8]: from sklearn.model_selection import train_test_split
...     X_train, X_test, y_train, y_test = train_test_split(
...         X, y, random_state=21
...     )
```

接下来，我们准备对数据应用一个随机森林：

```
In [9]: import cv2
...     rtree = cv2.ml.RTrees_create()
```

这里，我们想创建包含 50 棵决策树的一个集成：

```
In [10]: n_trees = 50
...      eps = 0.01
...      criteria = (cv2.TERM_CRITERIA_MAX_ITER + cv2.TERM_CRITERIA_EPS,
...                  n_trees, eps)
...      rtree.setTermCriteria(criteria)
```

因为我们拥有大量的类别（即 40），所以我们希望确保通过建立随机森林来处理这些类别：

```
In [10]: rtree.setMaxCategories(len(np.unique(y)))
```

我们可以试一下其他可选参数，例如在拆分一个节点之前所需的数据点数量：

```
In [11]: rtree.setMinSampleCount(2)
```

但是，我们可能不想限制每棵树的深度。这也是我们最后要进行实验的一个参数。但是现在，让我们把它设置为一个大的整数值，使深度实际上不受约束：

```
In [12]: rtree.setMaxDepth(1000)
```

接下来，我们可以拟合分类器和训练数据：

```
In [13]: rtree.train(X_train, cv2.ml.ROW_SAMPLE, y_train);
```

我们可以使用以下函数查看树的最终深度：

```
In [13]: rtree.getMaxDepth()
Out[13]: 25
```

这表示尽管我们允许树的深度达到 1000，但是最终只需要 25 层。

再次对分类器进行评估，首先预测标签（y_hat），然后将其传递给 accuracy_score 函数：

```
In [14]: _, y_hat = tree.predict(X_test)
In [15]: from sklearn.metrics import accuracy_score
...         accuracy_score(y_test, y_hat)
Out[15]: 0.87
```

我们发现准确率为 87%，这比单棵决策树要好得多：

```
In [16]: from sklearn.tree import DecisionTreeClassifier
...         tree = DecisionTreeClassifier(random_state=21, max_depth=25)
...         tree.fit(X_train, y_train)
...         tree.score(X_test, y_test)
Out[16]: 0.46999999999999997
```

还不错！我们可以试一下可选参数，看看我们是否能够得到更好的结果。最重要的因素似乎是森林中树的数量。我们可以在由 1000 棵树而不是 50 棵树组成的一个森林中重复这个实验：

```
In [18]: num_trees = 1000
... eps = 0.01
... criteria = (cv2.TERM_CRITERIA_MAX_ITER + cv2.TERM_CRITERIA_EPS,
... num_trees, eps)
... rtree.setTermCriteria(criteria)
... rtree.train(X_train, cv2.ml.ROW_SAMPLE, y_train);
... _, y_hat = rtree.predict(X_test)
... accuracy_score(y_test, y_hat)
Out[18]: 0.94
```

有了这个配置，我们得到 94% 的准确率！

💡提示　在这里，我们试着通过试错来提升我们模型的性能：改变了一些我们认为重要的参数，并观察结果在性能上的变化，直到找到满足我们期望的配置。我们将在第 11 章中学习更复杂的技术来改善模型。

决策树集成的另一个有趣的用例是 AdaBoost。

10.5 实现 AdaBoost

当森林中的树是深度为 1 的树时（也称为**决策桩**），我们执行 boosting 而不是 bagging，生成的算法称为 AdaBoost。

AdaBoost 在每次迭代中通过执行下面的操作来调整数据集：

❑ 选择一个决策桩。

❑ 增加标记错误的决策桩的权重，降低标记正确的决策桩的权重。

这种迭代的权重调整会使集成中的每个新分类器优先训练标记错误的实例。因此，该模型通过以高权重数据点为目标进行调整。

最后，将树桩组合成一个最终分类器。

10.5.1 用 OpenCV 实现 AdaBoost

尽管 OpenCV 提供了一个非常有效的 AdaBoost 实现，但是它隐藏在 Haar 级联分类器之下。Haar 级联分类器是一种非常流行的人脸检测工具，我们可以通过 Lena 图像的例子来说明这个内容：

```
In [1]: img_bgr = cv2.imread('data/lena.jpg', cv2.IMREAD_COLOR)
...     img_gray = cv2.cvtColor(img_bgr, cv2.COLOR_BGR2GRAY)
```

在加载了彩色图像和灰度图像之后，我们加载一个预训练的 Haar 级联：

```
In [2]: import cv2
...     filename = 'data/haarcascade_frontalface_default.xml'
...     face_cascade = cv2.CascadeClassifier(filename)
```

然后，分类器使用下面的函数调用检测图像中出现的人脸：

```
In [3]: faces = face_cascade.detectMultiScale(img_gray, 1.1, 5)
```

请注意，该算法只在灰度图像上运行。这就是为什么我们保存了两张 Lena 的图片，其中一张图片应用于分类器（img_gray），另一个张图片可以绘制生成边框（img_bgr）：

```
In [4]: color = (255, 0, 0)
...     thickness = 2
...     for (x, y, w, h) in faces:
...         cv2.rectangle(img_bgr, (x, y), (x + w, y + h),
...                       color, thickness)
```

接下来，我们可以使用以下代码绘制图像：

```
In [5]: import matplotlib.pyplot as plt
...     %matplotlib inline
...     plt.imshow(cv2.cvtColor(img_bgr, cv2.COLOR_BGR2RGB));
```

结果如图 10-9 所示，人脸的位置由边框表示。

显然，图 10-9 只包含一张人脸。但是，上述代码甚至可以在检测到多个人脸的图像上工作。试一下吧！

图 10-9　人脸检测结果

10.5.2　用 scikit-learn 实现 AdaBoost

在 scikit-learn 中，AdaBoost 是另一个集成估计器。我们可以从 50 个决策桩创建一个集成，如下所示：

```
In [6]: from sklearn.ensemble import AdaBoostClassifier
...     ada = AdaBoostClassifier(n_estimators=50,
...                              random_state=456)
```

我们可以再次加载乳腺癌数据集，并将其拆分为 75-25：

```
In [7]: from sklearn.datasets import load_breast_cancer
...     cancer = load_breast_cancer()
...     X = cancer.data
...     y = cancer.target
In [8]: from sklearn.model_selection import train_test_split
...     X_train, X_test, y_train, y_test = train_test_split(
...         X, y, random_state=456
...     )
```

接下来，使用熟悉的程序拟合 AdaBoost，并对其进行评分：

```
In [9]: ada.fit(X_train, y_train)
...     ada.score(X_test, y_test)
Out[9]: 0.965034965034965
```

结果很惊人：96.5% 的准确率！

我们可能想把这个结果和一个随机森林进行比较。但是，为了公平起见，我们应该把森林中的树都做成决策桩。然后，我们就会知道 bagging 和 boosting 之间的区别：

```
In [10]: from sklearn.ensemble import RandomForestClassifier
...         forest = RandomForestClassifier(n_estimators=50,
...                                         max_depth=1,
...                                         random_state=456)
...         forest.fit(X_train, y_train)
...         forest.score(X_test, y_test)
Out[10]: 0.9370629370629371
```

当然了，如果让树的深度达到我们的需求，我们可以得到更好的得分：

```
In [11]: forest = RandomForestClassifier(n_estimators=50,
...                                      random_state=456)
...         forest.fit(X_train, y_train)
...         forest.score(X_test, y_test)
Out[11]: 0.993006993006993
```

当允许随机森林分类器尽可能深时，99.3% 的准确率是令人难以置信的！

作为本章的最后一个内容，让我们讨论一下如何把不同类型的模型组合成一个集成。

10.6   把各种模型组合成一个投票分类器

到目前为止，我们已经学习了如何把同一个分类器或者回归器的不同实例组合成一个整体。本章我们将继续深入探讨这一思想，并将在概念上不同的分类器组合成一个**投票分类器**。

投票分类器隐含的思想是，集成中的单个学习器不一定是同一种类型的。毕竟，不论单个分类器是如何实现它们的预测的，最后我们都将应用一个决策规则来整合各个分类器的所有投票。这也称之为是**投票方案**。

10.6.1   理解各种投票方案

在投票分类器中有两种不同的投票方案：

❑ 在**硬投票**（也称为**多数投票**）中，每个分类器都给一个类投票，票数多者获胜。从统计学角度来看，集成的预测目标标签是单个预测标签的分布模式。

❑ 在**软投票**中，每个分类器提供了属于特定目标类的一个特定数据点的概率值。根据分类器的重要性对预测结果进行加权，并进行汇总。然后，加权概率和最大的目标标签获得投票。

例如，让我们假设在集成中有 3 个不同的分类器执行一个二值分类任务。在硬投票方案中，每个分类器应该为特定数据点预测一个目标标签：

分类器	预测的目标标签
分类器 1	类 1
分类器 2	类 1
分类器 3	类 0

然后，投票分类器将统计选票，并支持多数票。在这种情况下，集成分类器会预测为类 1。

软投票方案中的数学运算稍微复杂一些。在软投票中，每个分类器分配一个权重系数，代表投票过程中分类器的重要性。为简单起见，让我们假设所有这 3 个分类器都具有相同的权重：$w_1 = w_2 = w_3 = 1$。

然后，这 3 个分类器将继续预测属于每个可用类标签的特定数据点的概率：

分类器	类 0	类 1
分类器 1	$0.3\,w_1$	$0.7 w_1$
分类器 2	$0.5 w_2$	$0.5 w_2$
分类器 3	$0.4 w_3$	$0.6 w_3$

在这个例子中，分类器 1 有 70% 确信我们看到的是类 1 的示例。分类器 2 是 50-50，分类器 3 与分类器 1 趋于一致。将每个概率得分与分类器的权重系数相结合。

投票分类器将计算每个类标签的加权平均值：

❑ 对于类 0，我们得到一个加权平均值为 $(0.3w_1 + 0.5w_2 + 0.4w_3) / 3 = 0.4$。

❑ 对于类 1，我们得到一个加权平均值为 $(0.7w_1 + 0.5w_2 + 0.6w_3) / 3 = 0.6$。

因为类 1 的加权平均值高于类 0，所以集成分类器将会继续预测为类 1。

10.6.2　实现一个投票分类器

让我们来看一个简单的例子，把 3 个不同的算法组合成一个投票分类器：

❑ 第 3 章中的一个逻辑回归分类器。

❑ 第 7 章中的一个高斯朴素贝叶斯分类器。

❑ 本章的一个随机森林分类器。

我们可以把这 3 个算法组合成一个投票分类器，并将其应用于乳腺癌数据集，如下所示：

1）加载数据集，并将其拆分成训练集和测试集：

```
In [1]: from sklearn.datasets import load_breast_cancer
...     cancer = load_breast_cancer()
...     X = cancer.data
...     y = cancer.target
In [2]: from sklearn.model_selection import train_test_split
...     X_train, X_test, y_train, y_test = train_test_split(X, y,
random_state=13)
```

2）实例化单个分类器：

```
In [3]: from sklearn.linear_model import LogisticRegression
...     model1 = LogisticRegression(random_state=13)
In [4]: from sklearn.naive_bayes import GaussianNB
...     model2 = GaussianNB()
In [5]: from sklearn.ensemble import RandomForestClassifier
...     model3 = RandomForestClassifier(random_state=13)
```

3）把单个分类器分配给投票集成。这里，我们需要传递一个元组列表（estimators），其中每个元组是由分类器名称（描述每个分类器的短名称的一个字母字符串）和模型对象组成。投票方案可以是 voting='hard' 或者 voting='soft'。现在，我们将选择 voting='hard'：

```
In [6]: from sklearn.ensemble import VotingClassifier
...         vote = VotingClassifier(estimators=[('lr', model1),
...                                         ('gnb', model2),('rfc',
model3)],voting='hard')
```

4）拟合集成与训练数据，并在测试数据上对其进行评分：

```
In [7]: vote.fit(X_train, y_train)
...         vote.score(X_test, y_test)
Out[7]: 0.95104895104895104
```

为了确信 95.1% 是一个很高的准确率得分，我们可以比较集成性能和各个分类器的理论性能。我们通过拟合单个分类器和数据来实现。然后，我们可以看到逻辑回归模型本身的准确率达到了 94.4%：

```
In [8]: model1.fit(X_train, y_train)
...         model1.score(X_test, y_test)
Out[8]: 0.94405594405594406
```

类似地，朴素贝叶斯分类器实现了 93.0% 的准确率：

```
In [9]:  model2.fit(X_train, y_train)
...         model2.score(X_test, y_test)
Out[9]:  0.93006993006993011
```

最后且最重要的是，随机森林分类器也实现了 94.4% 的准确率：

```
In [10]: model3.fit(X_train, y_train)
... model3.score(X_test, y_test)
Out[10]: 0.94405594405594406
```

总而言之，通过把 3 个不相关的分类器组合成一个整体，我们只能够获得一个不错的性能百分比。每个分类器都可能在训练集上出现不同的错误，但这没有关系，因为平均来说，我们只需要三分之二的分类器是正确的就可以了。

10.6.3　简单多数

在前几节中，我们讨论了集成方法。我们之前没有介绍集成技术如何汇总各个模型的结果。这里使用的概念称为**简单多数**，也就是投票。一个类得到的投票越多，它成为最终类的机会也就越大。想象一下，在集成技术阶段我们准备了 3 个模型以及 10 个可能的类（把它们想象成从 0 到 9 的数字）。每个模型根据其获得的最高概率选择一个类。最终，选出票数最多的类。这就是"简单多数"的概念。在实践中，简单多数试图为 k-NN 和朴素贝叶斯分类算法都带来好处。

总之，"简单多数"投票是获得最多选票的类获胜的一种方法。这是多数投票胜出的一种形式。

因此，每个分类器只给出一个投票。票数最多的类就是集成的预测。

10.7　本章小结

在这一章中，我们讨论了如何通过把各种分类器组合成一个整体来改善这些分类器。我们讨论了如何使用 bagging 对不同分类器的预测进行平均，以及如何使用 boosting 让各个分类器纠正彼此的错误。我们花了很多时间讨论组合决策树的所有可能方法，比如决策桩（AdaBoost）、随机森林和超随机树。最后，我们学习了如何通过构建一个投票分类器把各种类型的分类器组合成一个整体。

在第 11 章，我们将继续讨论如何通过模型选择和超参数调优来比较各种分类器的结果。

Chapter 11 | 第 11 章

选择正确的模型与超参数调优

既然我们已经研究了各种各样的机器学习算法，相信你已经意识到大多数机器学习算法都有大量可供选择的设置。这些设置或者调优选项就是**超参数**（hyperparaameter），在我们试图最大化性能时它帮助我们控制算法的行为。

例如，我们可能希望选择一棵决策树的深度或者拆分标准，或者调整一个神经网络的神经元数量。寻找一个模型的最重要参数值是一项棘手的任务，但是几乎对于所有的模型和数据集都是必要的。

在这一章中，我们将深入研究**模型评估**（model evaluation）和**超参数调优**（hyperparameter tuning）。假设我们有两个不同的模型可以应用于我们的任务，怎么知道哪个模型更好呢？回答这个问题通常需要反复地将模型的各种版本与不同的数据子集进行拟合，例如**交叉验证**（cross-validation）和 bootstrapping。结合不同的评分函数，我们可以获得模型泛化性能的可靠评估。

但是，如果两个不同的模型给出相似的结果呢？我们能确定这两个模型是等价的吗？还是有可能其中一个模型只是侥幸而已？我们怎样才能知道其中一个模型是否明显优于另一个模型呢？对这些问题的回答将引导我们讨论一些有用的统计测试，如 Student 的 t- 检验和配对卡方检测（McNemar's test）。

本章将介绍以下主题：

❑ 模型评估。
❑ 理解交叉验证。
❑ 使用 bootstrapping 评估鲁棒性。
❑ 基于网格搜索进行超参数调优。
❑ 使用各种评估指标给模型评分。

❏ 将算法链接起来形成一个管道。

11.1 技术需求

我们可以在 https://github.com/PacktPublishing/Machine-Learning-for-OpenCV-Second-Edition/tree/master/Chapter11 查看本章的代码。

软件和硬件需求总结如下：

❏ OpenCV 4.1.x 版本（4.1.0 版本或 4.1.1 版本都可以）。

❏ Python 3.6 版本（Python 3.x 的所有版本都可以）。

❏ Anaconda Python 3，用于安装 Python 及其所需模块。

❏ 在本书中，你可以使用任意一款操作系统——macOS、Windows 以及基于 Linux 的操作系统。我们建议你的系统中至少有 4GB 的内存。

❏ 你不需要一个 GPU 来运行本书提供的代码。

11.2 模型评估

模型评估策略有很多不同的形式和形状。因此，在以下章节中我们将重点介绍 3 种最常用的技术，用于比较模型之间的差异：

❏ k 折交叉验证。

❏ Bootstrapping。

❏ 配对卡方检测（McNemar's test）。

原则上，模型评估很简单：在一些数据上训练一个模型之后，我们可以通过比较模型的预测和一些真实值来评估模型的有效性。我们之前学习过应该把数据分解成训练集和测试集，因此我们尽可能地遵守这条规则。但是我们为什么还要再实现一次呢？

11.2.1 模型评估的错误方式

我们从不在训练集上评估模型的原因是，原则上，如果我们抛给数据集一个足够强大的模型，模型都可以对数据集进行学习。

在 Iris 数据集（我们在第 3 章中详细地讨论过这个数据集）的帮助下，我们可以快速演示这个过程。那时的目标是根据鸢尾花的物理尺寸分类鸢尾花的种类。我们可以使用 scikit-learn 下载 Iris 数据集：

```
In [1]: from sklearn.datasets import load_iris
...     iris = load_iris()
```

对于这个问题，一种简单的方法是把所有的数据点都存储在矩阵 X 中，分类标签存储在向量 y 中：

```
In [2]: import numpy as np
...     X = iris.data.astype(np.float32)
...     y = iris.target
```

接下来，我们选择一个模型及其超参数。例如，让我们使用来自于第 3 章的算法，其只提供一个超参数：邻居数 k。令 $k = 1$，我们得到一个非常简单的模型，把一个未知点的标签分类为与其最近邻属于同一个类。

在以下步骤中，你将学习如何构建一个 k-NN，并计算它的准确率：

1）在 OpenCV 中，k-NN 实例化如下所示：

```
In [3]: import cv2
...     knn = cv2.ml.KNearest_create()
...     knn.setDefaultK(1)
```

2）接下来，我们训练模型，并利用这个模型预测已知数据的标签：

```
In [4]: knn.train(X, cv2.ml.ROW_SAMPLE, y)
...     _, y_hat = knn.predict(X)
```

3）最后，我们计算正确标记数据点的得分：

```
In [5]: from sklearn.metrics import accuracy_score
...     accuracy_score(y, y_hat)
Out[5]: 1.0
```

正如我们看到的，准确率得分是 1.0，这说明我们的模型正确标记了 100% 的数据点。

📷 **注意** 如果一个模型在训练集上得到的准确率是 100%，那么我们说模型记住了数据。

但是，度量的期望准确率是真实的吗？我们是否已经得到一个期望 100% 正确的模型了？

你可能已经猜到了，答案是否定的。这个例子表明，即使一个简单的算法也能够记住一个实际场景的数据集。想象一下，对于一个深度卷积网络来说，这个任务是多么简单！通常，一个模型的参数越多，这个模型也就越强大。我们很快就会回到这个问题上。

11.2.2 模型评估的正确方式

使用测试集可以更好地了解模型的性能，但是这一点你已经知道了。当看到在训练过程中得到的数据时，我们可以查看模型是否学习了数据中的一些依赖关系，或者是否只是记住了训练集。

我们可以使用在 scikit-learn 的 model_selection 模块中所熟悉的 train_test_split 把数据分成训练集和测试集：

```
In [6]: from sklearn.model_selection import train_test_split
```

可是我们如何选择正确的训练 - 测试比例呢？甚至有正确的比例吗？或者这是模型的另一个超参数吗？

这里有两个相互矛盾的问题：

❑ 如果我们的训练集太小，那么我们的模型可能无法提取相关的数据依赖关系。因此，如果我们使用不同的随机数种子多次重复我们的实验，那么每次运行，我们的模型性能可能会有很大的不同。作为一个极端的例子，考虑一个训练集，它只有来自 Iris 数据集的一个数据点。在这种情况下，模型甚至无法知道数据集中有多个种类！

❑ 如果我们的测试集太小，那么每次运行，我们的性能指标都可能会有很大的不同。因此，我们将不得不重新进行多次实验才能知道我们模型的平均性能表现如何。作为一个极端的例子，考虑只有单个数据点的测试集。因为在 Iris 数据集中有 3 种不同的类别，我们可能得到 0%、33%、66% 或者 100% 的正确值。

一个好的起点通常是 80-20 的训练 - 测试拆分。可是，这完全取决于可用的数据量。对于相对较小的数据集，50-50 的拆分可能更适合：

```
In [7]: X_train, X_test, y_train, y_test = train_test_split(
...          X, y, random_state=37, train_size=0.5
...      )
```

接下来，我们在训练集上对上面的模型重新训练：

```
In [8]: knn = cv2.ml.KNearest_create()
...     knn.setDefaultK(1)
...     knn.train(X_train, cv2.ml.ROW_SAMPLE, y_train)
```

当我们在测试集上测试模型时，突然得到一个不同的结果：

```
In [9]: _, y_test_hat = knn.predict(X_test)
...     accuracy_score(y_test, y_test_hat)
Out[9]: 0.96666666666666667
```

在这里我们看到了一个更合理的结果，尽管 97% 的准确率仍然是一个可怕的结果。但这是最佳可能结果吗——我们又如何确定它呢？

要回答这个问题，我们必须进行更深入的研究。

11.2.3　选择最佳模型

在一个模型表现不佳时，我们往往不知道如何使其变得更好。我们在本书中声明了一个经验法则，例如，如何选择一个神经网络的层数。更糟糕的是，答案往往是与直觉相反的！例如，向网络中添加另一个层可能会使结果变得更糟糕，添加更多的训练数据可能根本不会改变性能。

你可以理解为什么这些问题是机器学习中最重要的内容。最终，确定哪些步骤会或者不会提升我们模型的性能是成功的机器学习实践者区别于其他所有人的地方。

让我们来看一个具体的例子。记得我们在第 5 章的一个回归任务中使用了决策树。我们把两棵不同的树拟合成一个 sin 函数——一棵树的深度是 2，另一棵树的深度是 5。回归结果如图 11-1 所示。

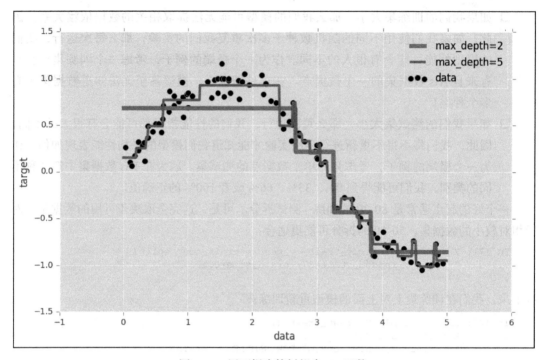

图 11-1 用两棵决策树拟合 sin 函数

很明显，这两种拟合都不是特别好。可是，这两棵决策树失败的方式不同！

深度为 2 的决策树（在图 11-1 中的粗线）试着利用数据拟合 4 条直线。因为数据本身比几条直线要复杂，所以这个模型失败了。我们可以对模型进行尽可能多的训练，生成尽可能多的训练样本——模型始终不能很好地描述这个数据集。我们认为这样的模型对数据是欠拟合的。或者说，该模型不足以解释数据中的所有特征。因此，模型有一个很高的偏差。

另一棵决策树（细线，深度是 5）犯了另一个错误。这个模型有足够的灵活性，几乎可以完美地解释数据中的精细结构。但是，在某些情况下，这个模型似乎遵循了噪声的特定模式；我们加入了 sin 函数，而不是 sin 函数本身。在图 11-1 的右侧你可以看到曲线（细线）抖动了很多。我们认为这样的模型对数据是过拟合的。或者说，这个模型太复杂了，最终导致数据的随机误差。因此，模型有一个很高的方差。

简而言之——秘密武器是，从根本上说，选择正确的模型归根结底就是在偏差和方差之间找到一个平衡点。

🎯 提示　一个模型的灵活性（也就是**模型复杂度**）主要是由它的超参数决定的。这就是超参数调优如此重要的原因！

让我们回到 k-NN 算法和 Iris 数据集。如果我们对 Iris 数据所有可能的 k 值重复拟合模

型的过程，并计算训练得分和测试得分，我们期望结果如图 11-2 所示。

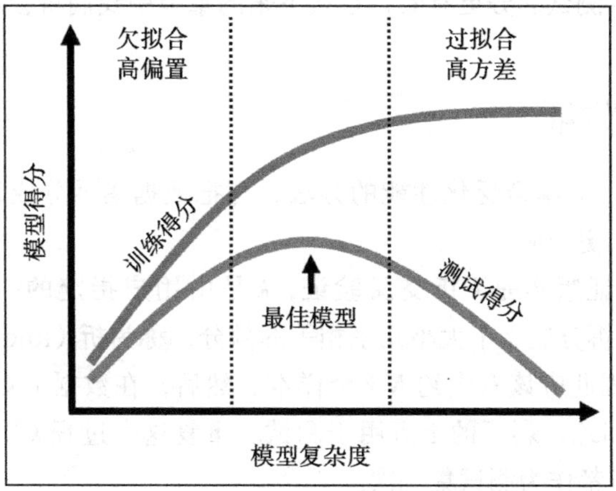

图 11-2　模型得分和模型复杂度之间的关系

图 11-2 描述了模型得分（训练得分或者测试得分）作为模型复杂度的一个函数。如图
11-2 所示，一个神经网络的模型复杂度大体上是随着网络中神经元数量而增长的。但 k-NN
的例子却正好相反——k 值越大，决策边界越平滑，因此复杂度也就越低。或者说，k=1 时
的 k-NN 一直在图 11-2 的右侧，其中训练得分是完美的。难怪我们训练集的准确率达到了
100%！

从图 11-2 中，我们可以得到模型复杂度的 3 种模式：

❏ 非常低的模型复杂度（高偏差模型）对训练数据欠拟合。在这种模式下，不管我们
训练模型多长时间，其在训练集和测试集上的得分都很低。

❏ 一个非常复杂的模型（或者高方差）对训练数据过拟合，这就说明模型可以很好地
预测训练数据，但是不能很好地预测未知数据。在这种模式下，模型开始学习只出
现在训练数据中的复杂性或特殊性。因为这些特性不适用于未知数据，训练得分越
来越低。

❏ 对于某个中间值，测试得分是最大的。这就是我们正在努力寻找的测试得分最大的
中间模式。这是偏差和方差的最佳权衡点！

这意味着我们可以通过绘制出模型复杂度场景来找到手头任务的最佳算法。具体来说，我
们可以使用以下指标来了解我们目前正处于哪种模式：

❏ 如果训练得分和测试得分都低于我们的预期，那么我们可能就处于图 11-2 最左边的
模式，模型对数据是欠拟合的。在这种情况下，一个好的解决办法可能是增加模型
的复杂度，然后再试一次。

❏ 如果训练得分高于测试得分，那么我们可能处于图 11-2 最右边的模式，模型对数据是
过拟合的。在这种情况下，一个好的解决办法是降低模型的复杂度，然后再试一次。

虽然这个过程一般来说是可行的，但是对于模型评估来说，我们已经证明还有一些较复杂的策略比简单的训练－测试拆分更有效，在接下来的章节中我们将会对其进行讨论。

11.3 理解交叉验证

交叉验证是一种评估模型泛化性能的方法，与把数据集拆分成训练集和测试集相比，交叉验证通常更稳定、更全面。

最常用的交叉验证版本是 *k* 折交叉验证，*k* 是由用户指定的一个数（通常是 5 或者 10）。这里，把数据集拆分成 *k* 个大小几乎相等的部分，称为**折**（fold）。对于包含 *N* 个数据点的数据集，每一折因此应该有大约 N/k 个样本。然后，在数据上对模型进行一系列的训练，其中 *k*–1 折用于训练，剩下的 1 折用于测试。重复这个过程 *k* 次，每次选择不同的折进行测试，直到每一折都作为测试集一次。

图 11-3 显示了 2 折交叉验证的一个例子。

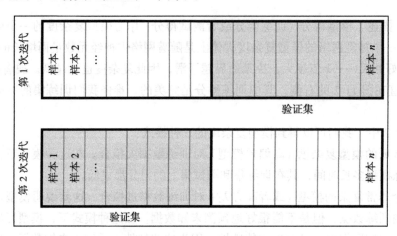

图 11-3　2 折交叉验证示例

> **提示** 乍一看，这可能很像把数据拆分成训练集和测试集的常规过程。其中一个区别是交叉验证在这个例子中运行了两次：一次是在我们通常所说的训练集上训练模型（在测试集上测试模型），另一次是在我们通常所说的测试集上训练模型（在训练集上测试模型）。

类似地，在 4 折交叉验证过程中，我们先用前 3 折进行训练，第 4 折用于测试（**迭代 1 次**）。在**第 2 次迭代**中，我们选择第 3 折用于测试（称为**验证集**，如图 11-4 所示），其余的折（1 折、2 折和 4 折）用于训练，以此类推。

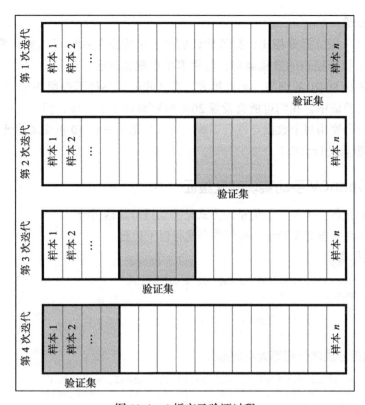

图 11-4　4 折交叉验证过程

在每一次迭代中，我们计算验证集的准确率。最终，我们取所有准确率得分的平均值，得到模型最终的平均得分。这将为我们的模型泛化性能提供一个更可靠的估计，因为我们在数据的多个随机拆分上多次重复训练 - 测试过程。

> **注意** 请注意，交叉验证的目的不是构建一个最终模型，也就是说我们不会使用训练模型的这 4 个实例来做任何实际的预测。交叉验证的作用是评估算法在一个特定数据集上的泛化性能。

对数据进行多次拆分还可以说明我们的模型对训练集选择的敏感程度。因为正在处理的是随机数据拆分，所以我们必须考虑我们的过程是由运气决定的可能性：

❑ 我们可能在某一次迭代中很幸运，因为某些原因，很容易对验证集中的所有数据点分类。那么，报告的准确率就会高得不合理。

❑ 我们可能在某一次迭代中不太幸运，因此对验证集中的数据点正确分类实际上是不可能的。那么，报告的准确率就会低得不合理。

通过重复这个过程 k 次，我们确保观测到的结果不强烈依赖于精确的训练 - 测试拆分。此外，我们还可以通过观察不同情况下的准确率差异，了解在将该模型应用于新数据时的最差表现和最佳表现。

与单个训练－测试拆分相比，交叉验证的另一个优点是我们可以更有效地使用数据。通常，我们用来拟合模型的数据越多，最终模型也就越准确。但是，如果我们使用 train_test_split 函数进行 80-20 的训练－测试拆分，那么我们将不得不保留 20% 的数据点用于测试。在 5 折交叉验证中，我们可能会设置 20% 的数据点用于验证，但是通过循环不同的迭代，最终我们将会使用每个数据点进行训练。更好的是——在 10 折交叉验证中，我们可以使用 90% 的数据点进行训练！

11.3.1 用 OpenCV 手动实现交叉验证

用 OpenCV 执行交叉验证最简单的方式是手动进行数据拆分。

例如，要实现 2 折交叉验证，我们将会执行以下过程：

1）加载数据集：

```
In [1]: from sklearn.datasets import load_iris
...     import numpy as np
...     iris = load_iris()
...     X = iris.data.astype(np.float32)
...     y = iris.target
```

2）把数据拆分成两个相等大小的部分：

```
In [2]: from sklearn.model_selection import model_selection
...     X_fold1, X_fold2, y_fold1, y_fold2 = train_test_split(
...         X, y, random_state=37, train_size=0.5
...     )
```

3）实例化分类器：

```
In [3]: import cv2
...     knn = cv2.ml.KNearest_create()
...     knn.setDefaultK(1)
```

4）在第 1 折上训练分类器，然后预测第 2 折的标签：

```
In [4]: knn.train(X_fold1, cv2.ml.ROW_SAMPLE, y_fold1)
...     _, y_hat_fold2 = knn.predict(X_fold2)
```

5）在第 2 折上训练分类器，然后预测第 1 折的标签：

```
In [5]: knn.train(X_fold2, cv2.ml.ROW_SAMPLE, y_fold2)
...     _, y_hat_fold1 = knn.predict(X_fold1)
```

6）计算这两折的准确率得分：

```
In [6]: from sklearn.metrics import accuracy_score
...     accuracy_score(y_fold1, y_hat_fold1)
Out[6]: 0.92000000000000004
In [7]: accuracy_score(y_fold2, y_hat_fold2)
Out[7]: 0.88
```

这个过程将产生两个准确率得分，一个是第 1 折（92% 的准确率），一个是第 2 折（88% 的准确率）。平均来说，我们的分类器对未知数据的准确率达到了 90%。

11.3.2　用 scikit-learn 进行 k 折交叉验证

在 scikit-learn 中，交叉验证可以分 3 个步骤执行：

1）加载数据集。因为之前已经加载过了，所以我们不必再次加载。

2）实例化分类器：

```
In [8]: from sklearn.neighbors import KNeighborsClassifier
...     model = KNeighborsClassifier(n_neighbors=1)
```

3）利用 cross_val_score 函数执行交叉验证。这个函数把模型、完整的数据集（X）、目标标签（y）以及折数的一个整数值（cv）作为输入。没有必要手动拆分数据——该函数会根据折数自动进行。完成交叉验证之后，函数返回测试得分：

```
In [9]: from sklearn.model_selection import cross_val_score
...     scores = cross_val_score(model, X, y, cv=5)
...     scores
Out[9]: array([ 0.96666667, 0.96666667, 0.93333333, 0.93333333,
        1. ])
```

为了了解模型的平均性能，我们可以看看这 5 个得分的均值和标准差：

```
In [10]: scores.mean(), scores.std()
Out[10]: (0.95999999999999996, 0.024944382578492935)
```

利用 5 折交叉验证，我们可以更好地了解分类器的平均鲁棒性。我们看到 k=1 的 k-NN 实现了平均 96% 的准确率，而且每次运行时这个值的标准差在大约 2.5% 的范围内上下波动。

11.3.3　实现留一法交叉验证

实现交叉验证的另一个流行方法是选择的折数与数据集中的数据点数相等。或者说，如果有 N 个数据点，我们就设置 k=N。这意味着我们将不得不进行 N 次交叉验证的迭代，但在每次迭代中，测试集将只包含一个数据点。这个过程的优点是我们可以使用除一个数据点外的所有数据点进行训练。因此，这个过程也被称为**留一法交叉验证**。

在 scikit-learn 中，这个功能是由 model_selection 模块的 LeaveOneOut 方法提供的：

```
In [11]: from sklearn.model_selection import LeaveOneOut
```

这个对象可以通过以下方式直接传递给 cross_val_score 函数：

```
In [12]: scores = cross_val_score(model, X, y, cv=LeaveOneOut())
```

因为现在每个测试集都只包含一个数据点，所以我们期望得分者返回 150 个值——数据集中的每个数据点对应一个值。我们得到的每一个数据点要么是正确的，要么是错误的。因此，我们期望 scores 是一个 1 和 0 的列表，分别对应于正确的和错误的分类：

```
In [13]: scores
Out[13]: array([ 1., 1., 1., 1., 1., 1., 1., 1., 1., 1., 1., 1.,
        1., 1., 1., 1., 1., 1., 1., 1., 1., 1., 1., 1.,
        1., 1., 1., 1., 1., 1., 1., 1., 1., 1., 1., 1.,
        1., 1., 1., 1., 1., 1., 1., 1., 1., 1., 1., 1.,
        1., 1., 1., 1., 1., 1., 1., 1., 1., 1., 1., 1.,
        1., 1., 1., 1., 1., 0., 1., 0., 1., 1., 1., 1.,
```

```
      1., 1., 1., 1., 1., 0., 1., 1., 1., 1., 1., 1., 1.,
      1., 1., 1., 1., 1., 1., 1., 1., 1., 1., 1., 1., 1.,
      1., 1., 0., 1., 1., 1., 1., 1., 1., 1., 1., 1., 1.,
      1., 1., 0., 1., 1., 1., 1., 1., 1., 1., 1., 1., 1.,
      1., 1., 1., 0., 1., 1., 1., 1., 1., 1., 1., 1., 1.,
      1., 1., 1., 1., 1., 1., 1.])
```

如果我们想要知道分类器的平均性能,那么我们仍然需要计算得分的均值和标准差:

```
In [14]: scores.mean(), scores.std()
Out[14]: (0.95999999999999996, 0.19595917942265423)
```

我们可以知道,这个评分策略返回的结果和 5 折交叉验证非常相似。

 有关其他有用的交叉验证过程的更多信息,请访问 http://scikit-learn.org/stable/modules/cross_validation.html。

11.4 利用 bootstrapping 评估鲁棒性

k 折交叉验证的另一种方法是 bootstrapping。

bootstrapping 不是把数据拆分成折,而是通过从数据集中随机抽取样本建立一个训练集。通常,通过有返还地抽取样本形成一个自助样本 bootstrap。想象一下,把所有数据点放入一个袋子,然后从袋子中随机抽取。抽取一个样本之后,我们会把它再放回袋子里。这允许一些示例在训练集中多次出现,这是交叉验证不允许的。

然后在所有不属于 bootstrap 的样本(即**袋外样本**)上测试分类器,重复这个过程很多次(比如 10 000 次)。因此,我们得到一个模型得分的分布,使我们能够估计模型的鲁棒性。

用 OpenCV 手动实现 bootstrapping

可以通过以下过程实现 bootstrapping:

1)加载数据集。因为之前已经加载过了,所以不需要再次加载。

2)实例化分类器:

```
In [15]: knn = cv2.ml.KNearest_create()
   ...       knn.setDefaultK(1)
```

3)从我们 N 个样本的数据集中通过有返还地随机抽取 N 个样本形成一个自助样本 bootstrap。利用 NumPy 中 random 模块的 choice 函数可以很容易实现这个内容。我们让函数在 [0,len(X)–1] 内有返还地(replace=True)抽取 len(X) 样本。然后函数返回一个索引列表,形成我们的自助样本:

```
In [16]: idx_boot = np.random.choice(len(X), size=len(X),
   ...                                    replace=True)
   ...       X_boot = X[idx_boot, :]
   ...       y_boot = y[idx_boot]
```

4）把所有在自助样本中没有出现的样本都放入袋外集合中：

```
In [17]: idx_oob = np.array([x not in idx_boot
...          for x in np.arange(len(X))],dtype=np.bool)
...      X_oob = X[idx_oob, :]
...      y_oob = y[idx_oob]
```

5）在自助样本上训练分类器：

```
In [18]: knn.train(X_train, cv2.ml.ROW_SAMPLE, y_boot)
Out[18]: True
```

6）在袋外样本上测试分类器：

```
In [19]: _, y_hat = knn.predict(X_oob)
...      accuracy_score(y_oob, y_hat)
Out[19]: 0.9285714285714286
```

7）对特定的迭代次数重复步骤（3）～（6）。

8）自助样本的迭代。重复这些步骤 10 000 次，得到 10 000 个准确率得分，然后平均得分得到分类器的平均性能。

为了方便起见，我们可以从第 3 步到第 6 步构建一个函数，这样就可以很容易地运行这个过程 n_iter 次。我们还传递一个模型（我们的 k-NN 分类器，model）、特征矩阵（X）以及所有类标签的向量（y）：

```
In [20]: def yield_bootstrap(model, X, y, n_iter=10000):
...          for _ in range(n_iter):
```

for 循环中的步骤实际上是前面提到的代码中的第 3 步到第 6 步。这包括在自助样本上训练分类器，以及在袋外样本上测试分类器：

```
...              # train the classifier on bootstrap
...              idx_boot = np.random.choice(len(X), size=len(X),
...                                          replace=True)
...              X_boot = X[idx_boot, :]
...              y_boot = y[idx_boot]
...              knn.train(X_boot, cv2.ml.ROW_SAMPLE, y_boot)
...
...              # test classifier on out-of-bag examples
...              idx_oob = np.array([x not in idx_boot
...                                  for x in np.arange(len(X))],
...                                  dtype=np.bool)
...              X_oob = X[idx_oob, :]
...              y_oob = y[idx_oob]
...              _, y_hat = knn.predict(X_oob)
```

然后，我们需要返回准确率得分。你可能希望这里有一个 return 语句。可是，更优雅的方法是使用 yield 语句，将函数自动转换为生成器。这意味着我们不必初始化一个空列表（acc=[]），然后在每次迭代中添加新的准确率得分 (acc.append(accuracy_score(...)))。自动完成 bookkeeping：

```
...              yield accuracy_score(y_oob, y_hat)
```

为了确保我们都得到相同的结果，让我们固定随机数生成器的种子：

```
In [21]: np.random.seed(42)
```

现在，通过把函数输出转换成一个列表，让我们运行这个过程 n_iter=10 次：

```
In [22]: list(yield_bootstrap(knn, X, y, n_iter=10))
Out[22]: [0.98333333333333328,
          0.93650793650793651,
          0.92452830188679247,
          0.92307692307692313,
          0.94545454545454544,
          0.94736842105263153,
          0.98148148148148151,
          0.96078431372549022,
          0.93220338983050843,
          0.96610169491525422]
```

你可以看到，对于这个小样本，我们得到 92% 到 98% 之间的准确率。要得到更可靠的模型性能估计，我们重复这个过程 1000 次，计算得分的均值和标准差：

```
In [23]: acc = list(yield_bootstrap(knn, X, y, n_iter=1000))
...      np.mean(acc), np.std(acc)
Out[23]: (0.95524155136419198, 0.022040380995646654)
```

欢迎你随时增加重复次数。但是一旦 n_iter 足够大，这个过程就应该对抽样过程的随机性具有鲁棒性。在这种情况下，在我们不断增加 n_iter 到 10 000 次迭代时，我们希望得分值的分布没有任何变化：

```
In [24]: acc = list(yield_bootstrap(knn, X, y, n_iter=10000))
...      np.mean(acc), np.std(acc)
Out[24]: (0.95501528733009422, 0.021778543317079499)
```

通常，使用 bootstrapping 获得的得分将用于统计测试，以评估结果的显著性。让我们来看一看这是如何实现的。

11.5 评估结果的显著性

假设我们为 *k*-NN 分类器的 2 个版本执行交叉验证过程。测试结果是——模型 A 是 92.34%，模型 B 是 92.73%。我们怎样才能知道哪个模型更好呢？

根据这里介绍的逻辑，我们可能会认为模型 B 更好，因为模型 B 的测试得分更好。可是，如果这两个模型没有明显区别呢？这可能有两个潜在的原因，都是我们测试程序的随机性导致的结果：

❑ 就我们所知，模型 B 只是幸运而已。也许我们在交叉验证过程中选择了很低的 *k*。也许模型 B 最终进行了一次有益的训练测试拆分，因此模型对数据进行分类没有问题。毕竟，我们并没有像 bootstrapping 那样运行成千上万次迭代，以确保结果在一般情况下是成立的。

❑ 测试得分的可变性如此之高，以至于我们不能确定这两个结果本质上是否相同。在 bootstrapping 中，这甚至可能超过 10 000 次迭代！如果测试过程本身有噪声，那么最终的测试得分也会有噪声。

因此，我们怎样才能确定这两个模型是不同的呢？

11.5.1 实现 Student t- 检验

其中最著名的一个统计检验是 Student 的 t- 检验。你以前可能听说过它：t- 检验允许我们确定两组数据之间是否有显著的差异。这项测试的发明者是在吉尼斯啤酒厂工作的威廉·西利·戈赛特（William Sealy Gosset），他想知道两批啤酒的质量是否有区别。

> 📝注意 请注意 "学生" 这个单词的英文 Student 首字母是大写的。尽管因为公司的政策，戈赛特不允许公布他的测试结果，但是他还是以他的笔名学生（Student）公布了结果。

在实践中，t- 检验允许我们确定来自于底层分布的两个数据样本是否具有相同的均值或者期望值。

为此，这意味着我们可以使用 t- 检验来确定两个独立分类器的测试得分是否有相同的均值。我们首先假设两组测试得分是相同的。我们将其称为零假设，因为这是我们希望的无效假设，也就是说，我们正在寻找证据来拒绝这个假设，因为我们希望确保一个分类器明显优于另一个分类器。

我们根据 t- 检验返回的一个称为 p 值的参数接受或者拒绝一个零假设。p 值取 0 和 1 之间的值。p 值为 0.05 意味着零假设在 100 次中只有 5 次是正确的。因此，小的 p 值表示强证据，可以安全地拒绝这个假设。通常使用 $p=0.05$ 作为临界值，低于这个临界值我们就拒绝零假设。

如果这太让人困惑，你可以这样想：当我们运行一个 t- 检验，以比较分类器测试得分时，我们希望得到一个小的 p 值，因为这意味着两个分类器给出的结果有显著的不同。

我们可以使用 stats 模块中的 SciPy 的 ttest_ind 函数来实现 Student 的 t- 检验：

```
In [25]: from scipy.stats import ttest_ind
```

让我们从一个简单的例子开始。假设我们在两个分类器上进行了 5 折交叉验证，获得以下得分：

```
In [26]: scores_a = [1, 1, 1, 1, 1]
...      scores_b = [0, 0, 0, 0, 0]
```

这意味着模型 A 在所有 5 折中都达到了 100% 的准确率，而模型 B 的准确率是 0%。在这种情况下，很显然两个结果有显著的不同。如果在这些数据上进行 t- 检验，我们会发现一个非常小的 p 值：

```
In [27]: ttest_ind(scores_a, scores_b)
Out[27]: Ttest_indResult(statistic=inf, pvalue=0.0)
```

我们实际上能得到最小可能的 p 值，即 $p=0.0$。

另一方面，除了不同的折，如果两个分类器得到完全相同的数会怎样呢？在这种情况下，我们认为两个分类器是等价的，这是由一个非常大的 p 值表示的：

```
In [28]: scores_a = [0.9, 0.9, 0.9, 0.8, 0.8]
...      scores_b = [0.8, 0.8, 0.9, 0.9, 0.9]
...      ttest_ind(scores_a, scores_b)
Out[28]: Ttest_indResult(statistic=0.0, pvalue=1.0)
```

类似前面提到的，我们得到最大可能的 p 值为 $p=1.0$。

看看在一个更现实的例子中会发生什么，让我们回到前面示例中的 k-NN 分类器。使用从 10 折交叉验证过程中获得的测试得分，我们可以利用以下过程比较两个不同的 k-NN 分类器：

1）获得模型 A 的一组测试得分。我们选择模型 A 作为之前的 k-NN 分类器（$k=1$）：

```
In [29]: k1 = KNeighborsClassifier(n_neighbors=1)
...      scores_k1 = cross_val_score(k1, X, y, cv=10)
...      np.mean(scores_k1), np.std(scores_k1)
Out[29]: (0.95999999999999996, 0.053333333333333323)
```

2）获得模型 B 的一组测试得分。让我们选择模型 B 作为 $k=3$ 的一个 k-NN 分类器：

```
In [30]: k3 = KNeighborsClassifier(n_neighbors=3)
...      scores_k3 = cross_val_score(k3, X, y, cv=10)
...      np.mean(scores_k3), np.std(scores_k3)
Out[30]: (0.96666666666666656, 0.044721359549995787)
```

3）对两组得分应用 t- 检验：

```
In [31]: ttest_ind(scores_k1, scores_k3)
Out[31]: Ttest_indResult(statistic=-0.2873478855663425,
         pvalue=0.77712784875052965)
```

如你所见，这是一个很好的例子：两个分类器给出了不同的交叉验证得分（96.0% 和 96.7%），结果却没有显著的差异！因为我们得到一个大的 p 值（$p=0.777$），所以我们期望两个分类器在 100 次中有 77 次是等价的。

11.5.2 实现 McNemar 检验

一种更先进的统计技术是 **McNemar 检验**。这个测试可以用于配对数据，以确定两个样本之间是否有差异。与 t- 检验一样，我们可以使用 McNemar 检验来判断两个模型是否给出了显著不同的分类结果。

McNemar 检验在数据点对上操作。这就意味着我们必须知道对于这两个分类器，它们是如何分类每个数据点的。根据第一个分类器分类正确，而第二个分类器分类错误（或者相反）的数据点数，我们可以判断两个分类器是否等价。

让我们假设前面的模型 A 和模型 B 应用于相同的 5 个数据点。模型 A 对每个数据点都分类正确了（用 a1 表示），而模型 B 却都分类错了（用 a0 表示）：

```
In [33]: scores_a = np.array([1, 1, 1, 1, 1])
...      scores_b = np.array([0, 0, 0, 0, 0])
```

McNemar 检验希望知道两件事情：

❑ 模型 A 分类正确了多少个数据点，而模型 B 分类错误了多少个数据点？

❑ 模型 A 分类错误了多少个数据点，而模型 B 分类正确了多少个数据点？

我们可以查看模型 A 的哪些数据点是正确的，而模型 B 的哪些数据点是错误的，如下所示：

```
In [34]: a1_b0 = scores_a * (1 - scores_b)
...        a1_b0
Out[34]: array([1, 1, 1, 1, 1])
```

当然，这适用于所有的数据点。模型 B 分类正确的数据点和模型 A 分类错误的数据点正好相反：

```
In [35]: a0_b1 = (1 - scores_a) * scores_b
...        a0_b1
Out[35]: array([0, 0, 0, 0, 0])
```

把这些数送入 McNemar 检验，应该返回一个小的 p 值，因为这两个分类器明显不同：

```
In [36]: mcnemar_midp(a1_b0.sum(), a0_b1.sum())
Out[36]: 0.03125
```

任务完成了！

我们可以把 McNemar 检验应用于一个更复杂的例子，但是我们不能再对交叉验证的得分进行操作了。原因是我们需要知道每个数据点的分类结果，而不仅仅是一个平均值。因此，把 McNemar 检验应用于留一法交叉验证更有意义。

回到 $k=1$ 和 $k=3$ 的 k-NN，我们可以计算它们的得分，如下所示：

```
In [37]: scores_k1 = cross_val_score(k1, X, y, cv=LeaveOneOut())
...        scores_k3 = cross_val_score(k3, X, y, cv=LeaveOneOut())
```

其中一个分类器正确而另一个分类器错误的数据点数如下所示：

```
In [38]: np.sum(scores_k1 * (1 - scores_k3))
Out[38]: 0.0
In [39]: np.sum((1 - scores_k1) * scores_k3)
Out[39]: 0.0
```

我们得到的结果没有任何区别！现在我们已经清楚为什么 t- 检验让我们相信这两个分类器是相同的。因此，如果我们把这两个和送入 McNemar 检验函数，我们得到最大可能的 p 值为 $p=1.0$：

```
In [40]: mcnemar_midp(np.sum(scores_k1 * (1 - scores_k3)),
...                     np.sum((1 - scores_k1) * scores_k3))
Out[40]: 1.0
```

现在我们知道了如何评估结果的显著性，我们可以进行下一步了，通过调模型的超参数来改进模型的性能。

11.6　基于网格搜索的超参数调优

超参数调优最常用的工具是网格搜索，这个术语的基本含义是我们会用一个 for 循环尝试所有可能的参数组合。

让我们来看看它在实践中是如何实现的吧。

11.6.1 实现一个简单的网格搜索

回到我们的 k-NN 分类器，我们发现只有一个超参数 k 需要调优。通常，你需要处理大量的开放参数，但是 k-NN 算法足够简单，我们可以手动实现一个网格搜索。

在开始之前，我们需要像以前那样把数据集拆分成训练集和测试集：

1）这里我们选择 75-25 拆分：

```
In [1]: from sklearn.datasets import load_iris
...     import numpy as np
...     iris = load_iris()
...     X = iris.data.astype(np.float32)
...     y = iris.target
In [2]: X_train, X_test, y_train, y_test = train_test_split(
...          X, y, random_state=37
...      )
```

2）然后，目标是对所有可能的 k 值进行循环。在这样做的时候，我们希望跟踪我们观测到的最佳准确率，并得到这个结果的 k 值：

```
In [3]: best_acc = 0.0
...     best_k = 0
```

3）网格搜索看起来很像整个训练和测试过程的一个外部循环：

```
In [4]: import cv2
...     from sklearn.metrics import accuracy_score
...     for k in range(1, 20):
...         knn = cv2.ml.KNearest_create()
...         knn.setDefaultK(k)
...         knn.train(X_train, cv2.ml.ROW_SAMPLE, y_train)
...         _, y_test_hat = knn.predict(X_test)
```

在计算了测试集上的准确率（acc）之后，我们将其与迄今为止发现的最佳准确率（best_acc）进行比较。

4）如果新值更好，我们更新 bookkeeping 变量，继续执行下一次迭代：

```
...         acc = accuracy_score(y_test, y_test_hat)
...         if acc > best_acc:
...             best_acc = acc
...             best_k = k
```

5）当我们完成时，我们可以看看最佳准确率：

```
In [5]: best_acc, best_k
Out[5]: (0.97368421052631582, 1)
```

结果是，在 k=1 时，我们可以得到 97.4% 的准确率。

💡 提示　如果有更多的变量，我们通过把我们的代码封装在一个嵌套的 for 循环中，自然地扩展这个过程。但是，与你想象的一样，这很快就会使计算成本变得很高。

11.6.2 理解验证集的值

根据我们把数据拆分成训练集和测试集的最佳实践，我们可能会告诉人们，已经找到了一个模型在数据集上执行的准确率是 97.4%。可是，我们的结果不一定适用于新数据。在本书的早些时候，在我们验证训练 - 测试拆分时，我们需要一个用于评估的独立数据集。

但是，当我们在 11.7.1 节中实现一个网格搜索时，我们使用测试集评估网格搜索的结果，并更新超参数 k。这意味着我们可以不再使用测试集来评估最终的数据！任何基于测试集准确率进行的模型选择都将从测试集泄露信息到模型中。

解决此数据的一种方法是再次拆分数据，并引入**验证集**。验证集不同于训练集和测试集，它专门用于选择模型的最佳参数。在这个验证集上进行所有的探索分析和模型选择是一个很好的实践，这只用于最终的评估。

或者说，我们应该最终把数据拆分成 3 个不同的集：

❏ 一个**训练集**，用于构建模型。

❏ 一个**验证集**，用于选择模型的参数。

❏ 一个**测试集**，用于评估最终模型的性能。

这个 3 种拆分如图 11-5 所示。

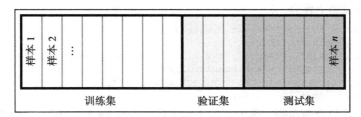

图 11-5　把数据集拆分成训练集、验证集和测试集

图 11-5 显示了如何把数据集拆分成训练集、验证集和测试集的一个例子。在实践中，用两个步骤实现 3 种方式的拆分：

1）把数据分成两个部分：一个部分包含训练集和验证集，另一个部分包含测试集：

```
In [6]: X_trainval, X_test, y_trainval, y_test =
...         train_test_split(X, y, random_state=37)
In [7]: X_trainval.shape
Out[7]: (112, 4)
```

2）再把 **X_trainval** 拆分成适当的训练集和验证集：

```
In [8]: X_train, X_valid, y_train, y_valid = train_test_split(
...         X_trainval, y_trainval, random_state=37
...     )
In [9]: X_train.shape
Out[9]: (84, 4)
```

接下来，我们重复上述代码的手动网格搜索，可是这一次，我们将是使用验证集去发现最佳的 k（看代码高亮部分）：

```
In [10]: best_acc = 0.0
...      best_k = 0
...      for k in range(1, 20):
...          knn = cv2.ml.KNearest_create()
...          knn.setDefaultK(k)
...          knn.train(X_train, cv2.ml.ROW_SAMPLE, y_train)
...          _, y_valid_hat = knn.predict(X_valid)
...          acc = accuracy_score(y_valid, y_valid_hat)
...          if acc >= best_acc:
...              best_acc = acc
...              best_k = k
...      best_acc, best_k
Out[10]: (1.0, 7)
```

现在，我们发现 $k=7$（best_k）可以实现 100% 的验证得分（best_acc）！可是，请记住，这个得分可能过于乐观了。要了解模型的实际运行情况，我们需要在测试集的留出数据上测试这个模型。

为了得到最终的模型，我们可以使用在网络搜索中找到的 k 值，并在训练数据和验证数据上重新训练模型。这样，我们使用了尽可能多的数据构建模型，同时仍然遵循训练 - 测试的拆分原则。

这意味着我们应该在 X_trainval 上对模型进行重新训练，其中 X_trainval 包含训练集和验证集，并在测试集上评分：

```
In [25]: knn = cv2.ml.KNearest_create()
...      knn.setDefaultK(best_k)
...      knn.train(X_trainval, cv2.ml.ROW_SAMPLE, y_trainval)
...      _, y_test_hat = knn.predict(X_test)
...      accuracy_score(y_test, y_test_hat), best_k
Out[25]: (0.94736842105263153, 7)
```

有了这个过程，我们发现在测试集上有一个惊人的准确率 94.7%。因为我们遵循训练 - 测试拆分原则，现在可以肯定在分类器应用到新数据时，这就是我们期望的性能。虽然在验证阶段报告的准确率没有达到 100%，但是这仍然是一个非常好的得分！

11.6.3　网格搜索与交叉验证结合

我们刚刚实现的网格搜索的一个潜在风险是，结果可能对我们如何准确地拆分数据是相对敏感的。毕竟，我们可能偶然选择将大多数易于分类的数据点放在测试集中，从而产生一个过于乐观的得分。尽管一开始我们可能会很高兴，但是当我们在一些新的留出数据上尝试这个模型时，可能就会发现分类器的实际性能要远远低于预期的性能。

我们可以将网格搜索和交叉验证相结合。这样，多次把数据拆分成训练集和验证集，在网格搜索的每一步都执行交叉验证，以评估每个参数的组合。

整个过程如图 11-6 所示。

从图 11-6 中可以看出，从头开始创建测试集，并与网格搜索保持分离。像我们之前做的那样，剩下的数据被拆分成训练集和验证集，然后传递给网格搜索。在网格搜索框中，我们在每个可能的参数值组合上进行交叉验证，以找到最佳模型。然后使用选择的参数构建一个最终的模型，并在测试集上进行评估。

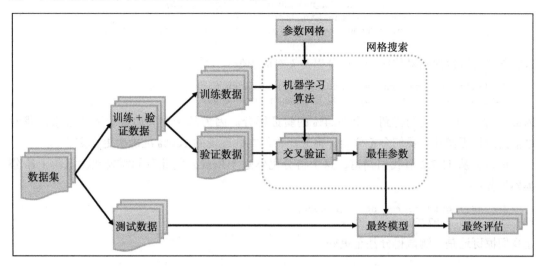

图 11-6　网格搜索与交叉验证相结合的例子

scikit-learn 提供了 GridSearchCV 类，因为使用交叉验证的网格搜索是超参数调优的一个常用方法。scikit-learn 以评估函数的形式来实现它。

我们可以通过使用一个字典，指定希望 GridSearchCV 搜索的所有参数。字典每一项的形式应该是 {name, values}，其中 name 是一个字符串，通常应该等价于传递给分类器的参数名，values 是要尝试的一个值列表。

例如，要搜索 KNeighborsClassifier 类的 n_neighbors 参数的最佳值，我们应该设计参数字典，如下所示：

```
In [12]: param_grid = {'n_neighbors': range(1, 20)}
```

这里，我们正在搜索 [1, 19] 范围内的最佳 k 值。

接下来，我们需要把参数网格以及分类器（KNeighborsClassifier）传递给 GridSearchCV 对象：

```
In [13]: from sklearn.neighbors import KNeighborsClassifier
...      from sklearn.model_selection import GridSearchCV
...      grid_search = GridSearchCV(KNeighborsClassifier(), param_grid,
...                                 cv=5)
```

然后，我们可以使用 fit 方法训练分类器。在返回值中，scikit-learn 会告诉我们网格搜索中所使用的所有参数：

```
In [14]: grid_search.fit(X_trainval, y_trainval)
Out[14]: GridSearchCV(cv=5, error_score='raise',
             estimator=KNeighborsClassifier(algorithm='auto',
                 leaf_size=30, metric='minkowski',
                 metric_params=None, n_jobs=1, n_neighbors=5,
                 p=2, weights='uniform'),
```

```
                fit_params={}, iid=True, n_jobs=1,
                param_grid={'n_neighbors': range(1, 20)},
                pre_dispatch='2*n_jobs',
                refit=True, return_train_score=True, scoring=None,
                verbose=0)
```

这就使我们可以找到最佳的验证得分以及 *k* 对应的值：

```
In [15]: grid_search.best_score_, grid_search.best_params_
Out[15]: (0.9642857142857143, {'n_neighbors': 3})
```

因此，对于 *k*=3，我们得到一个 96.4% 的验证得分。因为基于交叉验证的网格搜索比我们之前的过程更健壮，我们会希望验证得分比我们之前发现的 100% 准确率更真实。

但是，从 11.7.2 节我们知道，这个得分仍然过于乐观，因此我们需要在测试集上给分类器评分：

```
In [30]: grid_search.score(X_test, y_test)
Out[30]: 0.97368421052631582
```

让我们惊讶地是，测试得分甚至更好。

11.6.4 网格搜索与嵌套交叉验证结合

尽管基于交叉验证的网格搜索使得模型选择过程更加健壮，但是你可能已经注意到，我们仍然只进行了一次训练集和验证集的拆分。因此，我们的结果可能仍然太过依赖对数据的训练 - 验证的拆分。

我们可以更进一步，对交叉验证使用多次拆分，而不是一次性把数据拆分成训练集和验证集。这个就是**嵌套交叉验证**，过程如图 11-7 所示。

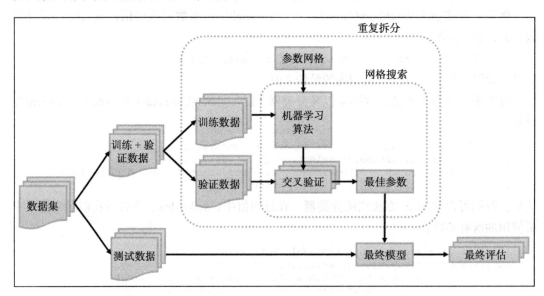

图 11-7 嵌套交叉验证过程

　　在嵌套交叉验证中，在网格搜索框上有一个外部循环，反复把数据拆分成训练集和验证集。对于每一次拆分，我们都执行一次网格搜索，报告回一组最佳参数值。然后，对于每次外部拆分，我们使用最佳设置得到一个测试得分。

> 🔖 **注意**　在许多参数和大型数据集上运行一个网格搜索可能需要大量的计算。可以完全独立于其他参数设置和模型，实现在一个特定的交叉验证拆分上设置一个特定的参数。因此，在多个 CPU 核或一个集群上的并行处理对于网格搜索和交叉验证来说是非常重要的。

　　既然我们知道了如何找到一个模型的最佳参数，那么让我们更一步看看可以用来给一个模型评分的各种评估指标。

11.7　利用各种评估指标对模型评分

　　到目前为止，我们已经使用了准确率（正确分类样本的比例）评估分类器的性能，并使用 R^2 评估回归的性能。但是，这只是其中的两种可能方法，用来总结一个监督模型在一个给定数据集上的性能。在实践中，这些评估指标可能并不适合我们的应用，在模型和参数调整之间进行选择时，选择正确的评估指标很重要。

　　在选择一个评估指标时，我们应该始终牢记机器学习应用程序的最终目标。在实践中，我们通常感兴趣的不仅仅是做出准确的预测，同时还对利用这些预测进行一个更大决策的过程感兴趣。例如，最小化误报率可能和最大化准确率同等重要。

> 🎯 **提示**　在选择一个模型或者进行调整参数时，我们应该选取对业务指标具有最积极影响的模型或参数值。

11.7.1　选择正确的分类器评估指标

　　我们在第 3 章中讨论了几个重要的评分函数。以下是分类的最基本评估指标：

❑ **准确率**：计算正确预测的测试集中的数据点数，并返回正确预测的测试集中的数据点数和测试集大小的比例（sklearn.metrics.accuracy_score）。这是分类器的最基本的评分函数，在本书中我们已经广泛使用这个评分函数。

❑ **精度**：描述了一个分类器不把一个正样本标记为一个负样本的能力（sklearn.metrics.precision_score）。

❑ **召回率**（或**敏感度**）：描述了一个分类器检索所有正样本的能力（sklearn.metrics.recall_score）。

　　尽管精度和召回率是重要的评估指标，但是只看其中一个指标不会让我们对整体情况有一个很好的了解。综合权衡这两种评估指标的一种方法是 **f-score** 或者 **f- 度量**（sklearn.

metrics.f1_score），其计算精度和召回率的调和平均数为 2（精度 × 召回率）/（精度 + 召回率）。

有时我们需要做的不仅仅是最大化准确率。例如，如果我们在一个商业应用中使用机器学习，那么应该由商业目标驱动进行决策。其中一个目标可能保证至少 90% 的召回率。接下来的挑战就变成了开发一个模型，它在满足所有次要要求的同时仍然具有合理的准确率。设定这样的目标通常称为**设置工作点**。

但是，在开发一个新系统时，通常不清楚工作点应该是什么。要更好地理解这个问题，最重要的是研究精度和召回率的所有可能的权衡。这可以通过**精度－召回率曲线**这种工具来实现（sklearn.metrics.precision_recall_curve）。

> 📷注意　分析分类器行为的另一种常用工具是**受试者操作特征**（Receiver Operating Characteristic，ROC）曲线。
>
> *ROC 曲线考虑了一个给定分类器的所有可能阈值，类似于精度 - 召回率曲线，但是它显示了假阳性率和真阳性率的对比，而不是报告精度和召回率。*

11.7.2　选择正确的回归评估指标

对回归的评估可以像分类那样详细地进行。在第 3 章中，我们还讨论了一些用于评估回归的基本指标：

- ❑ **均方差**：回归问题最常用的误差指标是训练集中每个数据点的预测值和真实目标值之间的平方误差，在所有数据点上求平均值（sklearn.metrics.mean_squared_error）。
- ❑ **可释方差**：一个更复杂的指标是度量一个模型在多大程度上可以解释测试数据的变化或分散（sklearn.metrics.explained_variance_score）。通常，使用相关系数来度量解析方差的量。
- ❑ **R^2（R 平方）得分**：这与可释方差得分密切相关，但是它使用一个无偏方差估计（sklearn.metrics.r2_score）。这也称为**决定系数**。

在我们目前遇到的大多数应用程序中，使用默认的 R^2 得分就足够了。但是你可以尝试其他的回归指标，比如均方误差和可释方差，以理解每种指标如何评估结果。

在我们把精细的网格搜索器和复杂的评估指标相结合时，我们的模型选择代码可能会变得越来越复杂。幸运的是，scikit-learn 提供了一种简化模型选择的方法，使用一种称为**管道**的有用构造。

11.8　将算法链接起来形成管道

到目前为止，我们讨论的大多数机器学习问题，至少包括一个预处理步骤和一个分类步骤。问题越复杂，可能得到的处理链就越长。把多个预处理步骤结合在一起，甚至在网格搜索中使用它们的一种便捷方法是使用 scikit-learn 中的 Pipeline 类。

11.8.1　用 scikit-learn 实现管道

Pipeline 类本身有一个 fit、一个 predict 以及一个 score 方法，它们的行为与 scikit-learn 中的任何其他估计器一样。Pipeline 类最常见的用例是将不同的预处理步骤和一个类似于分类器的监督模型链接在一起。

让我们回到第 5 章中的乳腺癌数据集。使用 scikit-learn，我们导入数据集，并将其拆分成训练集和测试集：

```
In [1]: from sklearn.datasets import load_breast_cancer
...     import numpy as np
...     cancer = load_breast_cancer()
...     X = cancer.data.astype(np.float32)
...     y = cancer.target
In [2]: X_train, X_test, y_train, y_test = train_test_split(
...         X, y, random_state=37
...     )
```

不使用 k-NN 算法拟合数据，我们可以使用一个**支持向量机**（Support Vector Machine，SVM）拟合数据：

```
In [3]: from sklearn.svm import SVC
...     svm = SVC()
...     svm.fit(X_train, y_train)
Out[3]: SVC(C=1.0, cache_size=200, class_weight=None, coef0=0.0,
            decision_function_shape=None, degree=3, gamma='auto',
            kernel='rbf', max_iter=-1, probability=False,
            random_state=None, shrinking=True, tol=0.001,
            verbose=False)
```

这个算法的准确率轻松地达到了 **65%**：

```
In [4]: svm.score(X_test, y_test)
Out[4]: 0.65034965034965031
```

现在，如果我们想要使用一些预处理步骤（例如，首先用 MinMaxScaler 缩放数据）再运行一次算法，我们将手动执行预处理步骤，然后把预处理后的数据送入分类器的 fit 方法。

另一种替换方法是使用一个管道对象。这里，我们想要指定一个预处理步骤列表，其中每个步骤是一个元组，包含一个名称（我们选择的任意字符串）以及估计器的一个实例：

```
In [5]: from sklearn.pipeline import Pipeline
...     pipe = Pipeline([("scaler", MinMaxScaler()), ("svm", SVC())])
```

这里，我们创建两个步骤：第 1 个步骤名为 scaler，是 MinMaxScaler 的一个实例，第 2 个步骤名为 svm，是 SVC 的一个实例。

现在，我们可以像所有其他 scikit-learn 估计器一样拟合管道：

```
In [6]: pipe.fit(X_train, y_train)
...     Pipeline(steps=[('scaler', MinMaxScaler(copy=True,
...     feature_range=(0, 1))), ('svm', SVC(C=1.0,
...     cache_size=200, class_weight=None, coef0=0.0,
```

```
...           decision_function_shape=None, degree=3, gamma='auto',
...           kernel='rbf', max_iter=-1, probability=False,
...           random_state=None, shrinking=True, tol=0.001,
...           verbose=False))])
```

这里，fit 方法首先在第 1 个步骤上调用 fit（scaler），然后使用 scaler 对训练数据进行变换，最后用缩放后的数据拟合 SVM。

瞧！当我们在测试数据上对分类器评分时，我们看到性能上的显著提升：

```
In [7]: pipe.score(X_test, y_test)
Out[7]: 0.95104895104895104
```

调用管道上的 score 方法，先用 scaler 变换测试数据，然后使用缩放后的测试数据调用 SVM 上的 score 方法。而 scikit-learn 仅仅用了 4 行代码就完成了所有内容！

不过，使用管道的主要好处是我们现在可以在 cross_val_score 或者 GridSearchCV 中使用这个估计器。

11.8.2　在网格搜索中使用管道

在一个网格搜索中使用一个管道与使用任何其他估计器的工作方式是相同的。

我们定义了一个参数网格，在管道和参数网格上搜索并构造 GridSearchCV。但是，在指定参数网格时，有一个细微的变化。我们需要为每个参数指定其所属管道的步骤。我们想要调整的两个参数 C 和 gamma 都是 SVC 的参数。在 11.9.1 节中，我们将这一步命名为 svm。为管道定义一个参数网格的语法是为每个参数指定步骤名称，后面跟着 __（双下划线），再跟着参数名称。

因此，我们构建的参数网格如下：

```
In [8]: param_grid = {'svm__C': [0.001, 0.01, 0.1, 1, 10, 100],
...                    'svm__gamma': [0.001, 0.01, 0.1, 1, 10, 100]}
```

有了这个参数网格，我们可以像往常一样使用 GridSearchCV：

```
In [9]: grid = GridSearchCV(pipe, param_grid=param_grid, cv=10)
...     grid.fit(X_train, y_train);
```

网格中的最佳得分存储在 best_score_ 中：

```
In [10]: grid.best_score_
Out[10]: 0.976525821596244413
```

类似地，最佳参数存储在 best_params_ 中：

```
In [11]: grid.best_params_
Out[11]: {'svm__C': 1, 'svm__gamma': 1}
```

但是回想一下，交叉 - 验证得分可能过于乐观了。要知道分类器的真实性能，我们需要在测试集上对其进行评分：

```
In [12]: grid.score(X_test, y_test)
Out[12]: 0.965034965034965
```

与我们之前为交叉验证中的每个拆分所做的网格搜索相反，MinMaxScaler 只重新拟合训练拆分，没有任何信息从测试拆分中泄露到参数搜索。

　　这使得构建一个管道，把各个步骤链接在一起变得很容易！你可以随意混合和匹配管道中的估计器，只要确保管道中每一个步骤都提供了一个 transform 方法（除了最后一步）。这允许管道中的一个估计器生成数据的一个新表示，而该表示又可以用作下一步的输入。

🎯 提示　Pipeline 类不仅限于预处理和分类，实际上，可以将任意数量的估计器连接在一起。例如，我们可以构建一个管道包含特征提取、特征选择、缩放和分类，总共 4 个步骤。类似地，最后一步除了分类，还可以是回归或者聚类。

11.9　本章小结

　　在这一章中，我们通过讨论模型选择和超参数调优的最佳实践来补充我们现有的机器学习技能。我们学习了如何使用 OpenCV 和 scikit-learn 中的网格搜索和交叉验证来调整一个模型的超参数。我们还讨论了各种评估指标，以及如何将算法链接到一个管道中。现在，我们几乎已经准备好开始自己处理一些实际问题了。

　　在第 12 章中，我们将学习一个令人兴奋的新主题，那就是 OpenVINO 工具包，这是 OpenCV 4.0 的一个重要发布。

使用基于 OpenCV 的 OpenVINO

在第 1 章中，我们讨论了在 OpenCV 4.0 版本中添加的各种新特性。需要注意的一个关键发布是 OpenVINO 工具包。同样有趣的是嵌入式视觉联盟将 OpenVINO 工具包选为 2019 年年度开发者工具。

在这一章中，我们将只关注如何使用基于 OpenCV 的 OpenVINO 工具包。首先，我们将安装 OpenVINO 工具包，然后使用该工具包进行交互式人脸检测演示。我们还将学习使用基于 OpenCV 的 OpenVINO 模型组以及基于 OpenCV 的 OpenVINO 推理引擎（Inference Engine，IE）。在本章的最后，我们将学习如何使用 OpenCV 和 OpenVINO IE 进行图像分类。

本章将介绍以下主题：

❑ OpenVINO 工具包安装。

❑ 交互式人脸检测演示。

❑ 使用基于 OpenCV 的 OpenVINO 模型组。

❑ 使用基于 OpenCV 的 Open IE。

❑ 使用 OpenCV 和 OpenVION IE 进行图像分类。

12.1 技术需求

我们可以在 https://github.com/PacktPublishing/Machine-Learning-for-OpenCV-Second-Edition/tree/master/Chapter12 查看本章的代码。

软件和硬件需求总结如下：

❑ OpenCV 4.1.x 版本（4.1.0 版本或 4.1.1 版本都可以）。

❑ Python 3.6 版本（Python 3.x 的所有版本都可以）。

❑ Anaconda Python 3，用于安装 Python 及其所需模块。

❑ 在本书中，你可以使用任意一款操作系统——macOS、Windows 以及基于 Linux 的操作系统。我们建议你的系统中至少有 4GB 的内存。

❑ 你不需要一个 GPU 来运行本书提供的代码。

12.2　OpenVINO 简介

OpenVINO 是 Open Visual Inferencing and Neural Network Optimization（开放式视觉推理和神经网络优化）的简写。设计目标是优化各种神经网络以加速推理阶段。正如我们在前几章中讨论过的，推理是使用经过训练的神经网络生成未知输入数据结果的过程。例如，如果训练一个网络来分类一只狗或一只猫，那么如果我们输入 Tuffy 的图像（我们邻居的狗），该网络就应该能够推断出这是一只狗的图像。

考虑到在当今世界图像和视频已经非常常见，有很多经过训练的深度卷积网络用于执行诸如多标签分类和运动跟踪等各种操作。世界上大多数推理执行都是在 CPU 上进行的，因为 GPU 太贵了，而且通常不合适单个 AI 工程师的预算。在这些情况下，OpenVINO 提供的加速工具包是非常关键的。

> 注意　由 OpenVINO 提供的加速工具包包括两个步骤。第一步侧重于硬件规范，利用随 OpenVINO 工具包一起发布的一个模型优化器，以一种与硬件无关的方式优化网络。下一步使用 OpenVINO IE 实现特定于硬件的加速。

OpenVINO 工具包是由英特尔开发的，英特尔公司以其优化工具和硬件，以及专注于深度学习和人工智能闻名。毫不奇怪，VPU、GPU 和 FPGA 也是由英特尔生产的。

OpenVINO 还提供了对 OpenCV 库和 OpenVX 库的优化调用——两个最著名的计算机视觉库。

12.3　OpenVINO 工具包安装

在本节中，我们将使用英特尔的官方说明来安装 OpenVINO 工具包：

1）首先，访问 OpenVINO 工具包下载页面（https://software.intel.com/en-us/openvino-toolkit/choose-download），根据你的系统规范，选择并下载安装程序。你必须先注册工具包副本。

2）使用安装说明（https://docs.openvinotoolkit.org/latest/index.html）在你的系统上安装 OpenVINO。

> 提示 OpenVINO 工具包还将安装自己的 OpenCV 英特尔优化版本。如果你已经在你的操作系统上安装了 OpenCV，安装程序将显示已经安装了另一个版本的 OpenCV。最好安装 OpenCV 的优化版本，这样你会获得最大的加速。你可以编辑 OpenCV_DIR 变量来编辑要使用的 OpenCV 安装。

3）你还需要配置模型优化器。转到模型优化器目录，并使用 install_prerequisites 脚本安装优化器。

> 注意 Ubuntu 18.04 不支持 OpenVINO 工具包。

OpenVINO 组件

OpenVINO 工具包由下列主要组件构成：

- **深度学习部署工具包**（Deep Learning Deployment Toolkit，DLDT）是由模型优化器、IE、预训练模型以及帮助你度量模型准确率的一些工具。
- 一个为英特尔库（也是优化的）编译的 OpenCV 优化版本。
- OpenCL 库。
- 你用英特尔的媒体 SDK 来加速视频处理。
- OpenVX 的一个优化版本。

12.4 交互式人脸检测演示

OpenVINO 工具包安装还提供了各种演示和示例应用程序。为了测试安装，让我们看看是否可以运行交互式人脸检测演示。

首先，我们将移到 deployment_tools/inference_engine 文件夹中的 samples 目录。我们将在这里找到各种演示应用程序，例如图像分类和推理管道。

交互式人脸检测演示将视频作为输入，并结合年龄、性别、头部姿态、情绪以及脸部关键点检测进行人脸检测。根据你要执行的各种检测类型，可以使用下列预训练模型列表中的模型：

- 你只能用 face-detection-adas-0001 进行人脸检测。
- 对于人脸检测以及其他操作，你可以使用以下方法：
  - ◆ 年龄和性别识别：age-gender-recognition-retail-0013。
  - ◆ 头部姿态估计：head-pose-estimation-adas-0001。
  - ◆ 表情识别：emotions-recognition-retail-0003。
  - ◆ 人脸关键点检测：facial-landmarks-35-adas-0002。

但是这个列表并没有到此结束。在我们已经使用模型优化器将训练模型转换为推理引擎格式（.xml 和 .bin 文件）的前提下，我们还可以使用自己训练过的模型。无论你什么时候想从 OpenVINO 获得最大加速，都必须要记住这些。你的模型必须转换为推理引擎格式。令人惊讶的消息是，与 OpenVINO 兼容的预训练模型集合正在不断增长。这个集合被称为开放模型组（https://github.com/opencv/open_model_zoo/blob/master/demos/README.md）。

　　回到演示部分，就像 OpenVINO 工具包提供的其他示例和演示应用程序一样，这个示例和演示应用程序可以直接从终端或命令提示符调用，如下所示：

```
./interactive_face_detection_demo -i inputVideo.mp4 -m face-detection-
adas-0001.xml -m_ag age-gender-recognition-retail-0013.xml -m_hp head-pose-
estimation-adas-0001.xml -m_em emotions-recognition-retail-0003.xml -m_lm
facial-landmarks-35-adas-0002.xml
```

如果我们仔细看前面的命令，我们可以知道各个参数所代表的含义：

- ❑ -i：输入视频。
- ❑ -m：人脸检测模型。
- ❑ -m_ag：年龄 / 性别识别模型。
- ❑ -m_hp：头部姿态估计模型。
- ❑ -m_em：表情识别模型。
- ❑ -m_lm：人脸关键点检测模型。

这里还有一个其他参数的列表。你可以在文档页面（https://docs.openvinotookit.org/latest/_inference_engine_samples_interactive_face_detection_demo_README.html）查看示例。你还可以在 https://docs.openvinotoolkit.org/latest/_intel_models_face_detection_adas_0001_description_face_detection_adas_0001.html 查看示例输出。不仅如此，你还可以参考与人脸检测相关的其他模型，例如 face-detection-adas-0001（https://docs.openvinotoolkit.org/latest/_intel_models_face_detection_adas_0001_description_face_detection_adas_0001.html），这是标准模型；face-detection-retail-0004（https://docs.openvinotoolkit.org/latest/_intel_models_face_detection_retail_0004_description_face_detection_retail_0004.html），这是增强模型；还有其他一些模型，例如用于行人检测的 person-detection-retail-0002（https://docs.openvinotoolkit.org/latest/person-detection-retail-0002.html）。

12.5　使用基于 OpenCV 的 OpenVINO 推理引擎

　　在 12.3.2 节中，我们讨论了如何运行交互式人脸检测演示。这些都很好，但是仍然存在的问题是基于现有的 OpenCV 代码如何利用 OpenVINO 的强大功能。注意，我们在这里强调的是在对代码进行最少修改的情况下，利用 OpenVINO 的强大功能。这一点很重要，因为在 OpenCV 的早期版本（包括更常用的 3.4.3 版本）中并没有 OpenVINO。作为一名优秀的开发人员，你的工作是确保程序支持最大数量的系统和库。

　　对于我们来说幸运的是，对于你的 OpenCV 模型推理代码，只需要一行代码就可以开始使用 OpenVINO 推理引擎了，如下面的代码片段所示：

```
cv::dnn::setPreferableBackend(DNN_BACKEND_INFERENCE_ENGINE); // C++
setPreferableBackend(cv2.dnn.DNN_BACKEND_INFERENCE_ENGINE) # Python
```

就是这样！在一个完整的工作示例中，你将这样使用它：

```
net = cv2.dnn.readNetFromCaffe(prototxt,model)
net.setPreferableBackend(cv2.dnn.DNN_BACKEND_INFERENCE_ENGINE)
```

在这里，你可以使用任何其他方法读取你的神经网络。在这个例子中，我们正在从 .prototxt 和 .caffemodel 文件读取一个 Caffe 模型。

类似地，在 C++ 中，我们可以这样使用它：

```
Net net = readNetFromCaffe(prototxt, model);
net.setPreferableBackend(DNN_BACKEND_INFERENCE_ENGINE);
```

12.6 使用基于 OpenCV 的 OpenVINO 模型组

在前几节中，我们简单地讨论了 OpenVINO 模型组以及我们如何使用基于 OpenCV 的 OpenVINO IE。在这一节中，我们将学习更多有关模型组以及模型组所提供的内容。

OpenVINO 模型组是一组经过优化的预训练模型，可以直接导入 OpenVINO 中以进行推理。该特性重要的一个主要原因是 OpenVINO 加速实际上是用于推理的优化模型文件。底层推理原理仍然与大多数深度学习推理工具包和语言（如 OpenCV）相同。OpenCV 的 dnn 模块通过将其作为所有推理任务的默认后端来使用 OpenVINO 的这个加速原理。

虽然可以将模型文件转换为 .xml 和 .bin 文件，但是这并不容易。在这个过程中，你可能会遇到两个问题：

❑ OpenVINO 可能会抛出一个错误，表示无法识别某个特定的神经网络层。这个错误基本上意味着原始模型有一个神经网络结构拥有一个或多个与 OpenVINO 不兼容的层，因此不能为该模型构建优化的 .xml 和 .bin 文件。

❑ 可以将大多数模型类型（Caffe、ONNX、TensorFlow 等）处理成 .xml 和 .bin 文件的方式来构建 OpenVINO，但是这并不表示涵盖了所有的类型。你可能在一个完全不同的结构中构建了一个模型，这个模型可能与 OpenVINO 不兼容。

这些问题有助于我们理解 OpenVINO 可以直接使用的 OpenVINO 优化模型文件库的重要性。模型组主要包括两种模型：

❑ **公共模型集**：由社区提供的模型组成。

❑ **免费模型集**：由 OpenVINO 开发团队准备的模型组成。

这两种模型都没有和 OpenVINO 安装一起提供，因为它们太大了；获取它们的最佳方式是使用位于 OpenVINO 安装目录 deployment_tools\tools\model_downloader 中的 model_downloader 脚本。

现在，让我们来学习如何利用 OpenCV 和 OpenVINO 推理引擎对图像进行分类。

12.7　使用 OpenCV 和 OpenVINO 推理引擎进行图像分类

本章要讨论的最后一个主题是如何利用 OpenCV 和 OpenVINO 推理引擎进行图像分类。

在我们深入讨论之前，让我们先来看一个图像分类问题。图像分类（Image classification），又称**图像识别**（image recognition），是深度学习任务的一部分，也是最常见的任务之一。在这个任务中，提供一组图像作为模型的输入，模型的输出是输入图像的类或者标签。

一个常见的例子是狗和猫的分类问题，在大量猫和狗的图像上训练一个模型，然后在测试阶段，这个模型预测输入图像是一只猫的图像还是一条狗的图像。

虽然这看起来是一个非常简单的问题，但是图像分类在工业应用中非常重要。例如，如果你的相机拥有人工智能功能，这表示它可以识别图像中出现的物体，并可以更改图像设置——无论是一张自然风景图像，还是值得在社交媒体中分享的食物照片。图 12-1 是一个 AI 手机摄像头输出的图像。

图 12-1　AI 手机摄像头输出的图像

图 12-1 是作者拍摄的屋顶照片。请注意，当相机切换到 AI 模式时，能够检测到正在给植物拍照，并自动更改设置以与其进行匹配。这一切之所以成为可能，仅仅是因为图像分类。现在，假设你是一名计算机视觉工程师，正在试着训练一个模型，让它能够识别图像是植物、瀑布，还是人。

如果你的模型不能在几毫秒内推断出图像的类别或者标签，那么你在训练模型上所付出的所有努力都是徒劳的。没有用户愿意花哪怕只有几秒钟，去等待相机检测物体并更改设置。

这让我们回到 OpenVINO 推理引擎的重要性上来。OpenVINO 有它自己的图像分类工具包版本，使用方式将在以下小节中进行介绍。

12.7.1 利用 OpenVINO 进行图像分类

让我们来看看如何才能使用 OpenVINO 安装目录中提供的图像分类演示：

1）首先，移到 OpenVINO 安装目录中的 deployment_tools/demo。

2）接下来，让我们在目录中已经存在的一个演示图像上运行图像分类：

```
./demo_squeezenet_download_convert_run.sh
```

得到的结果如图 12-2 所示。

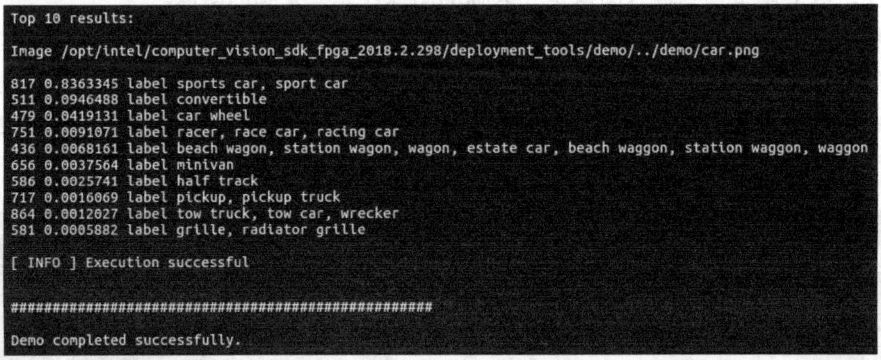

```
Top 10 results:

Image /opt/intel/computer_vision_sdk_fpga_2018.2.298/deployment_tools/demo/../demo/car.png

817 0.8363345 label sports car, sport car
511 0.0946488 label convertible
479 0.0419131 label car wheel
751 0.0091071 label racer, race car, racing car
436 0.0068161 label beach wagon, station wagon, wagon, estate car, beach waggon, station waggon, waggon
656 0.0037564 label minivan
586 0.0025741 label half track
717 0.0016069 label pickup, pickup truck
864 0.0012027 label tow truck, tow car, wrecker
581 0.0005882 label grille, radiator grille

[ INFO ] Execution successful

###################################################

Demo completed successfully.
```

图 12-2 在一个 demo 上运行图像分类的结果

让我们再来运行使用相同图像的另一个演示，推理管道演示，它很好地展示了 OpenVINO 推理引擎的速度：

```
./demo_security_barrier_camera.sh
```

输出图像如图 12-3 所示。

图 12-3 运行推理管道演示得到的输出图像

我们在这两个例子中使用了相同的图像，花一分钟看看你得到的图像分类结果。你能看出预测的类有多准确吗？

现在，你可能想知道：当已经有了图像分类的一个 OpenVINO 演示时，为什么还要使用 OpenCV 呢？让我们来考虑这样一个场景：你有一个很大的图像，但是你只想对一个固定帧中出现的物体分类。如果使用 OpenVINO 的演示，你将获得整张图像的结果。但是使用 OpenCV，你可以先裁剪出**感兴趣区域**（Region Of Interest，ROI），然后再进行图像分类。

正如我们刚讨论过的，OpenVINO IE 本身并不是很灵活，当涉及计算机视觉任务时，没有比 OpenCV 更好的了。幸运的是，有了 OpenCV，就可以使用 OpenVINO 推理引擎的加速以及 OpenCV 的计算机视觉功能了。

让我们回到 12.3.3 节，在这一节我们看到如何在 OpenCV 的 dnn 模块中将 OpenVINO 推理引擎指定为后端。让我们看看如何使用这个 OpenVINO 推理引擎来解决一个图像分类问题。

12.7.2　利用 OpenCV 和 OpenVINO 进行图像分类

首先，让我们使用 OpenCV 创建一段图像分类推理代码。因为我们只关注推理，所以将使用一个预先训练好的模型：

1）首先，让我们下载 Caffe 模型文件 deploy.prototxt 和 bvlc_reference_caffenet. caffemodel，可以从 Berkley 视觉库（https://github.com/BVLC/caffe/tree/master/models/bvlc_reference_caffenet）中获取。确保在当前的工作目录中下载了这两个文件。我们还需要一个包含前面提到过的类标签的文本文件。你可以从 https://github.com/torch/tutorials/blob/master/7_imagenet_classification/synet_words.txt 中获得这个文本文件。

2）我们还将使用长颈鹿的一张示例图像进行图像分类（图 12-4）。

图 12-4　长颈鹿示例图像

接下来，让我们使用 OpenCV 和 OpenVINO 开始编写一些用于图像分类的代码。

3）让我们从导入一些模块开始：

```
import numpy as np
import cv2
```

4）接下来，让我们指定模型文件：

```
image = cv2.imread("animal-barbaric-brown-1319515.jpg")
labels_file = "synset_words.txt"
prototxt = "deploy.prototxt"
caffemodel = "bvlc_reference_caffenet.caffemodel"
```

5）现在，让我们从标签文本文件中读取标签：

```
rows = open(labels_file).read().strip().split("\n")
classes = [r[r.find(" ") + 1:].split(",")[0] for r in rows]
```

6）让我们指定将用于推理的后端：

```
net = cv2.dnn.readNetFromCaffe(prototxt,caffemodel)
net.setPreferableBackend(cv2.dnn.DNN_BACKEND_INFERENCE_ENGINE)
net.setPreferableTarget(cv2.dnn.DNN_TARGET_CPU)
```

7）让我们对输入图像进行一些基本的图像处理：

```
blob = cv2.dnn.blobFromImage(image,1,(224,224),(104,117,123))
```

8）最后，让我们把这张图像传递给模型，并得到输出：

```
net.setInput(blob)
predictions = net.forward()
```

9）让我们看看传递给模型的一张长颈鹿图像的前 10 个预测：

```
indices = np.argsort(predictions[0])[::-1][:5]
```

10）最后，让我们显示前 10 个预测：

```
for index in indices:
 print("label: {}, prob.: {:.5}".format(classes[index],
predictions[0][index]))
```

让人感到惊讶，这就是我们得到的结果：

```
label: cheetah, prob.: 0.98357
label: leopard, prob.: 0.016108
label: snow leopard, prob.: 7.2455e-05
label: jaguar, prob.: 4.5286e-05
label: prairie chicken, prob.: 3.8205e-05
```

注意到，我们的模型认为作为输入传递的一张长颈鹿图像实际上是一张猎豹图像。为什么会这样呢？这是因为在我们已有的类列表中并没有长颈鹿。因此，模型得出了最接近的匹配结果，这是因为猎豹和长颈鹿身上都有类似的彩色斑点。因此，在下次进行图像分类时，确保在标签列表中实际存在这个类。

我们还可以对各种后端进行一个比较，看看使用 OpenVINO 推理引擎作为后端所获得的加速效果。下面就来实现一下。我们只需要对前面的代码修改一行：

```
net.setPreferableBackend(cv2.dnn.DNN_BACKEND_INFERENCE_ENGINE)
```

我们可以选择以下后端：

- ❑ cv2.dnn.DNN_BACKEND_DEFAULT：这是你安装了 OpenVINO，并将其作为默认的后端。
- ❑ cv2.dnn.DNN_BACKEND_HALIDE：这要求用 Halide 构建 OpenCV。你可以在 https://docs.opencv.org/4.1.0/de/d37/tutorial_dnn_halide.html 上找到有关这个后端的详细文档。
- ❑ cv2.dnn.DNN_BACKEND_OPENCV：这是对两个后端进行比较的最佳选择。

因此，除了用以下代码替换前面的代码行之外，你需要做的就是运行相同的代码：

```
net.setPreferableBackend(cv2.dnn.DNN_BACKEND_OPENCV)
```

就是这样！现在你可以进行一个比较以查使用 OpenVINO 推理引擎作为后端获得的加速。

> **注意**　你看不出速度上有多大差别。为了获得明显的差别，使用一个 for 循环，执行 100 次推理，将每步所用的总时间加起来，然后除以 100 得到平均值。

12.8　本章小结

在本章，我们简要介绍了 OpenVINO 工具包——它是什么，它用来做什么，以及我们如何安装它。我们还学习了如何运行工具包提供的演示和示例，以理解和见证 OpenVINO 的强大功能。最后，我们了解了如何在已有的 OpenCV 代码中利用这个功能，只需要添加一行代码指定用于模型推理的后端。

你可能已经注意到，在这一章中我们并没有涉及太多实际操作的内容。这是因为 OpenVINO 更适合深度学习应用程序，而这并不在本书的讨论范围之内。如果你是一个深度学习的爱好者，那么你一定要去阅读英特尔提供的 OpenVINO 工具包的文档，并开始学习。这对你来说肯定很有用。

在第 13 章中，我们将对到目前为止在本书中介绍过的所有主题进行一个简短的总结。最后，我们将给出一些建议，供读者在学习机器学习和计算机视觉领域时参考。

尾　声

恭喜你！你朝着成为一名机器学习实践者已经迈出了一大步。你不仅熟悉了各种基本的机器学习算法，而且知道了如何将这些机器学习算法应用于监督和无监督学习问题。此外，我们还向你介绍了一个令人兴奋的新主题：OpenVINO 工具包。在第 12 章中，我们学习了如何安装 OpenVINO，并运行一个交互式人脸检测和图像分类演示。相信你对这些主题的学习一定很感兴趣。

在告别之前，想给你们一些最后忠告，给出一些额外的学习资源，并就如何进一步提高机器学习和数据科学技能提出一些建议。在本章，我们将学习如何解决一个机器学习问题，并构建我们自己的估计器。我们将学习如何用 C++ 编写我们自己的基于 OpenCV 的分类器，以及如何用 Python 编写一个基于 scikit-learn 的分类器。

本章将介绍以下主题：

❑ 解决一个机器学习问题。

❑ 用 C++ 编写自己的基于 OpenCV 的分类器。

❑ 用 Python 编写基于 scikit-learn 的分类器。

❑ 接下来要做的工作。

13.1　技术需求

我 们 可 以 在 https://github.com/PacktPublishing/Machine-Learning-for-OpenCV-Second-Edition/tree/master/Chapter13 查看本章的代码。

软件和硬件需求总结如下：

❑ OpenCV 4.1.x 版本（4.1.0 版本或 4.1.1 版本都可以）。

❑ Python 3.6 版本（Python 3.x 的所有版本都可以）。

❑ Anaconda Python 3，用于安装 Python 及其所需模块。

❑ 在本书中，你可以使用任意一款操作系统——macOS、Windows 以及基于 Linux 的操作系统。我们建议你的系统中至少有 4GB 的内存。

❑ 你不需要一个 GPU 来运行本书提供的代码。

13.2　机器学习问题的解决方案

当你遇到真实场景中一个新的机器学习问题时，可能就会跃跃欲试，用你最喜欢的算法来解决这个问题——也许是你最熟悉的算法，也许是实现起来最有趣的算法。但是，通常不可能预先知道哪种算法在特定问题上表现得最好。

你需要后退一步，从长计议。在深入研究之前，你需要定义要解决的实际问题。例如，你是否已经有了一个明确的目标，或者你只是想做一些探索性的分析，在数据中发现一些有趣的内容？通常，你会从一个总体目标开始，比如垃圾邮件信息检测、电影推荐，或者在上传到社交媒体平台的照片中自动标记你的朋友。但是，正如我们在本书中所看到的，解决一个问题通常有多种方法。例如，我们使用逻辑回归、k 均值聚类和深度学习来识别手写数字。问题的定义将帮助你提出正确的问题，并做出正确的选择。

根据经验，可以使用以下 5 个步骤来解决真实场景中的机器学习问题：

1）**分类问题**：这是一个两步过程

❑ **对输入的分类**：简单来说，如果你的数据有标签，那么这就是一个监督学习问题；如果你的数据没有标签，但你希望发现结构，那么这就是一个无监督学习问题；如果你想通过与一个环境的交互来优化一个目标函数，那么这就是一个强化学习问题。

❑ **对输出的分类**：如果模型的输出是一个数字，那么这就是一个回归问题；如果模型的输出是一个类（或类别），那么这就是一个分类问题；如果模型的输出是一组输入组，那么这就是一个聚类问题。

2）**找到可用的算法**：既然你已经对问题进行了分类，那么使用我们所掌握的工具，你就能够识别出合适且实用的算法。微软已经创建了一个方便的算法速查表来显示哪些算法可以用于哪类问题。尽管速查表是为 Microsoft Azure 量身定制的，但是你可能会发现这通常是很有用的。

> 📝 注意　可以从 http://aka.ms/MLCheatSheet 下载机器学习算法速查表的 PDF（由 Microsoft Azure 提供）。

3）**实现所有适用的算法（原型）**：对任意给定的问题，通常会有少数候选算法可以完成这项任务。那么，怎么知道选择哪一个算法呢？通常，这个问题的答案并不是那么显而易见，因此必须通过尝试和试错来寻求解决方案。原型最好分成 2 步完成：

a. 你的目标是快速而可靠的实现具有最小特征工程的一些算法。在这一阶段，你应该重点关注的是哪种算法在粗尺度下表现得更好。这一步有点像招聘：你正在寻找理由来缩短候选算法的列表。一旦你将列表缩减为几个候选算法，真正的原型设计就开始了。

b. 在理想情况下，你可能希望建立一个机器学习管道，它使用一组精心挑选的评价标准比较每个算法在数据集上的性能（见第 11 章）。在这个阶段，你应该只处理少量的算法，这样你就可以把注意力转移到真正神奇的地方：特征工程。

4）**特征工程**：也许比选择正确的算法更重要的是选择正确的特征来表示数据。你可以阅读第 4 章中有关特征工程的所有内容。

5）**优化超参数**：最后，你还需要优化一个算法的超参数。示例可能包括 PCA 的主成分分析、k 近邻算法中的参数 k，或者一个神经网络的层数和学习率。你可以阅读第 11 章，以获取灵感。

13.3　构建自己的估计器

在本书中，我们浏览了 OpenCV 提供的所见即所得的各种机器学习工具和算法。而且，如果因为某些原因，OpenCV 没有为我们提供想要的内容，我们总是可以求助于 scikit-learn。

可是在解决更高级的问题时，你会发现自己需要执行一些 OpenCV 和 scikit-learn 都没有提供的非常具体的数据处理，或者想要对现有的算法做一些轻微的调整。在这种情况下，你可能需要创建自己的估计器。

13.3.1　用 C++ 编写自己的基于 OpenCV 的分类器

因为 OpenCV 是那些在后台不包含任何 Python 代码行的 Python 库之一（虽然是玩笑话，但差不多是这样的），所以你必须用 C++ 实现自定义的估计器。这可以通过 4 个步骤来完成：

1）实现包含主源代码的一个 C++ 源文件。你需要包含两个头文件，一个头文件包含 OpenCV 的所有核心功能（opencv.hpp），另一个头文件包含机器学习模块（ml.hpp）：

```
#include <opencv2/opencv.hpp>
#include <opencv2/ml/ml.hpp>
#include <stdio.h>
```

然后，通过继承 StatModel 类可以创建一个 estimator 类：

```
class MyClass : public cv::ml::StatModel
{
    public:
```

接下来，定义该类的构造函数 constructor 和析构函数 destructor：

```
MyClass()
{
    print("MyClass constructor\n");
}
~MyClass() {}
```

然后，你还必须定义一些方法。这些是你要填入的内容，让分类器做一些实际的工作：

```
int getVarCount() const
{
    // returns the number of variables in training samples
    return 0;
}

bool empty() const
{
    return true;
}

bool isTrained() const
{
    // returns true if the model is trained
    return false;
}

bool isClassifier() const
{
    // returns true if the model is a classifier
    return true;
}
```

主要的工作是在 train 方法中完成的，这有两种形式（接受 cv::ml::TrainData 或者 cv::InputArray 作为输入）：

```
bool train(const cv::Ptr<cv::ml::TrainData>& trainData,
        int flags=0) const
{
    // trains the model
    return false;
}

bool train(cv::InputArray samples, int layout,
        cv::InputArray responses)
{
    // trains the model
    return false;
}
```

还需要提供一个 predict 方法和一个 scoring 函数：

```
float predict(cv::InputArray samples,
            cv::OutputArray results=cv::noArray(),
            int flags=0) const
{
    // predicts responses for the provided samples
    return 0.0f;
}
```

```
float calcError(const cv::Ptr<cv::ml::TrainData>& data,
                bool test, cv::OutputArray resp)
{
    // calculates the error on the training or test dataset
    return 0.0f;
}
};
```

最后要做的是包含实例化类的一个 main 函数：

```
int main()
{
    MyClass myclass;
    return 0;
}
```

2）编写一个名为 CMakeLists.txt 的 CMake 文件：

```
cmake_minimum_required(VERSION 2.8)
project(MyClass)
find_package(OpenCV REQUIRED)
add_executable(MyClass MyClass.cpp)
target_link_libraries(MyClass ${OpenCV_LIBS})
```

3）在命令行中键入以下命令，编译该文件：

```
$ cmake
$ make
```

4）运行可执行的 MyClass 方法，该方法是由最后一个命令生成的，而且应该生成以下
输出：

```
$ ./MyClass
MyClass constructor
```

13.3.2　用 Python 编写自己的基于 scikit-learn 的分类器

或者，你可以使用 scikit-learn 库编写自己的分类器。

你可以导入 BaseEstimator 和 ClassifierMixin 来实现该任务。ClassifierMixin 将提供一
个对应的 score 方法，该方法适用于所有的分类器：

1）首先，你可以选择重写 score 方法，提供自己的评估指标 score 方法：

```
In [1]: import numpy as np
...     from sklearn.base import BaseEstimator, ClassifierMixin
```

2）然后，你可以定义一个类，继承自 BaseEstimator 和 ClassifierMixin：

```
In [2]: class MyClassifier(BaseEstimator, ClassifierMixin):
...         """An example classifier"""
```

3）你需要提供一个构造函数、fit 和 predict 方法。构造函数定义了分类器需要的所有
参数，给出一些任意的示例参数：param1 和 param2，实际上这两个参数什么都没有做：

```
...         def __init__(self, param1=1, param2=2):
...             """Called when initializing the classifier
...
```

```
...             Parameters
...             ----------
...             param1 : int, optional, default: 1
...                 The first parameter
...             param2 : int, optional, default: 2
...                 The second parameter
...             """
...             self.param1 = param1
...             self.param2 = param2
```

4）然后，分类器应该拟合 fit 方法中的数据：

```
...         def fit(self, X, y=None):
...             """Fits the classifier to data
...
...             Parameters
...             ----------
...             X : array-like
...                 The training data, where the first dimension is
...                 the number of training samples, and the second
...                 dimension is the number of features.
...             y : array-like, optional, default: None
...                 Vector of class labels
...
...             Returns
...             -------
...             The fit method returns the classifier object it
...             belongs to.
...             """
...             return self
```

5）最后，分类器还应该提供一个 predict 方法，该方法将预测一些数据 x 的目标标签：

```
...         def predict(self, X):
...             """Predicts target labels
...
...             Parameters
...             ----------
...             X : array-like
...                 Data samples for which to predict the target
labels.
...
...             Returns
...             -------
...             y_pred : array-like
...                 Target labels for every data sample in `X`
...             """
...             return np.zeros(X.shape[0])
```

6）然后，你可以像其他所有类一样实例化这个模型：

```
In [3]: myclass = MyClassifier()
```

7）然后，你可以用模型拟合任意数据：

```
In [4]: X = np.random.rand(10, 3)
...     myclass.fit(X)
Out[4]: MyClassifier(param1=1, param2=2)
```

8）然后，你可以继续预测目标响应了：

```
In [5]: myclass.predict(X)
Out[5]: array([0., 0., 0., 0., 0., 0., 0., 0., 0., 0.])
```

实现一个回归器、聚类算法或者类似于变换的工作原理，可以选择下列关键字中的一个，而不是选择 ClassifierMixin 关键字：

❑ 如果你正在编写一个回归器，那么就使用 RegressorMixin（这将提供适用于回归器的一个基本 score 方法）。

❑ 如果你正在编写一个聚类算法，那么就使用 ClusterMixin（这将提供适用于聚类算法的一个基本 fit_predict 方法）。

❑ 如果你正在编写一个转换器，那么就使用 TransformerMixin（这将提供适用于转换器的一个基本 fit_predict 方法）。而且你应该实现 transform，而不是实现 predict。

> 💡 提示 这也是把 OpenCV 分类器伪装成 scikit-learn 估计器的最佳方式。这将允许你使用 scikit-learn 的所有便利函数——例如，要使你的分类器成为管道的一部分——而 OpenCV 执行底层计算。

13.4 接下来要做的工作

本书的目的是向你介绍机器学习领域，为你成为一名机器学习的实践者做准备。既然你已经学习了有关基本算法的所有内容，那么你可能需要对一些主题进行更深入地研究。

虽然没有必要了解我们在本书中实现的所有算法的细节，但是了解这些算法背后的一些理论可能会让你成为一名更好的数据科学家。

如果你正在寻找更高级的材料，那么你可能要考虑下面这些经典著作：

> 📷 注意
> ❑ Stephen Marsland, *Machine Learning: An Algorithmic Perspective, Second Edition*, Chapman and Hall/Crc, ISBN 978-146658328-3, 2014。
> ❑ Christopher M. Bishop, *Pattern Recognition and Machine Learning. Springer*, ISBN 978-038731073-2, 2007。
> ❑ Trevor Hastie, Robert Tibshirani, and Jerome Friedman, *The Elements of Statistical Learning: Data Mining, Inference, and Prediction. Second Edition*, Springer, ISBN 978-038784857-0, 2016。

说到软件库，我们已经学习了两个重要的库——OpenCV 和 scikit-learn。通常，Python 很适合进行实验和评估模型，但是大型的 Web 服务和应用程序通常是用 Java 或 C++ 编写的。

例如，C++ 包是 Vowpal Wabbit（VW），该包有自己的命令行接口。为了在一个集群上运行机器学习算法，人们常常使用 mllib，这是在 Spark 之上构建的一个 Scala 库。如果你对 Python 并不情有独钟，那么你可以考虑使用 R，数据科学常用的另一种语言。R 是一种专用于统计分析的语言，以其可视化功能和许多（通常高度专业化的）统计建模包的可用性而闻名。

无论你选择哪种软件，我认为最重要的是不断练习你的技能。不过你或许早就知道了。有很多优秀的数据集正等着你去分析：

❑ 在本书中，我们充分利用在 scikit-learn 中构建的示例数据集。此外，scikit-learn 还提供了一种从外部服务（如 mldata.org）加载数据集的方法。更多内容参阅 http://scikit-learn.org/stable/datasets/index.html。

❑ Kaggle 是一家在其网站 http://www.kaggle.com 上托管了大量数据集和竞赛的公司。竞赛通常是由各种公司、非盈利性组织和大学所主办的，获胜者可以获得一些奖金。竞赛的一个缺点是，他们已经提供了一个需要优化的特定评估指标，而且通常是一个固定的、预处理的数据集。

❑ OpenML 平台（http://www.openml.org）托管了超过 20 000 个数据集以及超过 50 000 个相关的机器学习任务。

❑ 另一个受欢迎的选择是加州大学欧文分校的机器学习知识库（http://archive.ics.uci.edu/ml/index.php），它通过一个可搜索的界面，托管了超过 370 个主流而且维护良好的数据集。

📷注意　最后，可能你正在寻找更多的 Python 示例代码，如今，许多优秀的书籍都有自己的 GitHub 库：

• Jake Vanderplas, Python Data Science Handbook: Essential Tools for Working with Data. O'Reilly, ISBN 978-149191205-8, 2016, https://github.com/jakevdp/PythonDataScienceHandbook。

• Andreas Muller and Sarah Guido, Introduction to Machine Learning with Python: A Guide for Data Scientists. O'Reilly, ISBN 978-144936941-5, 2016, https://github.com/amueller/introduction_to_ml_with_python。

• Sebastian Raschka, Python Machine Learning. Packt, ISBN 978-178355513-0, 2015, https://github.com/rasbt/python-machine-learning-book。

13.5　本章小结

在这一章中，我们学习了如何解决一个机器学习问题，并构建我们自己的估计器。我们学习了如何用 C++ 编写自己的基于 OpenCV 的分类器，以及如何用 Python 编写基于 scikit-learn 的分类器。

在本书中，我们介绍了很多理论和实践。我们讨论了包括监督学习和无监督学习在内的各种基本的机器学习算法，举例说明了最佳实践以及避免常见陷阱的方法，还讨论了用于数据分析、机器学习以及可视化的各种命令和包。

如果你能走到这一步，那么你已经向掌握机器学习迈进了一大步。从现在开始，我相信你自己会做得更好。

就要说再见了！我希望你能够享受本书带给你的乐趣，而我，的确已经体会到了其中的乐趣。

推荐阅读

机器学习实战：基于Scikit-Learn、Keras和TensorFlow（原书第2版）

作者：Aurélien Géron ISBN：978-7-111-66597-7 定价：149.00元

机器学习畅销书全新升级，基于TensorFlow 2和Scikit-Learn新版本

Keara之父、TensorFlow移动端负责人鼎力推荐

"美亚"AI+神经网络+CV三大畅销榜冠军图书

从实践出发，手把手教你从零开始构建智能系统

这本畅销书的更新版通过具体的示例、非常少的理论和可用于生产环境的Python框架来帮助你直观地理解并掌握构建智能系统所需要的概念和工具。你会学到一系列可以快速使用的技术。每章的练习可以帮助你应用所学的知识，你只需要有一些编程经验。所有代码都可以在GitHub上获得。

机器学习算法（原书第2版）

作者：Giuseppe Bonaccorso ISBN：978-7-111-64578-8 定价：99.00元

本书是一本使机器学习算法通过Python实现真正"落地"的书，在简明扼要地阐明基本原理的基础上，侧重于介绍如何在Python环境下使用机器学习方法库，并通过大量实例清晰形象地展示了不同场景下机器学习方法的应用。

推荐阅读

OpenCV 4计算机视觉项目实战（原书第2版）

作者：David Millán Escrivá 等　ISBN：978-7-111-63164-4　定价：79.00元

深入理解OpenCV：实用计算机视觉项目解析（原书第3版）

作者：Roy Shilkrot等　ISBN：978-7-111-64577-1　定价：79.00元

基于GPU加速的计算机视觉编程
使用OpenCV和CUDA实时处理复杂图像数据

作者：Bhaumik Vaidya　ISBN：978-7-111-65147-5　定价：79.00元

OpenCV项目开发实战（原书第2版）

作者：Joseph Howse　ISBN：978-7-111-65234-2　定价：79.00元